从新手到高手

马博 范其荣 / 编著

AutoCAD 2024
从新手到高手

U0284123

清华大学出版社
北京

内 容 简 介

本书是助力AutoCAD 2024初学者从入门到精通的学习宝典。全书分为3篇共16章。第1篇为软件基础，详细介绍了AutoCAD的基本知识、界面及参数设置，内容包括软件入门指南、文件管理技巧、如何设置绘图环境、图形坐标系的建立，以及图形的绘制与编辑等基础操作，同时涵盖图形标注、文字与表格处理、图层管理、图块使用、图形信息查询以及打印设置等实用技能；第2篇为三维设计，深入讲解了三维绘图的基础知识，包括三维实体与网格建模的详细步骤，以及三维模型的编辑技巧等内容，帮助读者提升三维设计能力；第3篇为综合实战，通过实例展示了AutoCAD在机械设计、建筑设计、室内设计、电气设计以及园林设计等多个领域中的实际应用，让读者能够学以致用。

本书既可作为AutoCAD初学者的专业指导教材，也是专业技术人员不可或缺的参考书籍。无论是想要系统学习AutoCAD，还是在特定设计领域应用该软件，本书都能提供全面的指导和帮助。

图书在版编目（CIP）数据

AutoCAD 2024从新手到高手 / 马博，范其荣编著.
北京：清华大学出版社，2024. 7. -- (从新手到高手).
ISBN 978-7-302-66796-4
Ⅰ. TP391.72
中国国家版本馆CIP数据核字第2024M3Q561号

责任编辑：陈绿春
封面设计：潘国文
责任校对：胡伟民
责任印制：刘　菲

出版发行：清华大学出版社
　　　　　网址：https://www.tup.com.cn, https://www.wqxuetang.com
　　　　　地址：北京清华大学学研大厦A座　　　　邮编：100084
　　　　　社总机：010-83470000　　　　　　　　邮购：010-62786544
　　　　　投稿与读者服务：010-62776969, c-service@tup.tsinghua.edu.cn
　　　　　质量反馈：010-62772015, zhiliang@tup.tsinghua.edu.cn
印 装 者：北京同文印刷有限责任公司
经　　销：全国新华书店
开　　本：188mm×260mm　　　　印　　张：26.5　　　　字　　数：785千字
版　　次：2024年9月第1版　　　　　　　　　　　　印　　次：2024年9月第1次印刷
定　　价：99.00元

产品编号：104998-01

前言

关于 AutoCAD

AutoCAD 自 1982 年发布以来，历经多次版本迭代与性能优化，已从最初的 1.0 版本演进至如今的 AutoCAD 2024。其应用范围广泛，不仅在机械、电子、建筑、室内装潢、家具设计、园林规划和市政工程等工程设计领域发挥着重要作用，而且还能绘制地理、气象、航海等领域的特殊图形。更令人瞩目的是，它在乐谱制作、灯光设计和广告创意等领域也展现了广泛的应用潜力。如今，AutoCAD 已成为计算机 CAD 系统中应用最广泛的图形软件之一，其影响力和实用性不言而喻。

本书内容

本书是专为 AutoCAD 2024 软件初学者设计的零基础入门教程。本书以循序渐进的方式，从易到难、由浅及深，全面引导读者掌握 AutoCAD 2024 的各项基础知识和基本操作。本书注重实用性，深入浅出地讲解了 AutoCAD 2024 的各项应用功能，帮助读者打下坚实的基础。同时，书中还精心设计了大量实例，旨在让读者通过实践来巩固所学知识，达到学以致用的目的。无论是初学者还是希望提升技能的 AutoCAD 老用户，本书都是不可或缺的宝贵资源。

本书分为 3 篇共 16 章，具体内容安排如下。

篇　名	章　题	课　程　内　容
第 1 篇　软件基础 （第 1 章～第 7 章）	第 1 章　AutoCAD 2024 基础	介绍 AutoCAD 工作界面的组成与基本的绘图常识，以及一些辅助绘图工具的使用方法
	第 2 章　绘制二维图形	介绍 AutoCAD 中各种绘图工具的使用方法
	第 3 章　编辑二维图形	介绍 AutoCAD 中各种图形编辑工具的使用方法
	第 4 章　创建图形注释	介绍 AutoCAD 中各种标注、文字、引线、表格等注释工具的使用方法
	第 5 章　图层与图形特性	介绍图层的概念以及 AutoCAD 中图层的使用与控制方法
	第 6 章　图块	介绍图块的概念以及 AutoCAD 中图块的创建和使用方法
	第 7 章　图形的输出和打印	介绍 AutoCAD 各种打印设置与控制打印输出的方法

篇 名	章 题	课 程 内 容
第2篇 三维设计 （第8章～第10章）	第8章 三维绘图基础	介绍AutoCAD中三维绘图的基本概念以及三维界面和简单操作方法
	第9章 创建三维实体和曲面	介绍三维实体和三维曲面的建模方法
	第10章 编辑三维模型	介绍各种三维模型编辑修改工具的使用方法
第3篇 综合实战 （第11章～第16章）	第11章 机械设计与绘图	以减速器及其零件设计为例，介绍机械设计的相关标准与设计方法
	第12章 建筑设计与绘图	以居民楼设计为例，介绍建筑设计的相关标准与设计方法
	第13章 室内设计与绘图	以现代风格小户型室内设计为例，介绍室内设计的相关标准与设计方法
	第14章 电气设计与绘图	以住宅楼首层照明平面图为例，介绍电气设计的相关标准和设计方法
	第15章 园林设计与绘图	以具体的实例对各种园林图形的绘制进行实战演练
	第16章 给排水设计与绘图	以别墅给排水图纸为例，分别介绍给排水平面图、系统图以及雨水提升系统图的绘制流程

本书特色

本书旨在为读者提供一个轻松自学并深入了解AutoCAD 2024软件功能的平台。在内容结构设计上，我们力求贴近实际应用，展现新颖的角度和创新的写法。

1. 从实用角度，注重高效准确。与常见的"从入门到精通"类AutoCAD图书有所不同，本书更注重实际的绘图需求。无论是探讨简单命令的最佳执行方式，还是在图纸绘制前的布局构思，本书都以准确、高效为核心理念。

2. 实战案例，助力逐步精通。书中囊括了多个AutoCAD的经典绘图练习，以及源自一线设计工作的大量图纸实例。而且在每个实例前，都会提供相关的绘图分析和介绍，旨在帮助读者提升识图、绘图能力，稳步迈向高手行列。

3. 多媒体教学资源，身临其境的学习体验。随书附赠的资源包内容丰富、超值实用。不仅包含实例的素材文件和最终成果文件，还有由专业工程师录制的全程同步语音视频教程。这些多媒体内容让读者仿佛置身于实际课堂之中，由专业工程师"手把手"引导完成行业实例，让学习旅程变得既轻松又愉快。

4.广泛适用性，不拘一格的学习体验。本书以 AutoCAD 2024 为教学版本，但内容同样适用于其他 AutoCAD 版本。为了更好地体验学习内容和成果，我们仍建议读者使用 AutoCAD 2024 版本进行学习。但无论使用的是哪个版本，本书都将助力读者灵活掌握 AutoCAD 的精髓。

本书配套资源

本书不仅提供深入的理论解析，为了让读者能够更加直观地学习并掌握 AutoCAD 2024，还特别配套了高清语音教学视频，内容详尽，总时长超过 13 小时。我们强烈建议读者首先通过观看这些教学视频来初步了解和学习本书的内容，随后再对照书本进行深入的实践和练习。这样的学习方式将大大提高学习效率，帮助读者更快地掌握 AutoCAD 2024 的各项功能和操作技巧。

此外，我们为书中所有实例都准备了相应的素材文件和效果图。读者可以使用 AutoCAD 2024 直接打开这些文件，参照书中的步骤进行实践操作，从而更好地理解和掌握 AutoCAD 的绘图和编辑技术。我们希望通过这些实例，让读者能够在实际操作中不断提升自己的技能水平，真正达到学以致用的目的。

本书配套资源请扫描下面的二维码进行下载。如果在配套资源的下载过程中碰到问题，请联系陈老师（chenlch@tup.tsinghua.edu.cn）。如果有任何技术性问题，请扫描下面的技术支持二维码，联系相关人员进行解决。

配套资源　　　　　　　　　　　技术支持

本书作者

本书由马博、范其荣编著。由于作者水平有限，书中疏漏之处在所难免。在感谢你选择本书的同时，也希望你能够把对本书的意见和建议告诉我们。

作者

2024 年 9 月

目录

第1篇　软件基础

第 2 篇　三维设计

第 3 篇　综合实战

第1篇　软件基础

第 *1* 章　AutoCAD 2024 基础

AutoCAD 是一款主流的工程图绘制软件，广泛用于机械设计、建筑设计、室内设计、园林设计、市政规划和家具制造等行业。在学习使用 AutoCAD 进行绘图工作之前，首先需要认识 AutoCAD 软件界面，并学习一些基本的操作方法，为熟练掌握该软件打下坚实的基础。本书将使用 AutoCAD 2024 版本进行介绍，如无特殊声明，书中介绍的命令同样适用于 AutoCAD 2005 至 AutoCAD 2023 等各个版本。

1.1　AutoCAD 2024 工作界面简介

AutoCAD 2024（若无特殊说明，以下简称为 AutoCAD）的操作界面是用户与软件进行交互的主要平台，它不仅是 AutoCAD 显示图形的窗口，也是用户编辑和设计图形的工作区域。如图 1-1 所示，该操作界面的区域划分清晰且功能明确，主要包括"应用程序"按钮、快速访问工具栏、菜单栏、标题栏、交互信息工具栏、功能区、文件菜单、布局菜单、文件选项卡、十字光标、绘图区、坐标系、命令窗口及状态栏等。

图 1-1

1.1.1　应用程序按钮的用法

"应用程序"按钮 位于 AutoCAD 操作界面的左上角，当用户单击这个按钮时，系统会弹出一个菜单，这个菜单提供了多种管理 AutoCAD 图形文件的功能。具体来说，菜单中包含 "新建" "打开" "保存" "另存为" "输出" 以及 "打印" 等实用命令，这些命令可以帮助用户进行文件的基本操作。同时，在该菜单的右侧区域，用户可以看到 "最近使用的文档" 列表，这一功能便于用户快速访问最近处理过的文件，如图 1-2 所示。

除此之外，AutoCAD 还提供了便捷的搜索功能。在 "应用程序" 按钮菜单中的 "搜索" 按钮🔍左侧，有一个文本框。在该文本框中输入相关文字后，系统会智能地弹出与输入内容相关的命令列表。用户只需从列表中选择所需的命令，即可快速执行，这一功能极大地提高了操作效率，如图 1-3 所示。

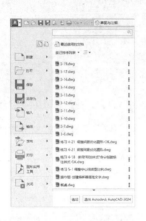

图 1-2

图 1-3

1.1.2 认识快速访问工具栏

快速访问工具栏位于标题栏的左侧，包含文档操作的常用命令按钮，如 "新建" "打开" "保存" "另存为" "从 Web 和 Mobile 中打开" "保存到 Web 和 Mobile 中" "打印" "放弃" "重做" "工作空间列表" 和 "共享图形" 按钮，如图 1-4 所示。

图 1-4

各命令按钮的含义介绍如下。

- 新建🗋：新建一个图形文件。
- 打开🗁：打开现有的图形文件。
- 保存🖫：保存当前图形文件。
- 另存为🖫：以副本方式保存当前图形文件，原来的图形文件仍会得到保留。以此方法保存时，可以修改副本的文件名、文件格式和保存路径。

- 从 Web 和 Mobile 中打开 ： 单击该按钮，将弹出 Autodesk 的登录对话框，登录后将访问用户保存在 A360 上的文件。A360 可理解为 Autodesk 公司提供的网络云盘。

- 保存到 Web 和 Mobile ： 单击该按钮，将当前图形保存到用户的 A360 云盘中，此后用户将可以在其他平台（网页或手机）上通过登录 A360 的方式来查看这些图形。

- 打印 ： 打印图形文件。

- 放弃 ： 撤销上一步操作。

- 重做 ： 如果有放弃的操作，单击该按钮可以恢复。

- 工作空间列表：可以选择切换不同的工作空间，不同的工作空间对应不同的软件操作界面。

- 共享图形 共享 ： 保存图形并登录 Autodesk Account，在弹出的对话框中选择共享图形的方式，如图 1-5 所示，可以与其他用户共享当前图形。

此外，单击快速访问工具栏最右侧的下拉按钮 打开菜单，在该菜单中可以自定义快速访问工具栏中显示的命令按钮，如图 1-6 所示。

图 1-5

图 1-6

1.1.3　显示 / 隐藏菜单栏

在 AutoCAD 2024 中，菜单栏在任何工作空间中都默认为不显示状态。只有在快速访问工具栏中单击 按钮，并在弹出的菜单中选择"显示菜单栏"选项，才可将菜单栏显示出来，如图 1-7 所示。

菜单栏位于标题栏的下方，包括 13 个菜单："文件""编辑""视图""插入""格式""工具""绘图""标注""修改""参数""窗口""帮助""Express"。每个菜单都包含该分类下的大量命令，因此菜单栏是 AutoCAD 中命令最为详尽的部分，它的缺点是命令过于集中，要单独寻找其中某一个命令可能需要展开多个子菜单才能找到，如图 1-8 所示。因此在工作中一般不使用菜单栏来执行命令，菜单栏通常只用于查找和执行少数不常用的命令。

图 1-7   图 1-8

各个菜单介绍如下。

- **文件**：用于管理图形文件，例如新建、打开、保存、另存为、输出、打印和发布等。

- **编辑**：用于对图形文件进行常规编辑，例如剪切、复制、粘贴、清除、链接、查找等。

- **视图**：用于管理 AutoCAD 的操作界面，例如缩放、平移、动态观察、相机、视口、三维视图、消隐和渲染等。

- **插入**：用于在当前绘图状态下插入所需的图块或其他格式的文件，例如 PDF 参考底图、字段等。

- **格式**：用于设置与绘图环境有关的参数，例如图层、颜色、线型、线宽、文字样式、标注样式、表格样式、点样式、厚度和图形界限等。

- **工具**：用于设置一些绘图辅助工具，例如选项板、工具栏、命令行、查询和向导等。

- **绘图**：提供绘制二维图形和三维模型的所有命令，例如直线、圆、矩形、正多边形、圆环、边界和面域等。

- **标注**：提供对图形进行尺寸标注时所需的命令，例如线性标注、半径标注、直径标注、角度标注等。

- **修改**：提供修改图形时所需的命令，例如删除、复制、镜像、偏移、阵列、修剪、倒角和圆角等。

- 参数：提供对图形约束时所需的命令，例如几何约束、动态约束、标注约束和删除约束等。
- 窗口：用于在编辑多文档时设置各个文档的屏幕摆放方式，例如层叠、水平平铺和垂直平铺等。
- 帮助：提供使用 AutoCAD 2024 所需的帮助信息。
- Express：快速链接到各种命令，包括立方体命令、文字命令、更改命令等。

1.1.4 认识标题栏

标题栏位于 AutoCAD 窗口的顶部，如图 1-9 所示。标题栏中显示软件名称和当前文件的名称等。标题栏最右侧提供了"最小化"按钮 ─、"最大化"按钮 □ 和"关闭"按钮 ✕。

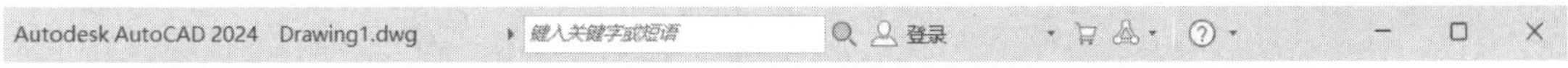

图 1-9

1.1.5 交互信息工具栏

交互信息工具栏主要包括搜索框 ▸ 键入关键字或短语 🔍、A360 登录栏 👤 登录 ▾、Autodesk App Store 🛒、保持连接 ⚠ ▾ 4 个部分。

1.1.6 功能区的构成

功能区是各命令选项卡的合称，它用于显示与工作空间主题相关的按钮和控件，是 AutoCAD 中主要的命令执行区域。"草图与注释"工作空间的功能区包含了"默认""插入""注释""参数化""视图""管理""输出""附加模块""协作""Express Tools"10 个选项卡，如图 1-10 所示。每个选项卡包含若干个面板，每个面板又包含许多由图标表示的命令按钮。

图 1-10

1. 功能区选项卡的组成

"草图与注释"工作空间是默认的，也是最为常用的软件工作空间，下面介绍常用选项卡。

- "默认"选项卡：从左至右依次为"绘图""修改""注释""图层""块""特

性""组""实用工具""剪贴板"和"视图"功能面板，如图1-11所示。"默认"选项卡集中了AutoCAD中常用的命令，涵盖绘图、标注、编辑、修改、图层、图块等各个方面，是最主要的选项卡，在本书后文的案例介绍中，大部分命令都将通过该选项卡来执行。

图1-11

- "插入"选项卡：从左至右依次为"块""块定义""参照""输入""数据""链接和提取""位置"功能面板，如图1-12所示。"插入"选项卡主要用于图块、外部参照等外在图形的调用。

图1-12

- "注释"选项卡：从左至右依次为"文字""标注""中心线""引线""表格""标记""注释缩放"功能面板，如图1-13所示。"注释"选项卡提供了详尽的标注命令，包括"引线""公差""云线"等。

图1-13

- "参数化"选项卡：从左至右依次为"几何""标注""管理"功能面板，如图1-14所示。"参数化"选项卡主要用于管理图形约束方面的命令。

图1-14

- "视图"选项卡：从左至右依次为"视口工具""命名视图""模型视口""比较""历史记录""选项板""界面"功能面板，如图1-15所示。"视图"选项卡提供了大量用于控制视图显示的命令，包括UCS的显现、绘图区域上ViewCube和"文件""布局"等标签的显示与隐藏。

图 1-15

- "管理"选项卡：从左至右依次为"动作录制器""自定义设置""应用程序""CAD 标准""清理"功能面板，如图 1-16 所示。"管理"选项卡可以用来加载 AutoCAD 的各种插件与应用程序。

图 1-16

- "输出"选项卡：从左至右依次为"打印"和"输出为 DWF/PDF"功能面板，如图 1-17 所示。"输出"选项卡包括图形输出的相关命令，包含打印和输出 PDF 文件等。

图 1-17

- "附加模块"选项卡：在 Autodesk 应用程序网站中下载的各类应用程序和插件都会集中在该选项卡，如图 1-18 所示。
- "协作"选项卡："协作"选项卡包含"共享""Autodesk Docs""跟踪""比较"面板，可以分别提供共享视图和 DWG 图形跟踪、比较功能，如图 1-19 所示。

图 1-18

图 1-19

2. 切换功能区显示方式

功能区可以以水平或垂直的方式显示，也可以显示为浮动选项板。另外，功能区可以以最小化状态显示，其方法是在功能区选项卡右侧单击 按钮右侧的下拉图标，在弹出的列表中选择任意一种最小化功能区状态选项，如图 1-20 所示。单击 按钮左侧的切换图标，功能区在默认样式和最小化之间切换。

- 最小化为选项卡：选择该选项，功能区只会显示出各选项卡的标题，如图 1-21 所示。

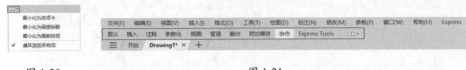

图 1-20　　　　　　　　　　　　　　　图 1-21

- 最小化为面板标题：选择该选项，功能区仅显示选项卡和其下的各命令面板标题，如图 1-22 所示。

图 1-22

- 最小化为面板按钮：最小化功能区，以便仅显示选项卡标题、面板标题和面板按钮，如图 1-23 所示。

图 1-23

- 循环浏览所有项：按顺序切换 4 种功能区状态——完整功能区、最小化面板按钮、最小化为面板标题、最小化为选项卡。

3. 自定义选项卡及面板的构成

在功能区上右击，弹出如图 1-24 与图 1-25 所示的快捷菜单，分别调整选项卡与面板的显示内容，选中的名称选项，则显示该选项卡或面板，反之则隐藏。

图 1-24　　　　　　　　　　　　　图 1-25

4.调整功能区位置

在选项卡名称上右击，在弹出的快捷菜单中选择"浮动"选项，可使功能区浮动在绘图区上方，如图 1-26 所示。此时按住鼠标左键拖动功能区左侧灰色边框，可以自由调整其位置。

图 1-26

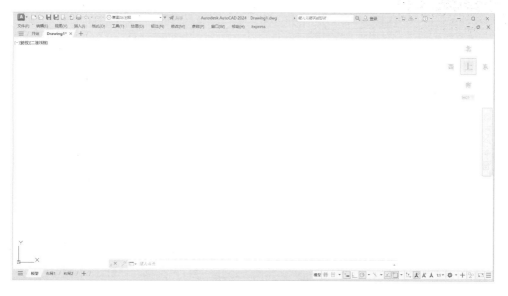

图 1-27

1.1.7 文件选项卡的用法

文件选项卡位于绘图窗口的上方。每个打开的图形文件都会在文件选项卡上显示名称。单击文件选项卡即可快速切换至相应的图形窗口，如图1-28所示。

在AutoCAD 2024的文件选项卡中，单击选项卡上的 × 按钮，可以关闭文件；单击选项卡右侧的"新图形"按钮 +，可以新建文件；右击选项卡的空白处，弹出快捷菜单，如图1-29所示。在该快捷菜单中可以选择"新建""打开""全部保存""全部关闭"选项。

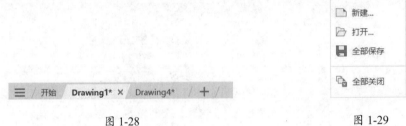

图 1-28 图 1-29

此外，当鼠标指针经过文件选项卡时，将显示图形的预览和布局。如果鼠标指针经过某个预览图像，相应的模型或布局将临时显示在绘图区中，如图1-30所示。

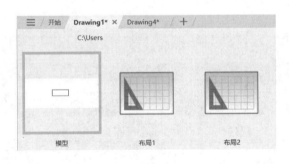

图 1-30

1.1.8 文件选项卡菜单

单击"文件选项卡菜单"按钮 ≡，弹出如图1-31所示的菜单。选择选项，执行相应的操作。如选择文件名称Drawing1*，可以切换至该文件；选择"新图形"选项，可以新建一个图形文件。

1.1.9 布局选项卡菜单

单击"布局选项卡菜单"按钮 ≡，弹出如图1-32所示的菜单。如选择"新建布局"选项，可以新建一个布局空间；选择"模型""布局1""布局2"选项，可以在模型空间与布局空间之间切换。

图 1-31   图 1-32

1.1.10 绘图窗口

绘图区常被称为"绘图窗口"，它是绘图的主要区域，绘图的核心操作和图形显示都在该区域中进行。在绘图区中有 4 个工具需注意，分别是十字光标、坐标系图标、ViewCube 和视口控件，如图 1-33 所示。

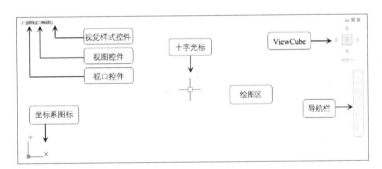

图 1-33

- 十字光标：在 AutoCAD 绘图区中，鼠标指针会以十字光标的形式显示，可以通过设置修改它的外观大小。

- 坐标系图标：此图标始终表示 AutoCAD 绘图系统中的坐标原点位置，默认在左下角，是 AutoCAD 绘图系统的基准。

- ViewCube：此工具始终浮现在绘图区的右上角，指示模型的当前视图方向，并用于重定向三维模型的视图。

- 视口控件：此工具显示在每个视口的左上角，提供更改视图、视觉样式和其他设置的便捷操作方式，如图 1-34 所示。视口控件的 3 个标签将显示当前视口的相关设置。

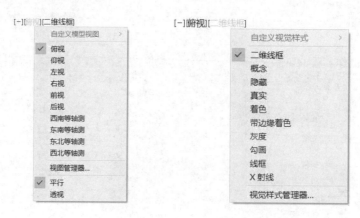

图 1-34

1.1.11 命令窗口

命令窗口在 AutoCAD 中扮演着至关重要的角色，它是用户与软件交互的主要接口之一。这个窗口专门用于输入命令名和显示命令提示，帮助用户精确地执行各种操作。默认的命令窗口被设置在绘图区的下方，由若干文本行构成，其外观如图 1-35 所示。这个窗口的设计相当巧妙，中间的一条水平分界线将其清晰地分为两个部分，分别是命令行和命令历史窗口。

命令行位于水平分界线的下方。这里是用户输入命令的主要区域，同时也是软件显示提示信息或命令延伸选项的地方。用户在命令行中输入具体的命令后，AutoCAD 会根据命令提供相应的反馈或选项，确保用户能够准确地完成操作；而位于水平分界线上方的则是命令历史窗口。这个窗口记录了从 AutoCAD 启动后使用过的所有命令及其提示信息。这对于需要回顾之前操作步骤的用户来说极为有用。命令历史窗口还配备了一个垂直滚动条，可以通过滚动条上下滚动，方便地查看以前使用过的命令。

```
指定下一点或 [闭合(C)/放弃(U)]:
指定下一点或 [闭合(C)/放弃(U)]:
命令: REC
RECTANG
指定第一个角点或 [倒角(C)/标高(E)/圆角(F)/厚度(T)/宽度(W)]:
指定另一个角点或 [面积(A)/尺寸(D)/旋转(R)]:
命令: A
ARC
指定圆弧的起点或 [圆心(C)]:
指定圆弧的第二个点或 [圆心(C)/端点(E)]:
指定圆弧的端点:
命令: C
CIRCLE
指定圆的圆心或 [三点(3P)/两点(2P)/切点、切点、半径(T)]:     命令历史窗口显示
指定圆的半径或 [直径(D)]:                               已经执行的命令
命令: TR
TRIM
当前设置: 投影=UCS,边=无,模式=快速
选择要修剪的对象，或按住 Shift 键选择要延伸的对象或          命令窗口显示命令延伸的选项，
                                                      提示用户选择延伸命令
▼ TRIM [剪切边(T) 窗交(C) 模式(O) 投影(P) 删除(R)]:
```

图 1-35

提示：
初学AutoCAD时，在执行命令后可以多看命令窗口，因为其中会给出操作的提示，在不熟悉命令的情况下，跟随这些提示也能顺利完成操作。

1.1.12　通过状态栏查看信息

状态栏位于工作界面的底部，用来显示 AutoCAD 的当前状态，如对象捕捉和极轴追踪等命令的工作状态，如图 1-36 所示。

图 1-36

绘图辅助工具按钮和功能说明见表 1-1。

表 1-1　绘图辅助工具按钮一览

名　称	按钮	功　能　说　明
模型	模型	用于模型与图纸之间的转换
显示图形栅格		单击该按钮后，屏幕上会显示网格线，帮助用户更好地定位和排列图形元素。栅格的间距可以通过"草图设置"对话框中的"捕捉和栅格"选项卡进行调整
捕捉模式		当开启栅格捕捉时，十字光标能够更容易地捕捉到栅格线的交点，这有助于提高绘图的精确度
推断约束		此功能允许用户设置几何约束条件，如两条直线垂直、相交、共线，或者圆与直线相切等。这有助于保持图形的几何关系
动态输入		当此功能被激活时，绘图时十字光标会附带提示信息和坐标框，这提供了一个实时的、可视化的反馈，使用户能够更精确地定位和绘制图形元素
正交模式		在正交模式下，十字光标只能在 x 轴或 y 轴方向上移动，这意味着用户不能绘制斜线。这种模式对于绘制水平和垂直线条特别有用
极轴追踪		在此模式下，系统会根据设置显示一条追踪线，帮助用户精确移动十字光标，从而实现更精确的绘图效果
对象捕捉追踪		此模式允许用户捕捉对象上的关键点，并沿着正交方向或极轴方向移动十字光标。此时，系统会显示十字光标当前位置与捕捉点之间的相对关系，一旦找到符合要求的点，可以直接单击确定
对象捕捉		该按钮是用于控制对象捕捉功能的开关。对象捕捉是一个在 AutoCAD 中非常有用的工具，它可以帮助用户在绘图过程中更精确地定位和选择图形对象上的特殊点。当开启对象捕捉功能时，十字光标会在接近某些特殊点（如端点、圆心、象限点等）时自动进行捕捉，从而使用户能够更方便地进行绘图和编辑操作
线宽		单击此按钮后，如果之前为图层或绘制的图形设置了不同的线宽（通常至少大于 0.3mm），那么这些线宽差异将在屏幕上显示出来
透明度		当为图层或图形设置了不同的透明度后，单击此按钮可以显示出这些透明度效果。这使具有不同透明度的对象在视觉上有所区分，有助于用户更好地理解和呈现复杂的图形叠加或材质效果
选择循环		该按钮通常用于控制当有多个对象重叠时，哪个对象应该显示在前面或被选择。在复杂的图形中，这可以帮助用户更清晰地看到并选择特定的对象，而不是被其他重叠的对象所遮挡

续表

名 称	按 钮	功 能 说 明
三维对象捕捉		在三维建模环境中，此按钮用于开启或关闭特殊点的自动捕捉功能，如三维对象的顶点、中点等。当十字光标接近这些特殊点时，系统会自动将其引导到这些点上，从而提高三维建模的精确性和效率
允许 / 禁止动态 UCS		UCS是用户定义的坐标系，它允许用户根据特定的工作需求调整坐标系的原点、方向和旋转角度。这个按钮用于切换UCS的使用状态，当用户需要基于特定的坐标系进行绘图或测量时，可以开启UCS；而在不需要时，则可以关闭它以恢复到默认的世界坐标系

1.2 编辑视图

在AutoCAD中，视图控制是绘图过程中不可或缺的一部分。为了更好地观察和绘制图形，用户经常需要对视图进行缩放、平移、重生成等操作。以下是AutoCAD视图控制方法的详细介绍。

1.2.1 缩放视图

视图缩放命令可以调整当前视图的大小，既能观察较大的图形范围，又能观察图形的细部而不改变图形的实际大小。缩放视图只是改变视图的比例，并不改变图形中对象的绝对尺寸，打印出来的图形仍是设置的尺寸。执行"视图缩放"命令的方法如下。

- 快捷操作：滚动鼠标滚轮，如图1-37所示。
- 功能区：在"视图"选项卡中，单击"导航"面板选择"视图缩放"工具。
- 菜单栏：执行"视图"|"缩放"命令。
- 命令行：输入ZOOM或Z。

提示：
本书在第一次介绍命令时，均会给出命令的执行方法，其中"快捷操作"是推荐使用的方法。

在AutoCAD的绘图环境中，如果需要对视图进行放大或缩小，以便更好地观察图形，可以按照前面所提到的方法进行操作。其中，滚动鼠标滚轮进行缩放是最为常用的方法。默认情况下，向前滚动滚轮会放大视图，而向后滚动则会缩小视图。

如果想要一次性将图形铺满整个窗口，以展示文件中的所有图形对象，或者最大化所绘制的图形，可以通过双击鼠标滚轮来实现。

1.2.2　平移视图

视图平移不会改变视图的大小和角度，只会改变其位置，这样便于观察图形的其他部分。当图形未完全显示，且有部分区域不可见时，视图平移功能就显得尤为有用，它能帮助我们全面地观察图形。执行"平移"命令的方法如下。

- 快捷操作：按住鼠标滚轮并拖动，可以实现快速的视图平移，如图 1-38 所示。
- 菜单栏：执行"视图"|"平移"命令。
- 命令行：输入 PAN 或 P。

除了缩放视图，平移视图也是使用非常频繁的命令。其中，按住鼠标滚轮进行拖动的方式最为常用。需要注意的是，这个命令并不是真正地在移动图形对象或改变图形本身，而是通过移动视图窗口来实现平移效果。

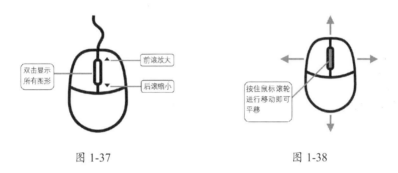

图 1-37　　　　　　　　　　　　　　　　图 1-38

> **提示：**
> AutoCAD 2024中具备了三维建模的功能。与二维图形操作相似，三维模型的视图操作也包括缩放和平移等，但三维模型还多了一个视图旋转的功能，这使用户可以全方位地观察模型。三维模型的视图旋转操作方法是按住Shift键的同时，再按住鼠标滚轮进行移动。这样，用户就可以轻松地旋转视图，从不同角度查看模型了。

1.2.3　导航栏

导航栏是一种用户界面元素，它集成了视图控制功能，用户可以通过它访问通用的导航工具以及特定于产品的导航工具。单击视口左上角的 [-] 标签，并从弹出的菜单中选择"导航栏"选项，可以控制导航栏是否在视口中显示，如图 1-39 所示。

导航栏中包含以下通用导航工具。

- ViewCube：此工具指示模型的当前方向，并可用于重新定向模型的当前视图。
- SteeringWheels：这是一个控制盘集合，用于在专用导航工具之间快速切换。
- ShowMotion：这是一个用户界面元素，提供屏幕显示以创建和回放电影式相机动画，便于进行设计查看、演示和书签样式导航。

- 3Dconnexion: 这是一套导航工具，允许用户使用 3Dconnexion 三维鼠标来重新设置模型当前视图的方向。

此外，导航栏中还包含以下特定于产品的导航工具，如图 1-40 所示。

- 平移：此工具用于沿屏幕平移视图。
- 缩放工具：这是一组导航工具，用于增大或减小模型的当前视图比例。
- 动态观察工具：这组导航工具用于旋转模型的当前视图。

图 1-39

图 1-40

1.2.4 刷新显示视图

AutoCAD 使用时间过久，或者图纸中内容过于复杂时，有时会影响图形的显示效果。这时，可以执行"重生成"命令来恢复。该命令不仅会重新计算当前视图中所有对象的屏幕坐标，并重新生成整个图形，而且还会重新建立图形数据库索引，从而优化图形的显示和对象选择的性能。执行"重生成"命令的方法如下。

- 菜单栏：执行"视图"|"重生成"命令。
- 命令行：输入 REGEN 或 RE。

请注意，"重生成"命令仅对当前视图范围内的图形进行重生成。若需要对整个图形进行重生成，可执行"视图"|"全部重生成"命令。重生成前后的效果对比如图 1-41 所示。

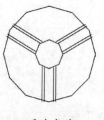
(a) 重生成前

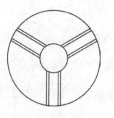
(b) 重生成后

图 1-41

1.3　命令的执行方式

AutoCAD 中执行命令的方式有多种，这里仅介绍最常用的 5 种。在本书的后续命令介绍章节中，我们将以"执行方式"的形式专门阐述各个命令的执行方法，并按照常用顺序进行排列。

1.3.1　利用功能区执行命令

功能区整合了 AutoCAD 中的各种常用命令。要执行某个命令，只需在对应的面板上找到相应的按钮并单击即可。与其他命令执行方式相比，通过功能区执行命令更为直观易懂，特别适合那些无法熟记所有绘图命令的 AutoCAD 初学者，如图 1-42 所示。

图 1-42

1.3.2　利用快捷键方式执行命令

使用命令行输入命令是 AutoCAD 的一个重要功能，同时也是最为高效的绘图方式之一。这种方式要求用户能够熟记各种绘图命令，通常 AutoCAD 的熟练用户都会采用这种方式来绘制图形，因为它能显著提升绘图的速度和效率。

AutoCAD 的大多数命令都有其简写形式。例如，"直线"命令的 LINE 可以简写为 L，"矩形"命令的 RECTANGLE 可以简写为 REC。只需输入这些简写字符，就可以自动执行对应的命令，如图 1-43 所示。对于经常使用的命令，采用简写方式输入可以显著减少键盘输入的工作量，从而提高工作效率。此外，AutoCAD 对命令或参数的输入不区分大小写，因此用户无须担心输入的大小写问题。

输入 C 执行"圆"命令　　　　　　　　　　　输入 CHA 执行"倒角"命令

图 1-43

在命令行输入命令后，某些命令会附带额外的延伸选项。例如，"倒角"命令下方会显示："选择第一条直线或 [放弃 (U)/ 多段线 (P)/ 距离 (D)/ 角度 (A)/ 修剪 (T)/ 方式 (E)/ 多个 (M)]:"。这些延伸选项作为命令的补充，允许用户设置命令执行过程中的各种细节。在这种情况下，可以采用以下方法来执行这些延伸选项。

- 输入对应的字母：要选择某个延伸选项，可以在命令行中输入该选项对应的高亮显示字母，然后按下 Enter 键。例如，若要执行"倒角（C）"选项，只需输入 C 并按下 Enter 键即可。

- 单击命令行中的选项：也可以使用鼠标直接在命令行中单击所需的选项来选择。例如，单击"圆角（F）"选项，即可执行设置圆角的命令。

- 执行默认选项：某些命令会以尖括号的形式提供默认选项，如图 1-44 所示中的 <4>，这表示在 POLYGON 多边形命令中，默认的边数为 4。如果想接受这个默认选项，只需按下 Enter 键即可；否则，可以另行指定边数。

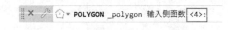

图 1-44

1.3.3　通过菜单栏执行命令

菜单栏提供了功能最全面、最强大的命令执行方式。在 AutoCAD 中，绝大多数常用命令都被分类放置在菜单栏中。例如，若要从菜单栏中执行"线性"命令，只需执行"标注" | "线性"命令即可，如图 1-45 所示。

1.3.4　通过快捷菜单执行命令

使用快捷菜单执行命令，可以在绘图区的空白处右击，然后从弹出的快捷菜单中选择需要的选项即可，如图 1-46 所示。

图 1-45

图 1-46

1.3.5　通过工具栏执行命令

工具栏执行命令是 AutoCAD 的经典执行方式，如图 1-47 所示，同时也是旧版本

AutoCAD 中主要的执行方法。与菜单栏相似，工具栏在 3 个工作空间中默认并不显示，需要通过执行"工具"|"工具栏"|AutoCAD 命令来调出。单击工具栏中的按钮，即可执行对应的命令。用户可以在其他工作空间中绘图，并根据实际需求调出所需的工具栏，例如 UCS、三维导航、建模、视图、视口等。

图 1-47

1.4　CAD 绘图助手

CAD 的辅助绘图工具包括坐标系、正交、极轴以及对象捕捉等。利用这些工具，可以在绘图过程中快速、准确地定位并捕捉特征点，从而提高绘图效率。

1.4.1　认识坐标系

在 AutoCAD 2024 中，坐标系分为世界坐标系（WCS）和用户坐标系（UCS）两种。

1. 世界坐标系（WCS）

世界坐标系（World Coordinate System，WCS）是 AutoCAD 的基本坐标系。它由 3 个相互垂直的坐标轴——x 轴、y 轴和 z 轴组成。在图形绘制和编辑的过程中，其坐标原点和坐标轴的方向始终保持不变。如图 1-48 所示，在默认设置下，世界坐标系的 x 轴正方向水平向右，y 轴正方向垂直向上，而 z 轴的正方向则垂直于屏幕平面向外，指向用户。坐标原点位于绘图区的左下角，并有一个方框标记来标明这是世界坐标系。

2. 用户坐标系（UCS）

为了更好地辅助绘图，经常需要调整坐标系的原点位置和坐标轴方向，这时就需要使用可变的用户坐标系统（User Coordinate System，UCS）。在用户坐标系中，用户可以任意指定或移动原点，以及旋转坐标轴。默认情况下，用户坐标系与世界坐标系是重合的，如图 1-49 所示。

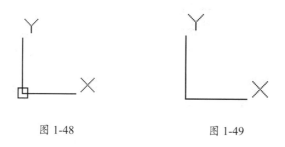

图 1-48　　　　　　　　　　　图 1-49

3. 坐标系的表示方法

在 AutoCAD 中，当需要指定坐标点时，可以选择使用直角坐标系或极坐标系。点的坐标表示方式有四种：绝对直角坐标、绝对极坐标、相对直角坐标和相对极坐标。

- 绝对直角坐标：这是以坐标原点（0,0,0）为基准的直角坐标。若要利用这种方式来指定点，需要输入由逗号分隔的 x、y 和 z 值，格式为（x,y,z）。在绘制二维图形时，z 值默认为 0，因此可以省略，只需输入 x、y 值。绝对直角坐标系的示意图如图 1-50 所示。

- 相对直角坐标：这种坐标是基于上一个输入点来确定的。它表示某点相对于另一个特定点的位置。相对坐标的输入格式为（@X,Y），其中 @ 符号代表使用相对坐标，它指定的是相对于上一个点的偏移量，如图 1-51 所示。

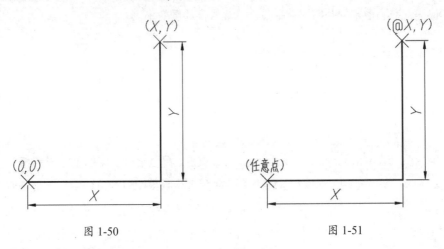

图 1-50　　　　　　　　　　　　　　　图 1-51

> **提示：**
> 坐标分割的逗号,和@符号都应是英文输入法下的字符，否则无效。

- 绝对极坐标：该坐标方式是基于坐标原点（0,0）的极坐标系统。例如，坐标（12<30）表示从 X 轴正方向逆时针旋转 30°，且距离原点 12 个图形单位的点，如图 1-52 所示。然而，在实际绘图工作中，由于难以精确确定与坐标原点之间的绝对极轴距离，因此这种方式较少使用。

- 相对极坐标：这种方式是以某一特定点为参考极点，通过输入相对于该参考极点的距离和角度来定义一个点的位置。相对极坐标的输入格式为（@A< 角度），其中 A 代表与特定点的相对距离。例如，坐标（@14<45）表示相对于前一点，角度为 45°、距离为 14 个图形单位的一个点，如图 1-53 所示。

> **提示：**
> 这4种坐标表示方法中，除了绝对极坐标较少使外，其余3种都是常用的，需要重点掌握。接下来，将通过 3个实例，分别采用不同的坐标方法来绘制相同的图形，以便进一步说明。

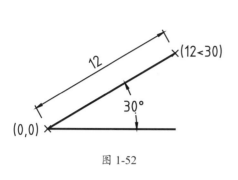

图 1-52

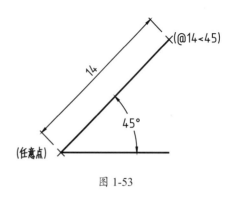

图 1-53

练习 1-1：利用绝对直角坐标绘制三角形

在如图 1-54 所示的图形中，O 点表示 AutoCAD 的坐标原点，其坐标为（0,0）。根据此坐标系，A 点的绝对坐标是（10,10），B 点的绝对坐标是（50,10），而 C 点的绝对坐标则是（50,40）。以下是绘制该图形的具体步骤。

01 启动 AutoCAD 2024，新建一个空白文档。

02 在"默认"选项卡中，单击"绘图"面板中的"直线"按钮 ∕，执行"直线"命令，如图 1-55 所示。

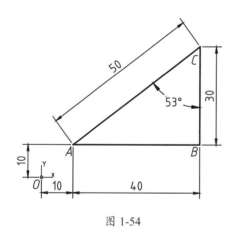

图 1-54

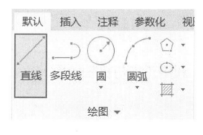

图 1-55

03 命令行出现"指定第一个点"的提示，直接在其后输入 10,10，即 A 点的坐标，如图 1-56 所示。

04 按 Enter 键确定第一点的输入，接着命令行提示"指定下一点"，然后输入 B 点的坐标值 50,10，得到的效果如图 1-57 所示。

05 再按相同方法输入 C 点的绝对坐标 50,40，最后将图形闭合，即可得到如图 1-58 所示的图形效果。命令行提示如下。

命令：LINE ↙	// 执行"直线"命令
指定第一个点：10,10 ↙	// 输入 A 点的绝对坐标
指定下一点或 [放弃(U)]：50,10 ↙	// 输入 B 点的绝对坐标

指定下一点或 [放弃 (U)]: 50,40 ↙   // 输入 C 点的绝对坐标

指定下一点或 [闭合 (C)/放弃 (U)]: c ↙   // 闭合图形

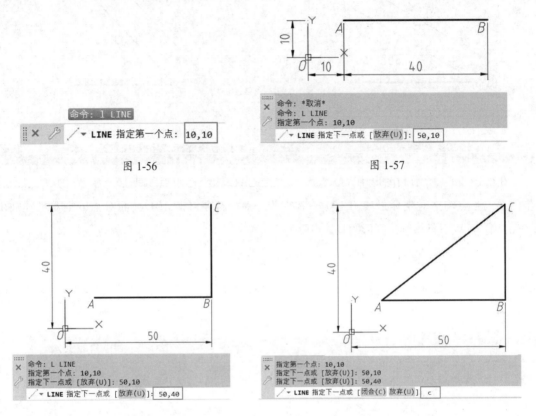

图 1-56

图 1-57

图 1-58

1.4.2 利用正交与极轴绘图

利用正交功能，可以方便地控制鼠标的移动方向，从而帮助用户轻松地绘制出水平线和垂直线。即使在关闭正交功能的情况下，我们也可以利用极轴功能来精确地绘制具有特定角度的线条。接下来，将通过两个实例来详细介绍这两个工具的使用方法。

练习 1-2: 利用"正交"功能绘制机械零件

通过"正交"功能，可以绘制出如图 1-59 所示的图形。当"正交"功能开启后，系统会自动将十字光标强制性地定位在水平或垂直的位置上。此时，在引出的追踪线上，只需直接输入一个数值，即可精确定位目标点。

01 启动 AutoCAD 2024，新建一个空白文档。

02 单击状态栏中的 按钮，或者按 F8 键，激活"正交"功能。

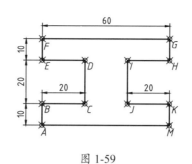

图 1-59

03 执行"直线"命令，配合"正交"功能，绘制图形。命令行提示如下。

> 命令：LINE ↙
>
> 指定第一个点：　　　　　　　　// 在绘图区任意栅格点处单击，作为起点 A
>
> 指定下一点或 [放弃(U)]:10 ↙　　// 向上移动十字光标，引出 90°正交追踪线，如图 1-60 所示，
> 输入 10，即定位 B 点
>
> 指定下一点或 [放弃(U)]:20 ↙　　// 向右移动十字光标，引出 0°正交追踪线，如图 1-61 所示，
> 输入 20，定位 C 点
>
> 指定下一点或 [放弃(U)]:20 ↙　　// 向上移动十字光标，引出 270°正交追踪线，输入 20，定位
> D 点
>
> ……

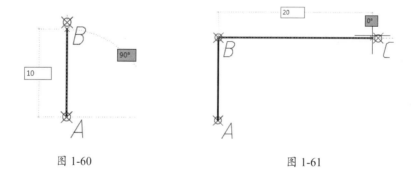

图 1-60　　　　　　　　　　　　　　　　图 1-61

04 根据以上方法，配合"正交"功能绘制其他线段，最终的图形如图 1-59 所示。

练习 1-3：利用"极轴追踪"功能绘制零件截面图

　　通过"极轴追踪"功能，可以绘制出如图 1-62 所示的图形。极轴追踪是一个极为重要的辅助工具，它能在任何角度和方向上引出角度矢量，从而帮助我们非常方便地精确定位在特定角度方向上的任意一点。与其他绘图方法，如坐标输入、栅格捕捉、正交等相比，极轴追踪显得更为便捷，并且足以应对绝大多数图形的绘制需求。因此，它是一种被广泛使用的绘图方法。具体操作步骤如下。

01 启动 AutoCAD 2024，新建空白文档。

02 右击状态栏上的"极轴追踪"按钮 ⌖，然后在弹出的快捷菜单中选择"正在追踪设置"

选项，在弹出的"草图设置"对话框中选中"启用极轴追踪"复选框，并将当前的"增量角"值设置为45，再选中"附加角"复选框，新建85°的附加角，如图1-63所示。

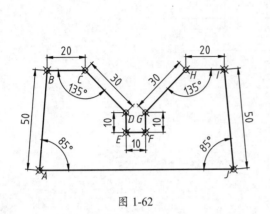

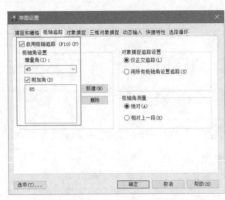

图1-62   图1-63

03 执行"直线"命令，配合"极轴追踪"功能，绘制外框轮廓线，命令行提示如下。

```
命令：LINE↙
指定第一个点：                    // 在适当位置单击，拾取一点作为起点A
指定下一点或［放弃（U）］:50↙    // 向上移动十字光标，在85°的位置可以引出极轴追踪虚线，
如图1-64所示，此时输入50，得到第2点B
指定下一点或［放弃（U）］:20↙    // 水平向右移动十字光标，引出0°的极轴追踪虚线，如图1-65
所示，输入20，定位第3点C
指定下一点或［放弃（U）］:30↙    // 向右下角移动十字光标，引出45°的极轴追踪线，如图1-66
所示，输入30，定位第4点D
指定下一点或［放弃（U）］:10↙    // 垂直向下移动十字光标，在90°方向上引出极轴追踪虚线，
如图1-67所示，输入10，定位定第5点E
       ……
```

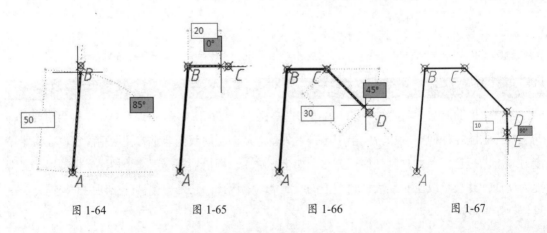

图1-64   图1-65   图1-66   图1-67

04 根据以上方法，配合"极轴追踪"功能绘制其他线段，即可绘制如图1-62所示的图形。

1.4.3　对象捕捉与对象追踪

利用对象捕捉功能，可以精确地定位图形的各种特征点，例如中点、端点、圆心等。同时，开启对象追踪功能后，我们能够通过追踪线来确定图形的角度和位置。接下来，将通过两个实例来详细介绍这两个工具的使用方法。

练习 1-4：拾取"象限点"绘制中心线

通过利用"对象捕捉"模式，可以确定起点和终点，从而在圆形上精确地绘制中心线。在本节中，将介绍如何通过拾取圆心的象限点来绘制中心线的方法。具体的操作步骤如下。

01 打开"练习 1-4：拾取'象限点'绘制中心线 .dwg"素材文件，如图 1-68 所示。

02 执行"工具"|"绘图设置"命令，弹出"草图设置"对话框。选择"对象捕捉"选项卡，选中"象限点"复选框，如图 1-69 所示。

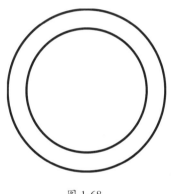

图 1-68　　　　　　　　　　　　　　　图 1-69

03 在命令行中输入 L，执行"直线"命令。移动十字光标至外圆的象限点之上，如图 1-70 所示。在该点单击，指定线段的起点。

04 向下移动十字光标，拾取外圆的象限点，如图 1-71 所示，指定线段的终点。绘制垂直中心线的结果如图 1-72 所示。

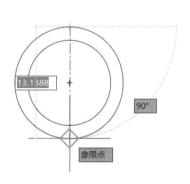

图 1-70　　　　　　　　　　　　　　　图 1-71

05 重复上述操作，绘制水平中心线，如图 1-73 所示。

06 在命令行中输入 E，执行"删除"命令，删除外圆，结果如图 1-74 所示。

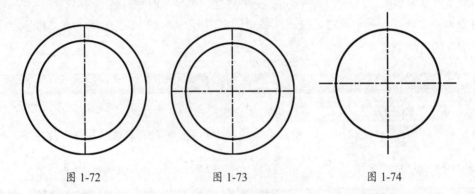

| 图 1-72 | 图 1-73 | 图 1-74 |

练习 1-5：利用"对象捕捉追踪"绘制标高符号

　　利用"对象捕捉追踪"功能，在绘图过程中移动十字光标时会显示对齐路径，这样用户可以参考该路径来确定绘制方向。本节将介绍如何利用"对象捕捉追踪"功能来绘制标高符号。具体的操作步骤如下。

01 在命令行中输入 L，执行"直线"命令。向右移动十字光标，显示水平路径，输入 5 确定线段的长度，如图 1-75 所示。

02 向左下角移动十字光标，借助路径确定线段的方向，输入 1 确定线段的长度，如图 1-76 所示。

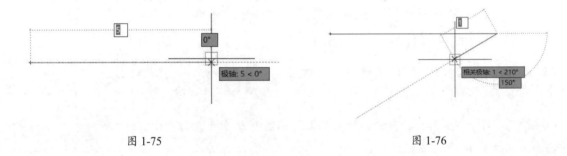

图 1-75　　　　　　　　　　　　　　　　图 1-76

03 向左上角移动十字光标，输入 1 确定另一线段的长度，如图 1-77 所示。绘制标高符号的效果如图 1-78 所示。

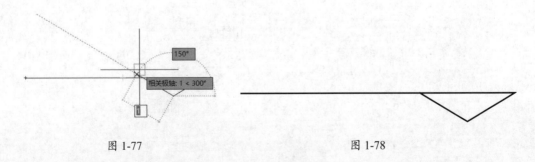

图 1-77　　　　　　　　　　　　　　　　图 1-78

1.5　利用临时捕捉功能绘图

使用"临时捕捉"功能，可以快速地捕捉图形的各种特征点，如几何中心、象限点、切点等。接下来，将通过两个实例来详细介绍这一功能的使用方法。

练习 1-6：利用"临时捕捉"绘制连接线

在工程制图中，经常需要绘制一些具有几何学意义的线条，例如公切线、垂线和平行线等。为了在 AutoCAD 中绘制这些线条，可以使用"临时捕捉"命令来辅助完成。具体的操作步骤如下。

01 打开"练习 1-6：利用'临时捕捉'绘制连接线 .dwg"素材文件，如图 1-79 所示，其中已经绘制好了两个传动轮。

02 在"默认"选项卡中，单击"绘图"面板中的"直线"按钮 ，命令行提示指定直线的起点。

03 按住 Shift 键并右击，在临时捕捉选项中选择"切点"，然后将十字光标移到"传动轮 1"上，出现切点捕捉标记，如图 1-80 所示，在此位置单击确定直线第一点。

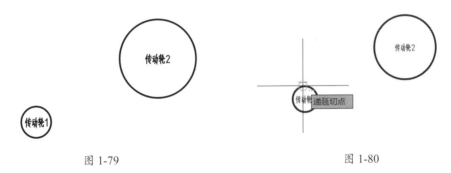

图 1-79　　　　　　　　　　　　　　　　　图 1-80

04 确定第一点之后，临时捕捉失效。再次按住 Shift 键，然后右击，在临时捕捉选项中选择"切点"，将十字光标移到"传动轮 2"的同一侧上，出现切点捕捉标记时单击，完成公切线绘制，如图 1-81 所示。

05 重复上述操作，绘制另外一条公切线，如图 1-82 所示。

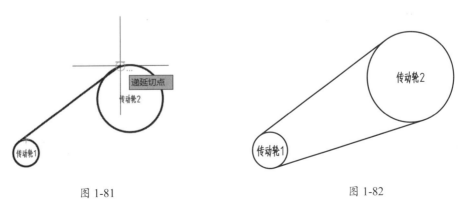

图 1-81　　　　　　　　　　　　　　　　　图 1-82

练习 1-7：利用"临时追踪点"绘制平行线

若想在半径为 20 的圆内绘制一条长度为 30 的弦，通常的做法是以圆心为起点，分别绘制两条辅助线，从而得到所需的图形，如图 1-83 所示。

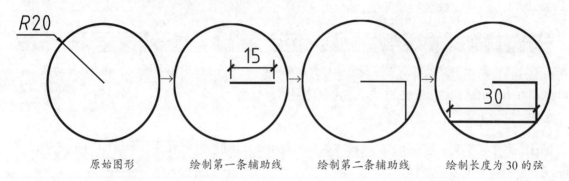

原始图形　　　　绘制第一条辅助线　　　　绘制第二条辅助线　　　　绘制长度为 30 的弦

图 1-83

如果使用"临时追踪点"进行绘制，可以跳过第 2 步和第 3 步中辅助线的绘制过程，直接从第 1 步的原始图形进行到第 4 步，即绘制长度为 30 的弦。具体的操作步骤如下。

01 打开素材文件"练习 1-7：利用'临时追踪点'绘制平行线 .dwg"，其中已经绘制好了半径为 20 的圆，如图 1-84 所示。

02 在"默认"选项卡中，单击"绘图"面板中的"直线"按钮 ，执行"直线"命令。

03 当命令行出现"指定第一个点"的提示时，输入 TT，执行"临时追踪点"命令，如图 1-85 所示。也可以在绘图区中按住 Shift 键然后右击，在弹出的快捷菜单中选择"临时追踪点"选项。

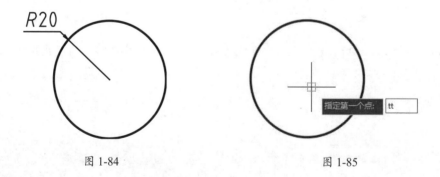

图 1-84　　　　　　　　　　　　　　　图 1-85

04 指定"临时追踪点"。将十字光标移至圆心处，然后水平向右移动十字光标，引出 0° 的极轴追踪虚线，接着输入 15，即将临时追踪点指定为圆心右侧距离为 15 的点，如图 1-86 所示。

05 指定直线起点。垂直向下移动十字光标，引出 270° 的极轴追踪虚线，到达与圆的交点处，作为直线的起点，如图 1-87 所示。

06 指定直线端点。水平向左移动十字光标，引出 180° 的极轴追踪虚线，到达与圆的另一交点处，作为直线的终点，单击得到直线，该直线即为所绘制长度为 30 的弦，如图 1-88 所示。

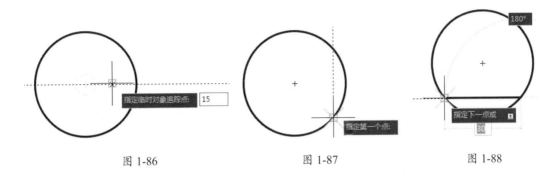

图 1-86　　　　　　　　　　　　图 1-87　　　　　　　　　　　　图 1-88

练习 1-8：使用"自"功能绘制矩形

假如需要在如图 1-89 所示的正方形内部绘制一个小长方形，如图 1-90 所示。在常规情况下，只能依赖辅助线来完成这一绘制，因为对象捕捉功能通常只能捕获到正方形每条边上的端点和中点。这样一来，即便使用了对象捕捉的追踪线功能，也难以精确定位小长方形的起点（即图中的 A 点）。不过，在这种情况下，可以利用"自"功能来进行绘制，具体的操作步骤如下。

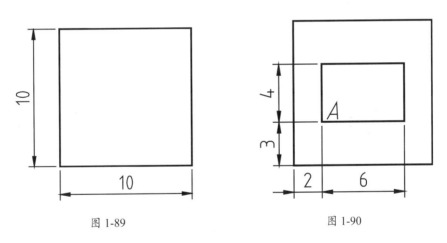

图 1-89　　　　　　　　　　　　　　　　　图 1-90

01 打开素材文件"练习 1-8：使用'自'功能绘制矩形 .dwg"，其中已经绘制好了边长为 10 的正方形，如图 1-89 所示。

02 在"默认"选项卡中，单击"绘图"面板中的"直线"按钮 ╱，执行"直线"命令。

03 命令行出现"指定第一个点"的提示时，输入 from，开启"自"功能，如图 1-91 所示。也可以在绘图区中按住 Shift 键然后右击，在弹出的快捷菜单中选择"自"选项。

04 指定基点。此时提示需要指定一个基点，选择正方形的左下角点作为基点，如图 1-92 所示。

05 输入偏移距离。指定完基点后，命令行出现"< 偏移 :>"提示，此时输入小长方形起点 A 的相对坐标（@2,3），如图 1-93 所示。

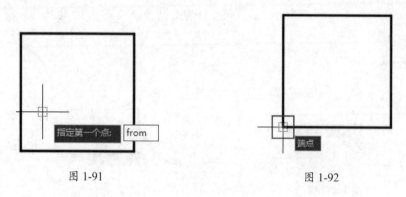

图 1-91   图 1-92

06 绘制图形。输入完毕后即可将直线起点定位至 A 点处，然后按给定尺寸绘制图形即可，如图 1-94 所示。

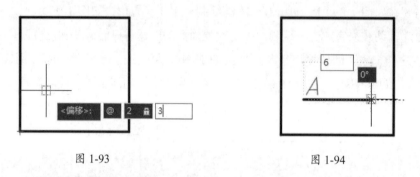

图 1-93   图 1-94

提示：

在为"自"功能指定偏移点时，请注意，即使动态输入中的默认设置为相对坐标，也需要在输入时添加@符号来明确表明这是一个相对坐标值。此外，动态输入的相对坐标设置仅适用于指定第二个点的情况。例如，在绘制直线时，输入的第一个坐标会被视为绝对坐标，而随后输入的坐标则会被视为相对坐标。

1.6 选择图形

在对图形进行任何编辑或修改操作时，必须先选择图形对象。根据不同的情况，采用最合适的选择方法可以显著提高编辑图形的效率。AutoCAD 2024 提供了多种选择对象的基本方法，包括单击选取、窗口选择、窗交选择、栏选、圈围以及圈交等。

1.6.1 单击选取图形

如果要选择单个图形对象，可以使用点选的方法。只需将十字光标移至想要选择的对象上方，此时该图形对象会高亮显示，然后单击即可完成单个对象的选择。单击选取图形的方式每次只能选中一个对象，如图 1-95 所示。若需要选择多个对象，可以连续单击它们，这样就可以同时选择多个对象，如图 1-96 所示，其中高亮显示的部分即为被选中的对象。

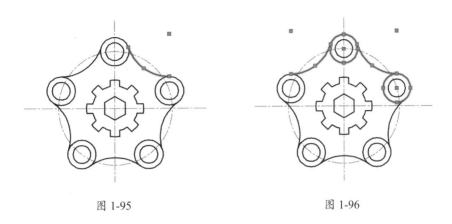

图 1-95　　　　　　　　　　　　　图 1-96

提示：
按住Shift键并再次单击已选中的对象，可以将这些对象从当前选择集中移除（即取消选中当前对象）。若想取消对所有已选定对象的选择，可以按Esc键。

当需要同时选择多个或大量对象时，使用单击选取图形的方法既费时又容易出错。在这种情况下，更推荐使用 AutoCAD 2024 提供的窗口选择、窗交选择、栏选等选择方法，以提高选择效率和准确性。

1.6.2　窗口与窗交选择图形

窗口选择是通过定义一个矩形窗口来选取对象的方法。在使用此方法时，用户需在适当位置单击并从左往右拉出一个矩形窗口，以框住想要选择的对象。在此过程中，绘图区域将出现一个实线的矩形方框，选框内部呈现蓝色，如图 1-97 所示。再次单击后，被方框完全包围的对象将被选中，如图 1-98 所示，其中高亮显示的部分即为被选中的对象。若需要删除选中的对象，可按 Delete 键，删除后的结果如图 1-99 所示。

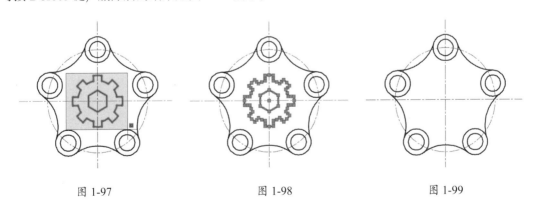

图 1-97　　　　　　　　　图 1-98　　　　　　　　　图 1-99

窗交选择的方法与窗口选择方向相反，即单击或按住鼠标左键并向左上方或左下方移动十字光标，以框住需要选择的对象。在进行框选时，绘图区域将出现一个虚线矩形框，选框内部呈现绿色，如图 1-100 所示。释放鼠标后，与选框相交或被选框完全包围的对象都将被选中，如

图 1-101 所示，其中高亮显示的部分即为被选中的对象。若需要删除选中的对象，可按 Delete 键，删除后的结果如图 1-102 所示。

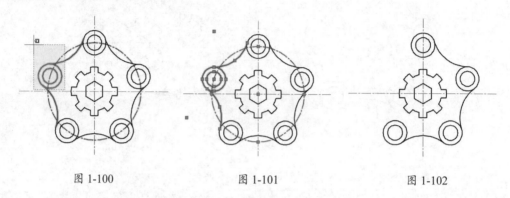

图 1-100   图 1-101   图 1-102

1.6.3 圈围与圈交选择图形

圈围是一种多边形窗口选择方式，它与窗口选择对象的方法有相似之处，但圈围的独特之处在于它可以构造任意形状的多边形选择框，如图 1-103 所示。只有被这个多边形选择框完全包围的对象才会被选中，如图 1-104 所示，其中高亮显示的部分即为被选中的对象。若需要删除选中的对象，可按 Delete 键，操作后的结果如图 1-105 所示。

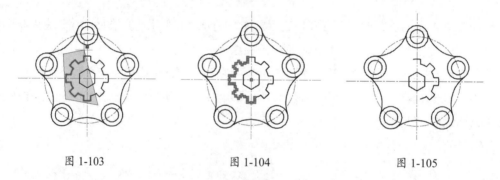

图 1-103   图 1-104   图 1-105

当十字光标处于空闲状态时，在绘图区域的空白处单击，并在命令行中输入 WP 后按 Enter 键，即可激活圈围命令。命令行将会给出相应的操作提示。

```
指定对角点或 [栏选(F)/圈围(WP)/圈交(CP)]: WP ↙        // 选择"圈围"选择方式
第一圈围点：
指定直线的端点或 [放弃(U)]:
指定直线的端点或 [放弃(U)]:
```

圈围对象范围确定后，按 Enter 键或空格键确认选择。

圈交是一种多边形窗交选择方式，与窗交选择对象的方法有相似之处。不过，圈交的独特之处在于它可以构造出任意形状的多边形选择框。这个多边形可以是任意闭合的形状，但不能与选择框自身相交或相切，如图 1-106 所示。选择完成后，与多边形相交的所有对象都将被选中，如图 1-107 所示，其中高亮显示的部分即为被选中的对象。若需删除选中的对象，按 Delete 键即可，删除后的结果如图 1-108 所示。

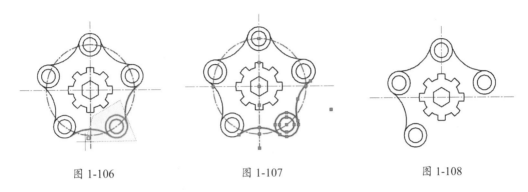

图 1-106　　　　　　　　　　图 1-107　　　　　　　　　　图 1-108

当十字光标处于空闲状态时，可以在绘图区域的空白处单击，并在命令行中输入 CP 后按 Enter 键，从而激活圈交命令。命令行将给出相应的操作提示。

指定对角点或 [栏选(F)/圈围(WP)/圈交(CP)]: CP ↙	// 选择"圈交"选择方式
第一圈围点:	
指定直线的端点或 [放弃(U)]:	
指定直线的端点或 [放弃(U)]:	

确定圈交对象范围后，按 Enter 键或空格键确认选择。

1.7　AutoCAD 2024 更新项目

AutoCAD 2024 在原有版本的基础上进行了改进，并新增了若干功能。认识和掌握这些新功能，不仅可以提高绘图效率，还能更有效地与协作人员开展工作交流。

1.7.1　新增排序和搜索列表功能

启动 AutoCAD 2024 后，会进入"开始"界面。在"最近使用的项目"区域，系统会显示最近打开的图形文件，默认以栅格视图的形式展示，如图 1-109 所示。若希望以列表形式查看这些图形文件，只需要单击界面左侧的"列表视图"按钮，图形文件便会以列表的方式出现，如图 1-110 所示。

在栅格视图中，将十字光标置于图形预览窗口之上，单击左上角的图钉按钮，如图 1-111 所示。图钉转换为蓝色显示，如图 1-112 所示，表示该图形已被固定。

图 1-109

图 1-110

图 1-111

图 1-112

单击"排序依据"右侧的 ↓ 图标，更改排序方式，被固定的图形始终位于首位，如图 1-113 所示。再次单击图钉按钮，可以取消固定。在图形的预览窗口右下角，单击 ⋮ 按钮，弹出菜单，如图 1-114 所示。选择相应选项，指定打开图形的方式。

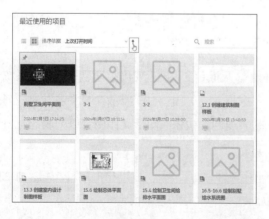

图 1-113

图 1-114

单击"排序依据"选项右侧的 ∨ 按钮，在列表中选择排列图形顺序的方式，如图 1-115 所示，包括"名称""上次打开的时间"两种。

在"搜索"文本框中输入关键字，可以筛选与之相关的图形，并显示在界面中，如图 1-116 所示。

图 1-115

图 1-116

1.7.2　Autodesk Docs 的改进

Autodesk Docs 现已更名为 Autodesk 项目，如图 1-117 所示。要查看 Autodesk 项目中的内容，需要先登录，如图 1-118 所示。

改进后的特点包括。

- 增强了在 Autodesk Docs 上查看大型文件时的支持和性能。

- 优化了 Desktop Connector，进而提升了在"开始"选项卡中显示图形以及从 Autodesk Docs 打开图形时的响应速度。

- 改进了存储在 Autodesk Docs 中的图形在"开始"选项卡上的导航体验。

图 1-117

图 1-118

1.7.3　新增"文件选项卡"菜单

单击"文件选项卡"菜单按钮 ，在弹出的列表中可以执行切换图形、创建或打开图形、保存所有图形、关闭所有图形等操作，如图 1-119 所示。

将鼠标指针悬停在文件名上，可查看其布局的缩略图。将鼠标指针悬停在布局上，可临时显示该布局并显示用于打印和发布的图标，如图 1-120 所示。

图 1-119   图 1-120

1.7.4 新增 "布局选项卡" 菜单

单击 "布局选项卡" 菜单按钮 ，可以执行切换布局、从模板创建布局、发布布局等操作，如图 1-121 所示。

在布局名称上右击，可查看更多选项，包括删除、移动或复制、选择所有布局等，如图 1-122 所示。

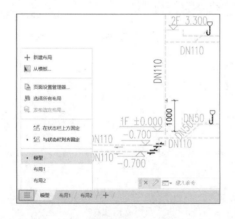

图 1-121   图 1-122

1.7.5 新增 "活动见解" 功能

切换至 "视图" 选项卡，在 "历史记录" 面板中单击 "活动见解" 按钮，如图 1-123 所示。显示 "活动见解" 选项板，使用户可以了解自己或其他人过去针对某个图形所做的修改。

图 1-123

1.7.6　新增"智能块：放置"

新的"智能块：放置"功能能够基于用户之前在图形中放置该块的位置，智能地提供放置建议。

块放置引擎通过学习现有块实例在图形中的布局方式，来预测相同块的后续放置位置。当插入块时，该引擎会依据用户之前放置该块的位置，提供与类似几何图形的放置建议。

例如，如果用户之前将椅子块放置在靠近墙角的位置，那么当再次插入相同的椅子块时，AutoCAD 会自动在用户将椅子靠近类似墙角的位置时进行定位。在移动块的过程中，墙体会高亮显示，并且椅子块的位置、旋转角度和比例会自动调整，以与其他块实例相匹配。可以单击接受建议，也可以按 Ctrl 键切换至其他建议，或者将十字光标移开以忽略当前建议。

如果在放置块时想要临时关闭这些建议，可以在插入或移动块时按快捷键 Shift+W 或 Shift+[。

1.7.7　新增"智能块：替换"

新增的"智能块：替换"功能允许用户通过从类似建议块的选项板中进行选择，来轻松替换指定的块参照。当选择需要替换的块参照时，AutoCAD 会智能地提供一系列类似的建议块以供选择。完成块参照的替换后，原始块的比例、旋转角度和属性值都将被保留。

1.7.8　新增"标记辅助"

在 AutoCAD 2023 中，引入了"标记输入"和"标记辅助"功能，这些功能提供了一种更加便捷的方式来查看和插入图形修订，减少了手动操作。

在 AutoCAD 2024 中，"标记辅助"功能得到了进一步增强，现在它能够检测和识别展平的 PDF 文件中的标记。当"标记辅助"正在检测标记时，"跟踪"工具栏中的"标记辅助"图标会进行相应的指示，以便用户了解当前的状态。

1.7.9　更新"跟踪"功能

"跟踪"功能提供了一个安全的空间，允许用户在不更改现有图形的情况下为图形提供反馈。当图形中不包含任何跟踪时，"跟踪"选项板已经过更新，使用户可以更加轻松地创建新的跟踪或输入标记。

1.8 课后习题

1.8.1 理论题

1. "应用程序"按钮是（ ）。

A. [图标]　　B. [图标]　　C. [图标]　　D. [图标]

2. 打开"选项"对话框的方法为（ ）。

A. 右击　　　B. 单击 [图标]　　　C. 输入 A 按空格键　　　D. 输入 OP 按空格键

3. 显示菜单栏的方法为（ ）。

A. 右击，在弹出的快捷菜单中选择"显示菜单栏"选项

B. 在命令行中输入 B 按空格键

C. 在应用程序菜单中选择"显示菜单栏"选项

D. 在快速访问工具栏中单击 [图标] 按钮，在弹出的菜单中选择"显示菜单栏"选项

4. 显示 / 关闭 Drawing1* × 标签栏的方法为（ ）。

A. 单击 ＋ 按钮

B. 右击，在弹出的快捷菜单中选择"显示标签栏"选项

C. 在"选项"对话框中的"显示"选项卡中选择"显示文件选项卡"选项

D. 在命令行中输入 C 按空格键

5. （ ）可以放大视图。

A. 向前滑动鼠标中键

B. 向后滑动鼠标中键

C. 单击鼠标中键

D. 单击

6. "重生成"视图的方式为（ ）。

A. 右击，在弹出的快捷菜单中选择"重生成"选项

B. 在"修改"菜单中选择"重生成"选项

C. 在"应用程序"菜单中选择"重生成"选项

D. 在命令行中输入 RE 按空格键

7. 在命令行中输入命令的快捷方式后，需要执行下一步操作才可执行命令，（　）操作方式是错误的。

A. 按空格键　　　　　B. 按 Enter 键　　　　　C. 右击　　　　　D. 按 Esc 键

8. 启用"正交"功能的快捷键是（　）。

A.F1　　　　B.F4　　　　　C.F6　　　　　D.F8

9. 启用"极轴"功能的快捷键是（　）。

A.F3　　　　B.F5　　　　　C.F7　　　　　D.F10

10. 启用"对象捕捉"功能的快捷键是（　）。

A.F2　　　　B.F3　　　　　C.F9　　　　　D.F11

1.8.2　操作题

1. 安装 AutoCAD 2024 后，启动软件，默认情况下菜单栏为隐藏状态，请按照本章介绍的方法打开菜单栏。

2. 参考本章介绍的屏幕控制方法，通过缩放、平移等操作，查看如图 1-124 所示的机械图纸。

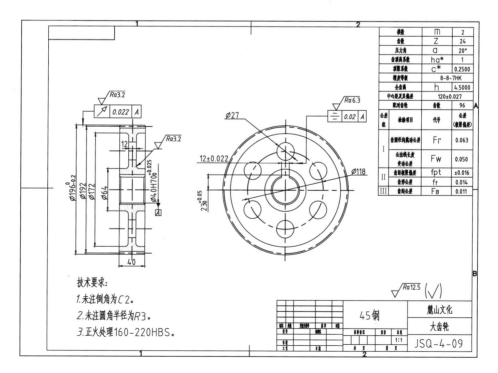

图 1-124

3. 利用"直线"命令、"偏移"命令，并结合正交、极轴功能，绘制如图 1-125 所示的餐桌立面图。

4. 利用所学的执行命令的各种方式，绘制如图 1-126 所示的门图形。

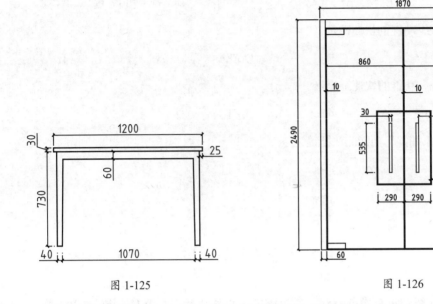

图 1-125   图 1-126

5. 利用合适的选择图形的方法，选中并删除图形，整理结果如图 1-127 所示。

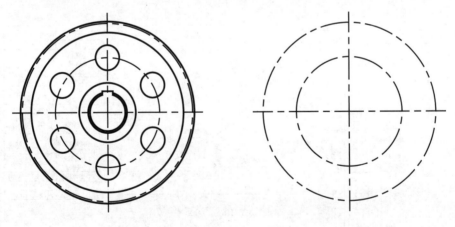

图 1-127

第2章　绘制二维图形

任何复杂的图形都可以分解为多个基础二维图形，如点、直线、圆、多边形、圆弧和样条曲线等。AutoCAD 2024 为用户提供了全面的绘图命令，其中常用的命令已集中在"默认"选项卡下的"绘图"面板中。掌握这些"绘图"面板中的命令，几乎能绘制出所有类型的图形。本章将按顺序介绍"绘图"面板中的各项命令。

2.1　绘制直线

直线是一种常见的图形元素，同时也是 AutoCAD 中的基本图形之一。在确定了起点和终点之后，即可轻松绘制出一条直线。执行"直线"命令的方法如下。

- 功能区：单击"绘图"面板中的"直线"按钮 ╱。
- 菜单栏：执行"绘图"|"直线"命令。
- 命令行：输入 LINE 或 L。

执行"直线"命令后，命令行的提示如下。

命令：_line ↙	// 执行"直线"命令
指定第一个点：	// 输入直线段的起点，用十字光标指定点或在命令
行中输入点的坐标	
指定下一点或 [放弃(U)]：	// 输入直线段的终点，也可以用鼠标指定一定角度
后，直接输入直线的长度	
指定下一点或 [放弃(U)]：	// 输入下一直线段的终点，输入 U 表示放弃之前的
输入	
指定下一点或 [闭合(C)/放弃(U)]：	// 输入下一直线段的终点，输入 C 使图形闭合，或
者按 Enter 键结束命令	

练习 2-1：绘制平面门图例

执行"直线"命令时，只要不退出该命令，就可以连续绘制直线。因此，在制图时，建议先对图形的结构和尺寸进行深入分析，尽量一次性绘制出所有的线性对象，以减少"直线"命令的重复执行，这样做将显著提升绘图效率。本例绘制平面门图例，具体的操作步骤如下。

01 启动 AutoCAD，新建空白文档。

02 单击"绘图"面板中的"直线"按钮 ╱，命令行提示如下。

命令：LINE ↙	

指定第一个点：	// 单击指定起点
指定下一点或 [放弃 (U)]：100	// 向下移动十字光标，输入距离
指定下一点或 [放弃 (U)]：30	// 向右移动十字光标，输入距离
指定下一点或 [闭合 (C)/放弃 (U)]：50	// 向上移动十字光标，输入距离
指定下一点或 [闭合 (C)/放弃 (U)]：20	// 向右移动十字光标，输入距离
指定下一点或 [闭合 (C)/放弃 (U)]：50	// 向上移动十字光标，输入距离
指定下一点或 [闭合 (C)/放弃 (U)]：C	// 向左移动十字光标，输入 C，闭合图形，

如图 2-1 所示。

03 选择绘制完毕的图形，输入 CO（复制）并按空格键，输入复制距离值为 900，向右复制图形，如图 2-2 所示。

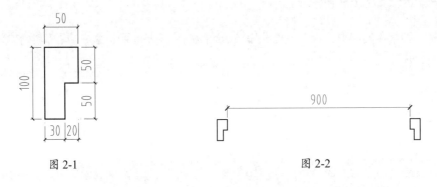

图 2-1　　　　　　　　　　　　　　图 2-2

04 输入 L（直线）并按空格键，输入距离值，绘制门扇图形，如图 2-3 所示。

05 输入 A（圆弧）并按空格键，指定起点与终点，绘制圆弧，表示门的开启方向，如图 2-4 所示。

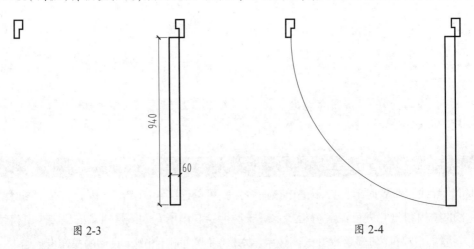

图 2-3　　　　　　　　　　　　　　图 2-4

2.2　绘制多段线

多段线，也被称为"多义线"，是 AutoCAD 中经常使用的一种复合图形对象。利用多段线命令创建的图形被视为一个整体，因此可以对其进行统一的编辑和修改。

2.2.1　初识多段线

多段线与直线在功能上颇为相似，然而它们之间存在一些显著差异。"直线"命令所绘制的每一段线都是独立存在的，意味着每一段直线可以单独被选中。相比之下，多段线则被视为一个整体，当选择其中的任意一段时，其余部分也会被同时选中。此外，"多段线"命令的另一个显著特点是，除了能绘制直线段，还能绘制圆弧，这是它与"直线"命令的一个重要区别。

执行"多段线"命令的方式如下。

- 功能区：单击"绘图"面板中的"多段线"按钮 ⊃。
- 菜单栏：执行"绘图"｜"多段线"命令。
- 命令行：输入 PLINE 或 PL。

执行"多段线"命令后，命令行提示如下。

```
命令: _pline            ↙      // 执行"多段线"命令
指定起点:                       // 在绘图区中任意指定一点为起点，显示临时的加号标记
当前线宽为 0.0000
                               // 显示当前线宽
指定下一个点或 [圆弧(A)/半宽(H)/长度(L)/放弃(U)/宽度(W)]:
                               // 指定多段线的端点
指定下一点或 [圆弧(A)/闭合(C)/半宽(H)/长度(L)/放弃(U)/宽度(W)]:
                               // 指定下一段多段线的端点
指定下一点或 [圆弧(A)/闭合(C)/半宽(H)/长度(L)/放弃(U)/宽度(W)]:
                               // 指定下一端点或按 Enter 键结束
```

由于多段线功能中包含了众多延伸选项，因此将通过以下两个部分进行详细讲解：首先是"多段线 - 直线"部分，其次是"多段线 - 圆弧"部分。

2.2.2　绘制多段线 - 直线

在执行"多段线"命令时，"直线（L）"是默认选项，因此在命令行中不会明确显示。这意味着当执行"多段线"命令时，系统会默认绘制直线。如果想开始绘制圆弧，可以选择"圆弧（A）"延伸选项。在直线状态下，除了"长度（L）"延伸选项是特定的，其他选项都是通用的。接下来，将详细介绍这些通用选项的含义。

- 闭合（C）：此选项的作用与"直线"命令中的闭合选项相同，它可以将第一条线段的起点和最后一条线段的终点连接起来，从而创建一个闭合的多段线。

- 半宽（H）：此选项用于指定从宽线段的中心到其中一条边的宽度。选择此选项后，命令行会提示用户分别输入起点和端点的半宽值，而起点的宽度将被设为默认的端点宽度。

- 长度（L）：此选项用于按照与上一条线段相同的角度和方向来创建具有指定长度的线段。如果上一条线段是圆弧，那么将创建一条与该圆弧段相切的新直线段。

- 宽度（W）：此选项用于设置多段线起始和结束的宽度值。选择此选项后，命令行会提示用户分别输入起点和端点的宽度值，而起点的宽度将被设为默认的端点宽度。

练习 2-2：绘制箭头

　　多段线虽然不像直线和圆那样被频繁使用，但可以通过指定线段的宽度来绘制出许多别具一格的图形，例如各种标识箭头。本例将展示如何通过灵活运用多段线的线宽来一次性绘制坐标系箭头图形。具体的绘制过程如图 2-5 所示。

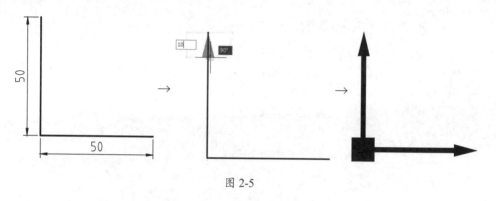

图 2-5

　　箭头图形的具体绘制步骤如下。

01 打开"练习 2-2：绘制箭头 - 素材 .dwg"文件，其中已经绘制好了两段直线。

02 绘制 y 轴方向箭头。单击"绘图"面板中的"多段线"按钮 ，指定竖直直线的上方端点为起点，然后在命令行中输入 W，选择"宽度"选项，指定起点宽度值为 0、端点宽度值为 5，向下绘制一段长度值为 10 的多段线。

03 绘制 y 轴连接线。箭头绘制完毕后，在命令行中输入 W，指定起点宽度值为 2，端点宽度值为 2，向下绘制一段长度值为 35 的多段线。

04 绘制基点方框。连接线绘制完毕后，输入 W，指定起点宽度值为 10、端点宽度值为 10，向下绘制一段多段线至直线交点。

05 保持线宽不变，向右移动十字光标，绘制一段长度值为 5 的多段线。

06 绘制 x 轴连接线。指定起点宽度值为 2、端点宽度值为 2，向右绘制一段长度值为 35 的多段线。

07 绘制 x 轴箭头。按之前的方法，绘制 x 轴右侧的箭头，起点宽度值为 5、端点宽度值为 0。

08 按 Enter 键，退出多段线的绘制，箭头绘制完成。

> **提示：**
> 在多段线绘制过程中，预览图形可能不会及时显出转角处的宽度效果，这可能会让用户误以为绘制出现了错误。然而，实际上只要按下Enter键完成多段线的绘制，转角处就会呈现平滑的效果。

2.2.3　绘制多段线 - 圆弧

在执行"多段线"命令时，选择"圆弧（A）"延伸选项后便开始创建与上一线段（或圆弧）相切的圆弧段。若要重新绘制直线，可选择"直线（L）"选项。

执行"多段线"命令后，命令行提示如下。

```
命令：_pline    ↙          // 执行"多段线"命令
指定起点：                 // 在绘图区中任意指定一点为起点
当前线宽为 0.0000
指定下一个点或 [圆弧(A)/半宽(H)/长度(L)/放弃(U)/宽度(W)]：A↙
                          // 选择"圆弧"延伸选项
指定圆弧的端点（按住 Ctrl 键以切换方向）或
                          // 指定圆弧的一个端点
[角度(A)/圆心(CE)/方向(D)/半宽(H)/直线(L)/半径(R)\第二个点(S)/放弃(U)/宽度(W)]：
指定圆弧的端点（按住 Ctrl 键以切换方向）或
                          // 指定圆弧的另一个端点
[角度(A)/圆心(CE)/闭合(CL)/方向(D)/半宽(H)/直线(L)/半径(R)\第二个点(S)/放弃(U)/
宽度(W)]：＊取消＊
```

练习 2-3：绘制蜗壳图形

执行"多段线"命令时，除了可以获得明显的线段宽度效果，还可以选择"圆弧（A）"延伸选项来创建与上一段直线（或圆弧）相切的圆弧。例如，本例中的蜗壳图形便是由多段相切的圆弧组成的，如图 2-6 所示。

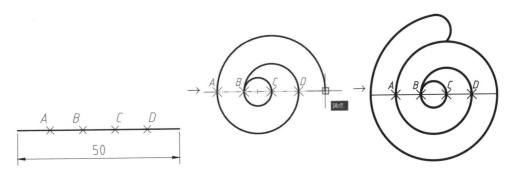

图 2-6

蜗壳图形的具体绘制步骤如下。

01 启动 AutoCAD，打开"练习 2-3：绘制蜗壳图形 - 素材 .dwg"素材文件。

02 绘制 BC 弧段。单击"绘图"面板中的"多段线"按钮 ，执行"多段线"命令，接着捕捉 B 点作为起点，在命令行中输入 D，选择"方向（D）"延伸选项，引出追踪线后指定 B 点正上方（90°方向）的任意一点来确定切向，指定后圆弧方向为正确的方向，再捕捉 C 点即可得到 BC 弧段。

03 绘制 CB 弧段。绘制好 BC 圆弧后直接向左移动十字光标，捕捉 B 点，即可绘制 CB 弧段。

04 绘制 BD 弧段。直接向右移动十字光标至 D 点并捕捉，即可绘制 BD 弧段。

05 绘制其余弧段。使用相同的方法，依次将十字光标从 D 点移至 A 点，然后从 A 点移至直线右侧端点，再从右侧端点移至左侧端点，即可绘制出与直线相交的大部分蜗壳。

06 绘制上方圆弧。上方圆弧的端点不在直线上，因此不能直接捕捉，但可以通过"极轴捕捉追踪"功能来定位。移动十字光标至直线段中点处，然后向正上方（90°方向）移动十字光标，在命令行中输入 30，即将圆弧端点定位至直线中点正上方距离 30 的位置。

07 绘制收口圆弧。向下移动十字光标，捕捉下方圆弧的垂足点，即可完成收口圆弧的绘制。

2.3 绘制圆

圆是绘图中常用的图形对象，在 AutoCAD 中，"圆"命令提供了多种执行方式和丰富的功能选项。以下是执行"圆"命令的方法。

- 功能区：单击"绘图"面板中的"圆"按钮 ，在列表中选择一种绘圆方法，如图 2-7 所示，默认为"圆心，半径"。
- 菜单栏：执行"绘图"|"圆"命令，然后在子菜单中选择一种绘制方法，如图 2-8 所示。
- 命令行：输入 CIRCLE 或 C。

图 2-7

图 2-8

执行"圆"命令后，命令行提示如下。

```
命令：_circle↙                          // 执行"圆"命令
指定圆的圆心或 [三点 (3P) /两点 (2P) /切点、切点、半径 (T)]:
                                       // 选择圆的绘制方式
指定圆的半径或 [直径 (D)]: 3↙           // 直接输入半径值或用十字光标指定半径长度
```

练习 2-4：绘制风扇叶片

本例将展示如何绘制风扇叶片图形，该图形由 3 个相同的叶片组成，如图 2-9 所示。从图中可以看出，该图形主要由圆弧构成，而且这些圆弧之间都是相切关系的。因此，这个图形非常适合用来练习圆的各种绘制方法。在绘制时，可以先绘制其中一个叶片，然后通过阵列或复制的方法得到其他部分。此外，在绘制本图的过程中，将引入一个新的命令——修剪（TRIM 或 TR）。这个命令可以帮助我们删除图形中超出指定界限的部分。

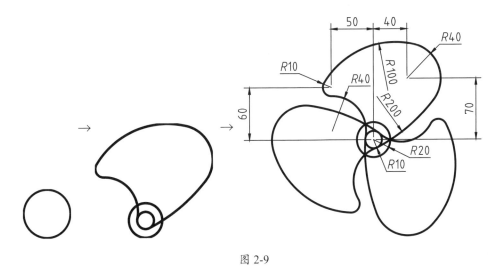

图 2-9

风扇叶片的具体绘制步骤如下。

01 启动 AutoCAD ，新建空白文档。

02 单击"绘图"面板中的"圆"按钮 ⊙，以"圆心，半径"方法绘图，在绘图区中任意指定一点为圆心，在命令行中提示指定圆的半径值时输入 10，即可绘制一个半径值为 10 的圆。

03 按空格键，继续执行"圆"命令，以半径值为 10 的圆的圆心为圆心，绘制一个半径值为 20 的圆。

04 单击"绘图"面板中的"圆"按钮 ⊙，以辅助线的端点为圆心，分别绘制半径值为 10 的圆和 40 的圆。

05 继续绘制圆，并执行"修剪"命令，修剪掉多余的图形，完成风扇单个叶片的绘制。

06 执行"环形阵列"命令，将叶片旋转并复制 3 份，即可得到最终的图形。

练习 2-5：绘制正等轴测圆

正等轴测图是一种单面投影图，它能在一个投影面上同时展现物体的 3 个坐标面的形状，这种呈现方式符合人们的视觉习惯，图形特点形象、逼真且富有立体感，如图 2-10 所示。然而，正等轴测图中的圆并不能直接使用"圆"命令来绘制。尽管这些圆在视觉上看起来很像椭圆，但它们并不是真正的椭圆，因此也不能使用"椭圆"命令来绘制。本例将详细介绍如何在正等轴测图中绘制圆。

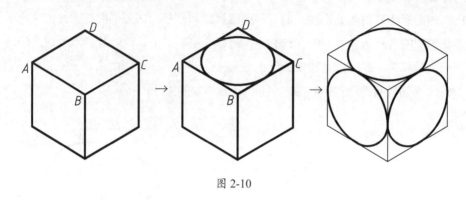

图 2-10

正等轴测圆的具体绘制步骤如下。

01 启动 AutoCAD，打开"练习 2-5：绘制正等轴测圆 - 素材 .dwg"文件，其中已经绘制好了一个立方体的正等轴测图。

02 单击"绘图"面板中的"直线"按钮 ，依次连接直线 AB 与直线 CD 的中点、直线 AD 与 BC 的中点、B 点和直线 AD 的中点、D 点和直线 BC 的中点，再连接 A 点和 C 点。

03 单击"绘图"面板中的"圆"按钮 ，以"圆心，半径"方法绘图，以左侧交点为圆心，将半径端点捕捉至直线 AD 的中点处。

04 使用相同的方法，以右侧交点为圆心，将半径端点捕捉至直线 BC 的中点处。

05 单击"绘图"面板中的"圆"按钮 ，分别以 B、D 点为圆心，将半径端点捕捉至所绘圆弧的端点。

06 在命令行中输入 TR，并连续按两次空格键，修剪绘制的圆，完成顶面上圆形的绘制。

07 使用相同的方法绘制其他面上的圆，结束绘制。

2.4 绘制圆弧

圆弧，作为圆的一部分，在技术制图中经常被用来连接已知的直线或曲线。以下是执行"圆弧"命令的方法。

- 功能区：单击"绘图"面板中的"圆弧"按钮，在列表中选择一种绘制圆弧的方法，如图 2-11 所示，默认为"三点"。

- 菜单栏：执行"绘图"|"圆弧"命令，然后在子菜单中选择一种绘制圆弧的方法，如图 2-12 所示。

- 命令行：输入 ARC 或 A。

图 2-11

图 2-12

执行"圆弧"命令后，命令行的提示如下。

命令：_arc ↙	// 执行"圆弧"命令
指定圆弧的起点或 [圆心 (C)]：	// 指定圆弧的起点
指定圆弧的第二个点或 [圆心 (C) / 端点 (E)]：	// 指定圆弧的第二个点
指定圆弧的端点：	// 指定圆弧的端点

练习 2-6：绘制园林植物图例

首先，绘制图例的外轮廓，并确定外轮廓的圆心以绘制圆弧。接着，利用"镜像"命令来复制这个圆弧，这样不仅可以确保图形的对称性，还能有效提高绘图效率。最后，执行"环形阵列"命令，以圆心作为基准点来复制图形，从而完成整个图例的绘制工作。

01 输入 C（圆）并按空格键，绘制半径值为 590 的圆，如图 2-13 所示。

02 输入 A（圆弧）并按空格键，拾取圆的圆心，作为圆弧的起点，如图 2-14 所示。

03 向上移动十字光标，在合适的位置单击，指定圆弧的第二个点，如图 2-15 所示。

04 继续移动十字光标，在圆形上单击，指定圆弧的端点，如图 2-16 所示。

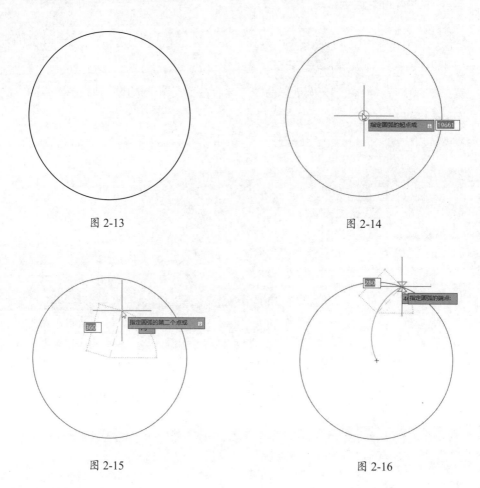

图 2-13   图 2-14

图 2-15   图 2-16

05 输入 MI，执行"镜像"命令，选择圆弧，并进行对称复制，结果如图 2-17 所示。

06 选择绘制完成的图形，单击"编辑"面板中的"环形阵列"按钮 ⚙，指定圆心为阵列中心点，如图 2-18 所示，保持默认值不变，阵列复制圆弧，完成植物图例的绘制，如图 2-19 所示。

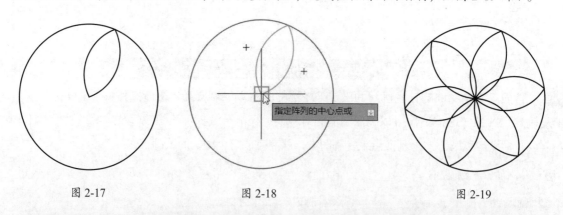

图 2-17   图 2-18   图 2-19

练习 2-7：绘制葫芦形

　　在绘制圆弧时，有时绘制结果可能与用户的预期不符，这通常是因为没有准确把握圆弧的大小和方向。下面将通过一个经典案例来说明这一点，整个绘制过程如图 2-20 所示。

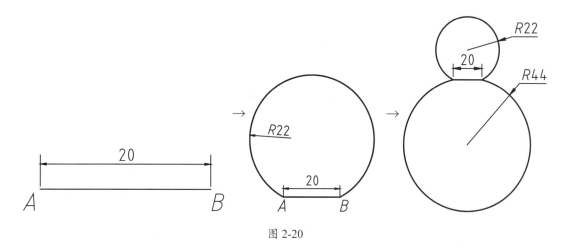

图 2-20

葫芦形体的具体绘制步骤如下。

01 打开素材文件"练习 2-7：绘制葫芦形 .dwg"，其中已绘制好一条长度值为 20 的线段。

02 绘制上圆弧。单击"绘图"面板中"圆弧"按钮的下拉按钮 ，在列表中选择"起点、端点、半径"选项 ，接着选择直线的右端点 B 作为起点、左端点 A 作为端点，然后输入半径值为−22，即可绘制上圆弧。

03 绘制下圆弧。按 Enter 或空格键，再重复执行"起点、端点、半径"命令，接着选择直线的左端点 A 作为起点、右端点 B 作为端点，然后输入半径值为−44，即可绘制下圆弧，结束绘制。

2.5　绘制矩形与多边形

矩形和多边形在绘图过程中常被用作轮廓线，并且被频繁使用。在"绘图"面板的右上角，可以找到矩形和多边形的命令按钮，如图 2-21 所示。接下来，将学习这些操作命令的使用方法。

图 2-21

2.5.1　矩形

矩形，通常被称为长方形，在 AutoCAD 中是通过输入其任意两个对角位置来确定的。此外，用户还可以为矩形设置倒角、圆角、宽度以及厚度等参数值。

执行"矩形"命令的方法如下。

- 功能区：在"默认"选项卡中，单击"绘图"面板中的"矩形"按钮 □。

- 菜单栏：执行"绘图" | "矩形"命令。

- 命令行：输入 RECTANG 或 REC。

执行"矩形"命令后，命令行提示如下。

```
命令：_rectang↙                                          // 执行"矩形"命令
指定第一个角点或 [倒角 (C)/标高 (E)/圆角 (F)/厚度 (T)/宽度 (W)]：
                                                        // 指定矩形的第一个角点
指定另一个角点或 [面积 (A)/尺寸 (D)/旋转 (R)]：           // 指定矩形的对角点
```

练习 2-8：绘制沙发平面图例

本例将介绍沙发平面图例的绘制方法。在进行室内设计平面布置图的绘制时，沙发图例是经常被使用的元素，具体的操作步骤如下。

01 输入 REC（矩形）并按空格键，单击指定起点，输入 D 选择"尺寸"选项，输入尺寸为 1800×1050，按 Enter 键，绘制矩形如图 2-22 所示。

02 重复操作，继续绘制矩形，如图 2-23 所示。

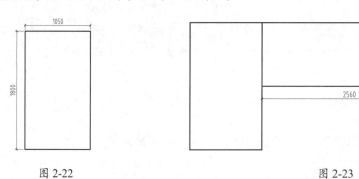

图 2-22   图 2-23

03 输入 L（直线）并按空格键，在矩形内部绘制细实线，如图 2-24 所示。

04 添加抱枕图形，输入 TR，执行"修剪"命令修剪多余的线段，完成绘制，如图 2-25 所示。

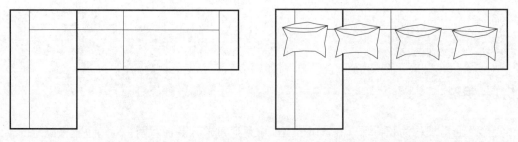

图 2-24   图 2-25

2.5.2 多边形

正多边形是由 3 条或更多长度相等的线段首尾相连形成的闭合图形。在 AutoCAD 中，"多边形"命令可以创建边数为 3~1024 的正多边形。

执行"多边形"命令的方法如下。

- 功能区：在"默认"选项卡中，单击"绘图"面板中"矩形"菜单的"多边形"按钮🔾。
- 菜单栏：执行"绘图"｜"多边形"命令。
- 命令行：输入 POLYGON 或 POL。

执行"多边形"命令后，命令行提示如下。

命令：POLYGON ↙	// 执行"多边形"命令
输入侧面数 <4>：	// 指定多边形的边数，默认状态为四边形
指定正多边形的中心点或 [边 (E)]：由边数和边长确定	// 确定多边形的一条边来绘制正多边形，
输入选项 [内接于圆 (I)/外切于圆 (C)] <I>：	// 选择正多边形的创建方式
指定圆的半径：于圆的半径	// 指定创建正多边形时的内接于圆或外切

练习 2-9：绘制人行道标志

正多边形是指各边长和各内角都相等的多边形。通过执行"正多边形"命令直接绘制这类图形，可以显著提高绘图效率，并确保图形的精确度。在本例中，将利用"正多边形"命令来绘制人行道标志，具体的操作步骤如下。

01 单击"绘图"面板中的"多边形"按钮🔾，设置侧面数为 3，单击指定中心点，选择"内接于圆"选项，输入半径值为 80，绘制三角形，如图 2-26 所示。

02 输入 F(圆角) 并按空格键，将圆角半径值设置为 6，选择线段进行圆角处理，如图 2-27 所示。

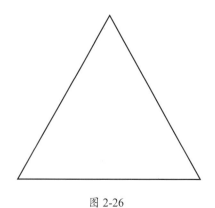

图 2-26

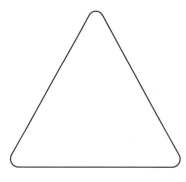

图 2-27

03 输入 O（偏移）并按空格键，设置轮廓线向内依次偏移，距离值分别为 2 和 10，如图 2-28 所示。

04 添加行人与斑马线图形，完成图例的绘制，结果如图 2-29 所示。

图 2-28　　　　　　　　　　　　　　　　　　图 2-29

2.6 绘制椭圆和椭圆弧

在建筑绘图中，椭圆和椭圆弧形图案非常常见，例如地面拼花、室内吊顶造型等。同时，在机械制图中，椭圆也经常被用来表示轴测图上的圆。在 AutoCAD 中，"椭圆"按钮位于"绘图"面板的右侧，具体位置如图 2-30 所示。

2.6.1 椭圆

椭圆是由所有到两个定点（焦点）的距离之和等于常数的点组成的图形。与圆不同的是，椭圆的半径长度并不统一。椭圆的形状由两条轴决定，这两条轴分别定义了其长度和宽度。其中较长的一条被称为"长轴"，而较短的一条则被称为"短轴"，如图 2-31 所示。

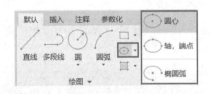
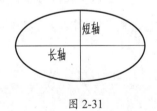

图 2-30　　　　　　　　　　　　　　　　　　图 2-31

在 AutoCAD 2024 中执行"椭圆"命令的方法如下。

- 功能区：单击"绘图"面板中的"椭圆"按钮 ⊙，即图 2-30 中的"圆心"按钮 ⊙ 或"轴，端点"按钮 ◯。
- 菜单栏：执行"绘图"|"椭圆"|"圆心"或"轴，端点"命令。
- 命令行：输入 ELLIPSE 或 EL。

执行"椭圆"命令后,命令行提示如下。

命令: _ellipse↙   // 执行"椭圆"命令

指定椭圆的轴端点或 [圆弧(A)/中心点(C)]: _c↙   // 系统自动选择绘制对象为椭圆

指定椭圆的中心点: // 在绘图区中指定椭圆的中心点

指定轴的端点: // 在绘图区中指定一点

指定另一条半轴长度或 [旋转(R)]:   // 在绘图区中指定一点或输入数值

在"绘图"面板"椭圆"按钮的列表中包含"圆心" ⊙ 和"轴,端点" ⬭ 两种绘制椭圆的方法,介绍如下。

- 圆心 ⊙: 通过指定椭圆的中心点、一条轴的一个端点及另一条轴的半轴长度来绘制椭圆,即命令行中的"中心点(C)"选项。

- 轴,端点 ⬭: 通过指定椭圆一条轴的两个端点及另一条轴的半轴长度来绘制椭圆,即命令行中的"圆弧(A)"选项。

练习 2-10: 绘制洗脸盆

执行"椭圆"命令,结合"直线"与"修剪"命令,可以绘制洗脸盆平面图例,具体的操作步骤如下。

01 输入 EL(椭圆)并按空格键,依次指定轴端点与半轴长度,绘制一个近似圆形的椭圆。

02 输入 O(偏移)并按空格键,设置距离值为 20,设置椭圆向内偏移,如图 2-32 所示。

03 输入 L(直线)并按空格键,在椭圆之上绘制水平线段,如图 2-33 所示。

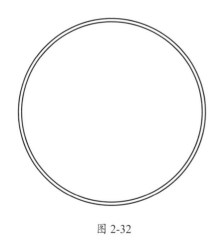

图 2-32

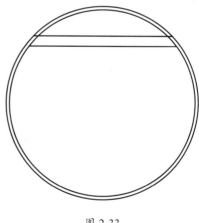

图 2-33

04 输入 TR(修剪)并按空格键,修剪多余的线段,如图 2-34 所示。

05 输入 A(圆弧)并按空格键,绘制圆弧,如图 2-35 所示。

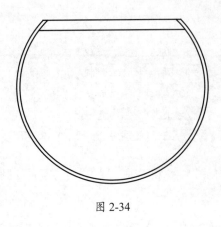

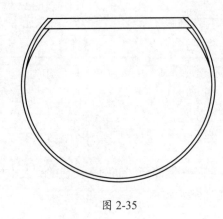

图 2-34　　　　　　　　　　　　　　　　　　　图 2-35

06 输入 TR（修剪）并按空格键，修剪图形，结果如图 2-36 所示。

07 输入 EL（椭圆）并按空格键，指定轴端点与半轴长度，绘制椭圆，如图 2-37 所示。

08 输入 C（圆）并按空格键，指定圆心与半径值绘制圆形，完成图形的绘制，如图 2-38 所示。

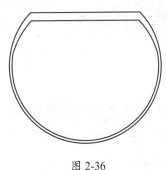　　　　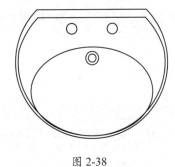

图 2-36　　　　　　　　　　图 2-37　　　　　　　　　　图 2-38

2.6.2　椭圆弧

椭圆弧是椭圆图形的一部分。要绘制椭圆弧，需要确定以下参数：椭圆弧所属椭圆的两条轴（长轴和短轴），以及椭圆弧的起始角度和终止角度。执行"椭圆弧"命令的方法如下。

- 面板：单击"绘图"面板中的"椭圆弧"按钮 ⊙。
- 菜单栏：执行"绘图"|"椭圆"|"椭圆弧"命令。

执行"椭圆弧"命令后，命令行提示如下。

```
命令：_ellipse↙                          // 执行"椭圆"命令
指定椭圆的轴端点或 [圆弧(A)/中心点(C)]：_a↙     // 系统自动选择绘制对象为椭圆弧
指定椭圆弧的轴端点或 [中心点(C)]：              // 在绘图区指定椭圆一轴的端点
指定轴的另一个端点：                          // 在绘图区指定该轴的另一端点
指定另一条半轴长度或 [旋转(R)]：              // 在绘图区中指定一点或输入数值
指定起点角度或 [参数(P)]：                    // 在绘图区中指定一点或输入椭圆弧的起
始角度
```

| 指定端点角度或 [参数 (P)/夹角 (I)]: | // 在绘图区中指定一点或输入椭圆弧的终 |
| 止角度 | |

"椭圆弧"命令中的选项与"椭圆"命令基本一致,但在指定了椭圆弧的另一半轴长度后,需要额外指定起点角度和端点角度来确定椭圆弧的范围。这里有两种指定方法"旋转 (R)"和"参数 (P)",具体介绍如下。

- 旋转 (R):此方法通过指定起点角度和端点角度来确定椭圆弧。角度是以椭圆的长轴为基准进行测量的。

- 参数 (P):此方法使用矢量参数方程式来定义椭圆弧的端点角度。该方程式为 $p(n) = c + a \times \cos(n) + b \times \sin(n)$,其中 n 是用户输入的参数,c 是椭圆弧的半焦距,a 和 b 分别是椭圆长轴和短轴的半轴长度。选择"起点参数"选项可以从角度模式切换到参数模式,此模式用于控制计算椭圆的方法。

在参数模式下,当指定了椭圆弧的起点角度后,可以选择"夹角 (I)"选项,并输入夹角角度来确定椭圆弧,如图 2-39 所示。需要注意的是,夹角值在 89.4°~90.6°是无效的,因为这个范围内的椭圆弧将显示为一条直线,如图 2-40 所示。此外,这些角度值的倍数将每隔 90°产生一次镜像效果。

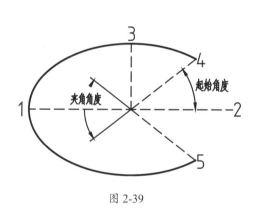

图 2-39

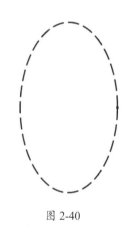

图 2-40

提示:

椭圆弧的起点角度从长轴开始计算。

2.7 创建图案填充与渐变色填充

通过 AutoCAD 的图案填充和渐变色填充功能,可以自定义图案样式和参数,从而创建各种填充图案,便于区分图形的不同组成部分。在 AutoCAD 中,与填充相关的命令按钮位于"绘图"面板的右下角,如图 2-41 所示。

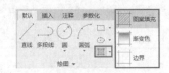

图 2-41

2.7.1 图案填充

在图案填充的过程中，可以根据实际需求选择不同的填充样式，同时还可以对已填充的图案进行编辑。执行"图案填充"命令的方法如下。

- 功能区：在"默认"选项卡中，单击"绘图"面板中的"图案填充"按钮圝。
- 菜单栏：执行"绘图"|"图案填充"命令。
- 命令行：输入 BHATCH、HATCH 或 H。

在 AutoCAD 中，当执行"图案填充"命令后，会显示"图案填充创建"选项卡，如图 2-42 所示。用户可以从中选择所需的填充图案，并将十字光标移至想要填充的区域以生成效果预览。之后，只需在该区域单击，即可完成填充。若要退出此命令，可单击"关闭"面板中的"关闭图案填充"按钮。

图 2-42

练习 2-11：填充地毯图案

本例将介绍如何为圆形地毯进行图案填充。首先，在"图案填充创建"选项卡中选择合适的填充图案，并指定颜色、角度和比例。接着，拾取需要填充的区域并执行填充命令。最后，退出命令以完成整个操作过程。具体的操作步骤如下。

01 启动 AutoCAD，打开"练习 2-11：填充地毯图案 - 素材 .dwg"文件。

02 输入 H（图案填充）并按空格键，在"图案填充创建"面板中选择图案，将颜色设置为白色，角度值为 0，比例值为 11，如图 2-43 所示。

图 2-43

03 拾取填充区域，预览填充效果，满意后单击"关闭图案填充创建"按钮，结束操作，效果如图 2-44 所示。

图 2-44

2.7.2　渐变色填充

在绘图过程中，有些图形在进行填充时可能需要使用一种或多种颜色，这在绘制装修图纸、美工图纸等场景中尤为常见。执行"渐变色填充"命令的方法如下。

- 功能区：在"默认"选项卡中，单击"绘图"面板"渐变色"按钮▓。
- 菜单栏：执行"绘图"|"渐变色填充"命令。

执行"渐变色填充"命令后，会弹出如图 2-45 所示的"图案填充创建"选项卡。这个选项卡与图案填充的选项卡结构相似，同样包含"边界""图案"等 6 个面板。不过，此时已经更改为与渐变色填充相关的命令。各面板的功能与之前介绍过的图案填充类似，因此不再重复介绍。

图 2-45

> **提示：**
> 在执行"图案填充"命令时，如果在"特性"面板中的"图案"列表中选择"渐变色"选项，系统会自动切换到渐变填充效果。

当命令行提示"拾取内部点或 [选择对象 (S)/ 放弃 (U)/ 设置 (T)]:"时，若选择"设置 (T)"选项，将会打开如图 2-46 所示的"图案填充和渐变色"对话框，并且系统会自动切换到"渐变色"选项卡。在该对话框中，常用选项的含义如下。

- 单色：这是一种填充方式，其中指定的颜色会从高饱和度平滑过渡到透明。

- 双色：这种填充方式则是在两种指定的颜色之间进行平滑过渡，具体效果如图 2-47 所示。

- 渐变样式：在渐变区域内，有 9 种固定的渐变填充图案可供选择，包括径向渐变、线性渐变等。

- 方向：在此选项区域中，可以设置渐变色的角度，并决定其是否居中显示。

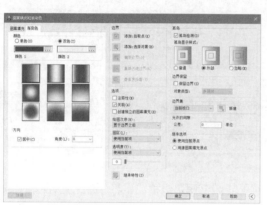

图 2-46

图 2-47

2.7.3 边界

"边界"命令可以将封闭区域转换为面域，而面域是 AutoCAD 中用于构建三维模型的基础元素。绘制过程如图 2-48 所示。由于"边界"命令主要用于辅助三维模型的创建，与二维绘图关系不大，因此在这里不再详细讲解。该命令将在本书的三维部分中进行详细介绍。

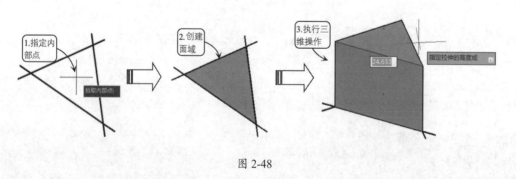

图 2-48

2.8 绘制其他二维图形

"绘图"面板包含扩展区域，单击"绘图"面板右侧的下拉按钮即可展开该区域，如图

2-49 所示。接下来，将介绍扩展面板中绘图命令的操作方法。

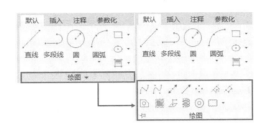

图 2-49

2.8.1　样条曲线

样条曲线是一种平滑曲线，它会经过或接近一系列给定的点。在 AutoCAD 中，可以自由编辑样条曲线，并能够控制曲线与点的拟合程度。在景观设计领域，样条曲线常被用来绘制水体、流线型的园路以及模纹等元素；在建筑制图中，它则常被用来表示剖面符号等图形；而在机械产品设计领域，样条曲线常被用来表示某些产品的轮廓线或剖切线。

在 AutoCAD 2024 中，样条曲线被分为"拟合点样条曲线"和"控制点样条曲线"两种类型。其中，"拟合点样条曲线"的特点是其拟合点与曲线完全重合，如图 2-50 所示。而"控制点样条曲线"则是通过曲线外的控制点来控制曲线的整体形状，如图 2-51 所示。这种分类使得用户在绘制和编辑样条曲线时具有更大的灵活性和控制力。

图 2-50　　　　　　　　　　　　　　　　图 2-51

执行"样条曲线"命令的方法如下。

- 功能区：单击"绘图"面板扩展区域中的"样条曲线拟合"按钮 或"样条曲线控制点"按钮 。
- 菜单栏：执行"绘图"|"样条曲线"|"拟合点"或"控制点"命令。
- 命令行：输入 SPLINE 或 SPL。

执行"样条曲线拟合"命令，命令行提示如下。

```
命令：_spline ✓                    // 执行"样条曲线拟合"命令
当前设置：方式 = 拟合    节点 = 弦    // 显示当前样条曲线的设置
指定第一个点或 [方式 (M) / 节点 (K) / 对象 (O)]：_M ✓
                                   // 系统自动选择
```

输入样条曲线创建方式 [拟合 (F) / 控制点 (CV)] < 拟合 >: _FIT ✓

// 系统自动选择"拟合"方式

当前设置：方式 = 拟合　　　节点 = 弦　　　// 显示当前方式下的样条曲线设置

指定第一个点或 [方式 (M) / 节点 (K) / 对象 (O)]: // 指定样条曲线起点或选择创建方式

输入下一个点或 [起点切向 (T) / 公差 (L)]: // 指定样条曲线上的第二点

输入下一个点或 [端点相切 (T) / 公差 (L) / 放弃 (U) / 闭合 (C)]:

// 指定样条曲线上的第三点

// 要创建样条曲线，最少需指定 3 个点

执行"样条曲线控制点"命令时，命令行提示如下。

命令：_SPLINE ✓ // 执行"样条曲线控制点"命令

当前设置：方式 = 控制点　　　阶数 =3 // 显示当前样条曲线的设置

指定第一个点或 [方式 (M) / 阶数 (D) / 对象 (O)]: _M ✓

// 系统自动选择

输入样条曲线创建方式 [拟合 (F) / 控制点 (CV)] < 拟合 >: _CV ✓

// 系统自动选择"控制点"方式

当前设置：方式 = 控制点　　　阶数 =3 // 显示当前方式下的样条曲线设置

指定第一个点或 [方式 (M) / 阶数 (D) / 对象 (O)]: // 指定样条曲线起点或选择创建方式

输入下一个点： // 指定样条曲线上的第二点

输入下一个点或 [闭合 (C) / 放弃 (U)]: // 指定样条曲线上的第三点

练习 2-12：绘制剖切边线

在绘图过程中，样条曲线常被用于表示局部剖视图的边线以及折断视图的折断线等，这在绘制剖视图和展开图时特别有用。绘制剖切边线的具体操作步骤如下。

01 启动 AutoCAD 2024，打开"练习 2-12：绘制剖切边线 - 素材 .dwg"文件，如图 2-52 所示。

02 单击"绘图"面板中的"样条曲线拟合"按钮，绘制样条曲线，如图 2-53 所示。

03 在命令行输入 H 并按空格键，执行"图案填充创建"命令，对图形进行图案填充，表示图形的剖面，如图 2-54 所示。

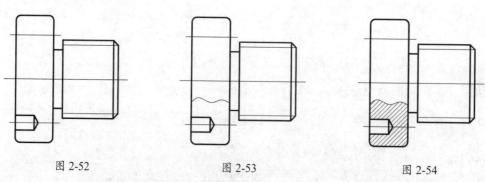

图 2-52　　　　　　　　　　图 2-53　　　　　　　　　　图 2-54

2.8.2 构造线

构造线是一种两端无限延伸的直线，它没有明确的起点和终点，主要用于绘制辅助线和修剪边界。在建筑设计中，它常被用作辅助线，同时在机械设计中也可以作为轴线使用。要确定构造线的位置和方向，只需指定两个点即可。执行"构造线"命令的方法如下。

- 功能区：单击"绘图"面板中的"构造线"按钮 ✎。

- 菜单栏：执行"绘图" | "构造线"命令。

- 命令行：输入 XLINE 或 XL。

执行"构造线"命令后，命令行提示如下。

```
命令：_xline          ↙                           // 执行"构造线"命令
指定点或 [ 水平 (H) / 垂直 (V) / 角度 (A) / 二等分 (B) / 偏移 (O)]：    // 输入第一个点
指定通过点：                                       // 输入第二个点
指定通过点：                                       // 继续输入点，可以继
续画线，按 Enter 键结束命令
```

构造线是真正意义上的"直线"，可以向两端无限延伸。在处理草图的几何关系和尺寸关系方面，构造线起着极其重要的作用。例如，在三视图中，它们常被用作"长对正、高平齐、宽相等"的辅助线，如图 2-55 所示（图中细实线代表构造线，粗实线代表轮廓线，下同）。

构造线不会改变图形的总面积。因此，它们的无限长特性对缩放或视点没有影响，并且会被显示图形范围的命令所忽略。与其他图形对象一样，构造线也可以移动、旋转和复制。因此，构造线常被用来绘制各种图纸中的辅助线和基准线，例如机械制图中的中心线、建筑制图中的墙体线，如图 2-56 所示。

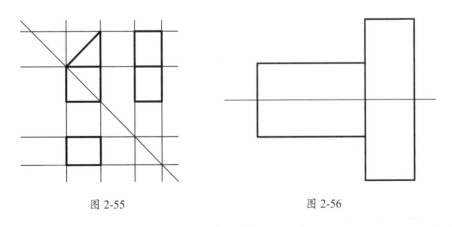

图 2-55   图 2-56

练习 2-13：使用"构造线"命令绘制图形

"构造线"在绘图过程中通常被用作辅助线，与其他命令结合使用往往能达到很好的效果。本例是一个经典的绘图案例，虽然看起来简单，但如果不熟练运用绘图技巧，而只依赖数学知

识来求解角度与边的对应关系，这无疑会大大增加工作量。图 2-57 展示了整个绘制过程。

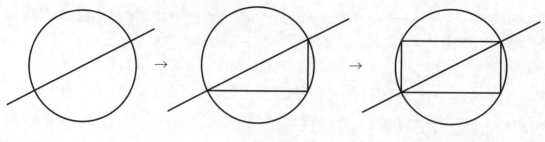

图 2-57

使用"构造线"命令绘制图形的具体操作步骤如下。

01 启动 AutoCAD，新建空白文档。在命令行中输入 C，执行"圆"命令，绘制一个半径值为 80 的圆。

02 单击"绘图"面板中的"构造线"按钮 ∕，以圆心为第一个点，然后输入相对坐标（@2,1），绘制辅助线。

03 以构造线与圆的交点分别绘制一条水平直线和竖直直线。

04 使用相同的方法绘制对侧的两条线段，即可得到圆内的矩形，图形比例满足条件。

2.8.3 射线

射线是一端固定，另一端无限延伸的线，它只有起点而没有终点，但可以确定其方向。在 AutoCAD 中，射线的使用相对较少，主要用作辅助线。然而，在机械制图中，它可以作为三视图的投影线来使用。

执行"射线"命令的方法如下。

- 功能区：单击"绘图"面板中的"射线"按钮 ∕。
- 菜单栏：执行"绘图"｜"射线"命令。
- 命令行：输入 RAY。

练习 2-14：绘制中心投影图

一个点光源将图形照射到一个平面上，由此产生的影子即为该图形在这个平面上的中心投影。中心投影图的绘制可以借助射线来完成，其绘制过程如图 2-58 所示。

中心投影图的具体绘制步骤如下。

01 打开素材文件"练习 2-14：绘制中心投影图 - 素材 .dwg"，其中已经绘制好了 △ ABC 和对应的坐标系，以及中心投影点 O。

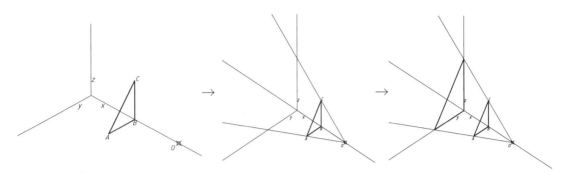

图 2-58

02 在"默认"选项卡中，单击"绘图"面板中的"射线"按钮 ，以 O 点为起点，依次指定 A、C 点，绘制投影线。

03 单击"默认"选项卡中"绘图"面板中的"直线"按钮 ，执行"直线"命令，依次捕捉投影线与坐标轴的交点，这样得到的新三角形，便是原 △ ABC 在 yz 平面上的投影。

> **提示：**
> 执行"射线"命令后，指定射线的起点，然后根据"指定通过点"的提示，可以连续指定多个通过点，以绘制多条经过相同起点的射线。此过程将持续进行，直至按下Esc键或Enter键退出为止。

练习 2-15：绘制相贯线

两个立体表面的交线被称为相贯线，如图 2-59 所示。当这些立体图形的表面（无论是外表面还是内表面）相交时，都会出现标示处的相贯线。在绘制这类零件的三视图时，必然会遇到需要绘制相贯线投影图的问题。本例将介绍如何绘制相贯线，其绘制过程如图 2-60 所示。

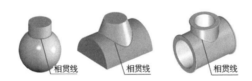

图 2-59

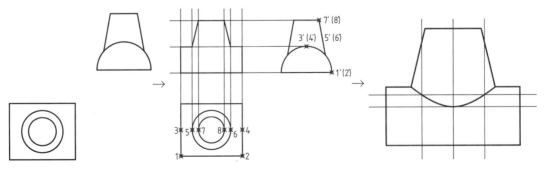

图 2-60

相贯线的具体绘制步骤如下。

01 打开素材文件"练习 2-15：绘制相贯线 - 素材 .dwg"，其中已经绘制好了零件的左视图与俯视图。

02 绘制水平投影线。单击"射线"按钮 ，以左视图中各端点与交点为起点，向左绘制水平射线。

03 绘制竖直投影线。按照相同的方法，以俯视图中各端点与交点为起点，向上绘制竖直射线。

04 绘制主视图轮廓。绘制主视图轮廓之前，先要分析出俯视图与左视图中各特征点的投影关系（俯视图中的点，如 1、2 等，相当于左视图中的点 1'、2'，下同），然后单击"绘图"面板中的"直线"按钮 ，连接各点的投影线在主视图中的交点，即可绘制出主视图轮廓。

05 求一般交点。目前所得的图形还不足以绘制出完整的相贯线，因此需要另外找出 2 点，借此绘制出投影线来获取相贯线上的点（原则上 5 点才能确定一条曲线）。按"长对正、宽相等、高平齐"的原则，在俯视图和左视图绘制两条直线，删除多余射线。

06 绘制投影线。根据辅助线与图形的交点为起点，使用"射线"命令绘制投影线。

07 绘制相贯线。单击"绘图"面板中的"样条曲线"按钮 ，连接主视图中各投影线的交点，即可得到相贯线。

2.8.4 绘制点

点是所有图形中最基本的元素，常被用作捕捉和偏移对象的参考。从理论上讲，点是没有长度和大小的图形对象。在开始绘制点之前，有必要先了解一下"点样式"的概念。

1. 点样式

在 AutoCAD 中，系统默认绘制的点是以小圆点的形式显示的，这在屏幕上可能较难识别。为了方便观察点的效果，可以通过设置"点样式"来调整点的外观形状，如图 2-61 所示。

图 2-61

还可以根据需要调整点的尺寸，使点在图形中更清晰地显示出来。在绘制单点、多点、定数等分点或定距等分点后，通常需要调整点的显示方式，以便利用对象捕捉功能来绘制图形。执行"点样式"命令的方法如下。

- 功能区：单击"默认"选项卡中"实用工具"面板的"点样式"按钮 ，如图 2-62 所示。

- 菜单栏：执行"格式"|"点样式"命令。

- 命令行：输入 DDPTYPE。

执行"点样式"命令后，弹出如图 2-63 所示的"点样式"对话框，其中提供了共计 20 种点样式，还可设置点的大小。

图 2-62

图 2-63

提示：

"点样式"与"文字样式"和"标注样式"有所不同。在同一个 .dwg 文件中，只能设置一种点样式，而"文字样式"和"标注样式"则可以设置多种不同的样式。如果想要实现不同的点视觉效果，唯一可行的方法是在"特性"中选择不同的颜色。

练习 2-16：调整椅面装饰的显示效果

在"点样式"对话框中，包含了多种不同类型的点样式。通过选择合适的点样式和设置点的大小，可以迅速达到所需的图形效果，例如创造出装饰图案的视觉效果。调整椅面装饰的显示效果的具体操作步骤如下。

01 启动 AutoCAD，打开"练习 2-16：调整椅面装饰的显示效果 - 素材 .dwg"文件，在椅面上已经创建了点，但并没有设置点样式，因此显示不明显，如图 2-64 所示。

02 在"默认"选项卡的"实用工具"面板中单击"点样式"按钮，弹出"点样式"对话框，选择合适的点样式，输入"点大小"值为 3，选中"相对于屏幕设置大小"单选按钮，如图 2-65 所示。

03 单击"确定"按钮，关闭对话框，完成"点样式"的设置，最终效果如图 2-66 所示。

图 2-64

图 2-65

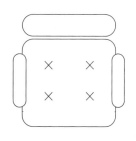

图 2-66

2. 多点

在 AutoCAD 2024 中，创建点主要有两种方法，即"多点"和"单点"。然而，这两个命令在功能上并无本质区别。由于"多点"命令允许在执行一次命令后连续指定多个点，直至按 Esc 键结束命令，因此在实际应用中更为常用，而"单点"命令则相对较少使用。

执行"多点"命令的方法如下。

- 功能区：单击"绘图"面板中的"多点"按钮 ⋮⋮，如图 2-67 所示。
- 菜单栏：执行"绘图"|"点"|"多点"命令。
- 命令行：输入 POINT 或 PO。

设置点样式之后，单击"绘图"面板中的"多点"按钮 ⋮⋮，根据命令行提示，在绘图区任意 6 个位置单击，按 Esc 键退出，即可完成多点的绘制，结果如图 2-68 所示。命令行提示如下。

图 2-67

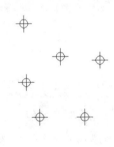

图 2-68

```
命令：_point ↙
当前点模式： PDMODE=33  PDSIZE=0.0000          // 在任意位置单击放置点
指定点： * 取消 *                              // 按 Esc 键完成多点绘制
```

练习 2-17: 完善按摩浴缸平面图

圆形浴缸底部的圆孔可以使用"多点"命令进行绘制。首先，通过绘制辅助线来确定点的位置，然后在指定的位置上单击以创建点。连续单击直到绘制完所有的点，最后按 Esc 键退出操作即可。完善按摩浴缸平面图的具体操作步骤如下。

01 启动 AutoCAD，打开"练习 2-17: 完善按摩浴缸平面图 - 素材 .dwg"文件，其中已经绘制了辅助线，如图 2-69 所示。

02 单击"绘图"面板中的"多点"按钮 ⋮⋮，在辅助线的交点处单击绘制点，完成后删除辅助线，结果如图 2-70 所示。

03 设置点样式。执行"格式"|"点样式"命令，在弹出的"点样式"对话框中选择点样式，

并设置"点大小"值为 2，如图 2-71 所示。

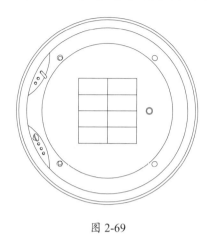

图 2-69

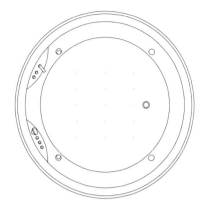

图 2-70

04 单击"确定"按钮关闭对话框，多点的显示效果如图 2-72 所示。

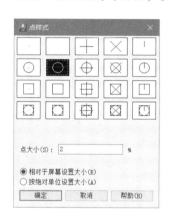

图 2-71

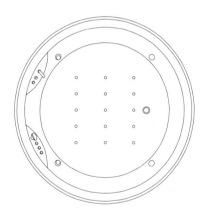

图 2-72

2.8.5　定数等分

"定数等分"命令是按照指定的数量将对象等分为若干段，并在每一个等分点位置上生成点。例如，输入 4，该命令将会把对象等分为 4 段。

执行"定数等分"命令的方法如下。

- 功能区：单击"绘图"面板中的"定数等分"按钮。
- 菜单栏：执行"绘图"|"点"|"定数等分"命令。
- 命令行：输入 DIVIDE 或 DIV。

执行"定数等分"命令后，命令行的提示如下。

```
命令：_divide↙          //执行"定数等分"命令
```

| 选择要定数等分的对象： | // 选择要等分的对象，可以是直线、圆、圆弧、样条曲线、多段线 |
| 输入线段数目或 ［块(B)］： | // 输入要等分的段数 |

命令行各选项的含义说明如下。

- 输入线段数目：该选项为默认选项，输入数字即可将被选中的图形平分为相应的段数。

- 块（B）：该选项可以在等分点处生成用户指定的块。

练习 2-18：绘制橱柜门

"定数等分"功能可以按照指定的数量对图形进行等分，这在绘制橱柜时特别方便。只需将水平线段以等分的方式进行标记，然后在这些标记的基础上绘制线段，即可轻松划分出柜门的位置。绘制橱柜门的具体操作步骤如下。

01 启动 AutoCAD，打开"练习 2-18：绘制橱柜门 - 素材 .dwg"文件，如图 2-73 所示。

02 在命令行中输入 DIV，执行"定数等分"命令，选择水平线段，输入线段数为 6，按 Enter 键执行定数等分操作，结果如图 2-74 所示。

03 输入 L（直线）并按空格键，在等分点的基础上绘制垂直线段，结果如图 2-75 所示。

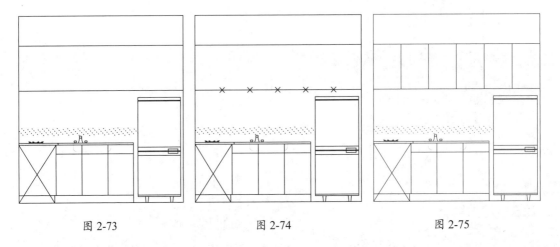

图 2-73   图 2-74   图 2-75

2.8.6 定距等分

"定距等分"是指将对象按照指定的长度值分割成多个部分，并在每一个等分的位置生成一个点。

执行"定距等分"命令的方法如下。

- 功能区：单击"绘图"面板中的"定距等分"按钮 ，如图 2-76 所示。

- 菜单栏：执行"绘图"|"点"|"定距等分"命令。

- 命令行：输入 MEASURE 或 ME。

执行"定距等分"命令后，命令行的提示如下。

命令：_measure ↙	// 执行"定距等分"命令
选择要定距等分的对象：	// 选择要等分的对象，可以是直线、圆、圆弧、样条曲线、多段线等
指定线段长度或 [块(B)]：	// 输入要等分的单段长度

命令行各选项的含义说明如下。

- 指定线段长度：该选项为默认选项，输入的数字即为分段的长度，如图 2-77 所示。

- 块（B）：该选项可以在等分点处生成用户指定的块。

图 2-76

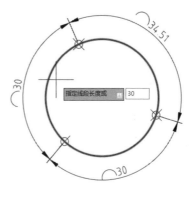

图 2-77

练习 2-19：绘制立面衣柜

"定距等分"命令是按照指定的距离将图形进行等分，因此它特别适用于绘制那些需要固定间隔距离的图形，例如柜门、楼梯和踏板等。绘制立面衣柜的具体操作步骤如下。

01 启动 AutoCAD，打开"练习 2-19：绘制立面衣柜 - 素材 .dwg"文件，如图 2-78 所示。

02 输入 ME（定距等分）并按空格键，选择下方水平线段，输入等分距离值为 696，按 Enter 键结束等分，划分结果如图 2-79 所示。

图 2-78

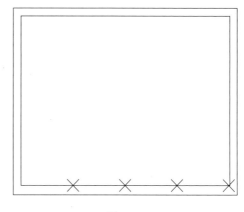

图 2-79

03 输入 L（直线）并按空格键，在等分点的基础上绘制垂直线段，划分衣柜门的结果如图 2-80 所示。

04 输入 C（圆）、H（填充），继续完善衣柜门的设计，结果如图 2-81 所示。

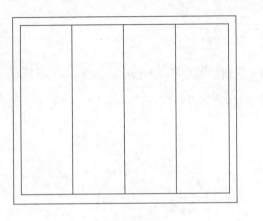

图 2-80

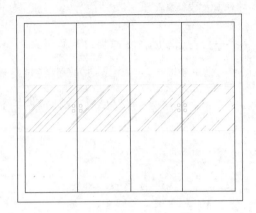

图 2-81

2.8.7　面域

"面域"命令与前面介绍的"边界"命令都是三维建模的基础命令。但与"边界"命令不同的是，"面域"命令是通过直接选择已有的封闭对象来创建面域的，如图 2-82 所示。这种方式更为直接和简便。

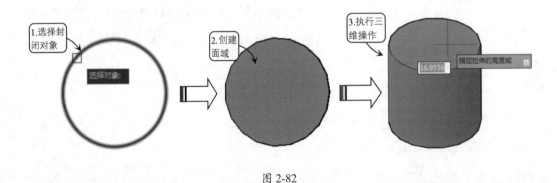

图 2-82

2.8.8　区域覆盖

"区域覆盖"命令能够创建一个多边形区域，此区域会使用当前背景色来遮盖其下方的图形对象。这个覆盖区域由边框界定，可以根据需要打开或关闭这个边框。此外，还可以选择在屏幕上显示边框，而在打印时将其隐藏。

执行"区域覆盖"命令的方法如下。

- 功能区：在"默认"选项卡中，单击"绘图"面板中的"区域覆盖"按钮。

- 菜单栏：执行"绘图"|"区域覆盖"命令。

- 命令行：输入 WIPEOUT。

执行"区域覆盖"命令后，命令行会提示"指定第一点"。在指定起点后，后续操作类似绘制多段线。不过，与多段线不同的是，这个区域的起点和终点始终是相连的。因此，当按下 Esc 键结束绘制时，会得到一个封闭的区域。如果将这个封闭区域移至其他图形上方，它会遮盖住下方的图形，如图 2-83 所示。

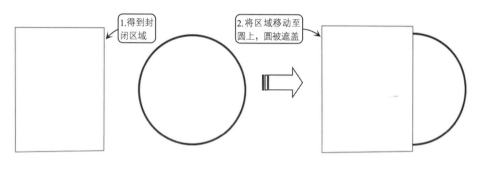

图 2-83

需要注意的是，被遮盖的图形并未被删除或修剪，而是被一层覆盖物隐藏了起来。例如，上图中的圆被遮盖后，当选中它时，仍然可以看到其被遮盖的左半部分，如图 2-84 所示。

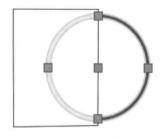

图 2-84

2.8.9　三维多段线

在二维的平面直角坐标系中，我们可以使用"多段线"命令来绘制多段线。虽然可以设置各线段的宽度和厚度，但这些线段必须处于同一平面。而使用"三维多段线"命令，可以绘制不在同一平面的三维多段线。然而，这样绘制出来的三维多段线是由作为单个对象创建的直线段相互连接而成的序列，也就是说，它只包含直线段，不包含圆弧段，如图 2-85 所示。

执行"三维多段线"命令的方法如下。

- 功能区：单击"绘图"面板中的"三维多段线"按钮。

- 菜单栏：执行"绘图"｜"三维多段线"命令。

- 命令行：输入 3DPOLY。

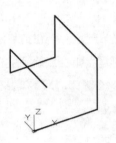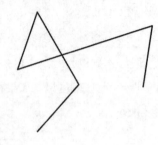

图 2-85

三维多段线的操作十分简单，执行命令后依次指定点即可，命令行提示如下。

命令：_3dpoly ↙	// 执行"三维多段线"命令
指定多段线的起点：	// 指定多段线的起点
指定直线的端点或 ［放弃(U)］：	// 指定多段线的下一个点
指定直线的端点或 ［放弃(U)］：	// 指定多段线的下一个点
指定直线的端点或 ［闭合(C)/放弃(U)］： 按 Enter 键结束命令	// 指定多段线的下一个点。输入 C 使图形闭合，或

"三维多段线"命令与"二维多段线"命令不同，它无法添加线宽或绘制圆弧，因此其功能相对简单。在命令行中，该命令也仅提供"闭合（C）"选项，这与"直线"命令类似。因此，这里不再重复介绍其详细操作方法。

2.8.10　螺旋线

在日常生活中，我们可以随处可见各种螺旋线，例如弹簧、发条、螺纹以及旋转楼梯等。若想准确地绘制这些图形，仅依赖"圆弧"或"样条曲线"等命令是相当困难的。为此，AutoCAD 2024 特别提供了一个专用于绘制螺旋线的命令——"螺旋"。

执行"螺旋"命令的方法如下。

- 功能区：在"默认"选项卡中，单击"绘图"面板中的"螺旋"按钮 ⧢。

- 菜单栏：执行"绘图"|"螺旋"命令。

- 命令行：输入 HELIX。

执行"螺旋"命令后，根据命令行提示设置各项参数，即可绘制螺旋线，命令行提示如下。

命令：_Helix ↙	// 执行"螺旋"命令
圈数 = 3.0000　　扭曲 =CCW	// 当前螺旋线的参数设置
指定底面的中心点：	// 指定螺旋线的中心点

指定底面半径或 [直径 (D)] <1.0000>: 10↲　　　// 输入最里层的圆半径值

指定顶面半径或 [直径 (D)] <10.0000>: 30↲　　　// 输入最外层的圆半径值

指定螺旋高度或 [轴端点 (A) / 圈数 (T) / 圈高 (H) / 扭曲 (W)] <1.0000>:

　　　　　　　　　　　　　　　　　　　　// 输入螺旋线的高度值, 绘制三维螺旋线,

或按 Enter 键完成操作

练习 2-20: 绘制发条弹簧

　　发条弹簧, 也被称为平面涡卷弹簧, 具有一端固定而另一端承受扭矩的特点。在扭矩的作用下, 弹簧材料会发生弹性变形, 使弹簧在平面内产生扭转, 进而积聚能量。当这种能量被释放时, 它可以作为一种简单的动力源。发条弹簧被广泛应用于各种产品, 如玩具和钟表等。在本例中, 将利用 "螺旋" 命令来绘制这个发条弹簧, 其绘制过程如图 2-86 所示。

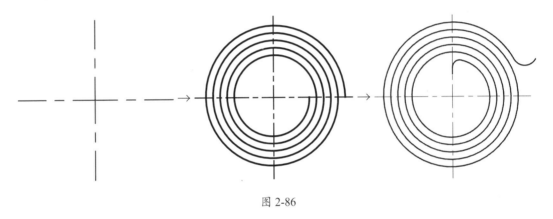

图 2-86

　　发条弹簧的具体绘制步骤如下。

01 打开 "练习 2-20: 绘制发条弹簧 - 素材 .dwg" 文件, 其中已经绘制好了交叉的中心线。

02 单击 "绘图" 面板中的 "螺旋" 按钮 ⬚, 以中心线的交点为中心点, 绘制底面半径值为 10、顶面半径值为 20、圈数为 5、螺旋高度值为 0、旋转方向为顺时针的平面螺旋线。

03 单击 "修改" 面板中的 "旋转" 按钮 ↻, 将螺旋线旋转 90°。

04 绘制内侧吊杆。执行 "直线" 命令, 在螺旋线内圈的起点处绘制长度值为 4 的竖线, 再单击 "修改" 面板中的 "圆角" 按钮 ⌐, 设置半径值为 2, 选择直线与螺旋线执行 "圆角" 命令。

05 绘制外侧吊钩。单击 "绘图" 面板中的 "多段线" 按钮 ⌐⌐, 以螺旋线外圈的终点为起点, 螺旋线中心为圆心, 绘制一段端点角度为 30° 的圆弧。

06 继续执行 "多段线" 命令, 水平向右拖曳十字光标, 绘制跨距值为 6 的圆弧, 结束命令。

2.8.11　圆环

　　圆环可以被看作是由具有相同圆心但直径不同的两个同心圆所构成的图形。控制圆环形态

的主要参数包括圆心位置、内直径和外直径。圆环主要有两种类型："填充环"和"实体填充圆"。填充环指的是两个圆形之间的区域被填充的圆环，这种类型在电路图中绘制各接点时很有用。而实体填充圆则是内直径为0的特殊圆环，即整个圆环区域都被填充，常被用于绘制各种标识。圆环的一些典型应用示例如图2-87所示。

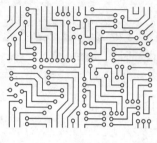

填充环   实体填充圆

图 2-87

执行"圆环"命令的方法如下。

- 功能区：在"默认"选项卡中，单击"绘图"面板中的"圆环"按钮◎。
- 菜单栏：执行"绘图"|"圆环"命令。
- 命令行：输入 DONUT 或 DO。

执行"圆环"命令后，命令行提示如下。

```
命令：_donut            ↙            // 执行"圆环"命令
指定圆环的内径 <0.5000>:10 ↙         // 指定圆环内径
指定圆环的外径 <1.0000>:20 ↙         // 指定圆环外径
指定圆环的中心点或 <退出>:            // 在绘图区中指定一点放置圆环，放置位置为圆心
指定圆环的中心点或 <退出>: *取消*     // 按 Esc 键退出圆环命令
```

在绘制圆环的过程中，命令行会提示指定圆环的内径和外径。在正常情况下，圆环的内径应小于外径，并且内径值不为0，绘制出的效果如图2-88所示。如果圆环的内径值设置为0，那么圆环实际上会变成一个实心的圆，如图2-89所示。另外，如果圆环的内径值和外径值相等，那么圆环就退化成了一个普通的圆，如图2-90所示。

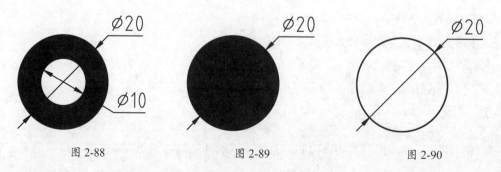

图 2-88   图 2-89   图 2-90

此外，通过执行"直径"标注命令，可以对圆环进行标注。但需要注意的是，此时的标注值显示为外径与内径之和的一半，具体如图 2-91 所示。

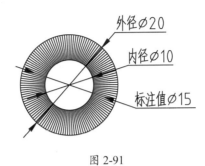

图 2-91

练习 2-21：完善电路图

使用"圆环"命令可以高效地创建大量的实心圆或普通圆，因此在绘制电路图时，相较于使用"圆"命令，它会显得更加方便快捷。在本例中，将通过"圆环"命令来进一步完善某液位自动控制器的电路图，具体的操作步骤如下。

01 单击快速访问工具栏中的"打开"按钮，打开"练习 2-21：完善电路图 - 素材 .dwg"文件，文件内已经绘制好了完整的电路图，如图 2-92 所示。

02 设置圆环参数。在"默认"选项卡中，单击"绘图"面板中的"圆环"按钮，指定圆环的内径值为 0，外径值为 4，然后在各线交点处绘制圆环，命令行提示如下，结果如图 2-93 所示。

命令： DONUT	// 执行"圆环"命令
指定圆环的内径 <0.5000>: 0 ✓	// 输入圆环的内径值
指定圆环的外径 <1.0000>: 4 ✓	// 输入圆环的外径值
指定圆环的中心点或 < 退出 >:	// 在交点处放置圆环
……	
指定圆环的中心点或 < 退出 >:	// 按 Enter 键结束放置

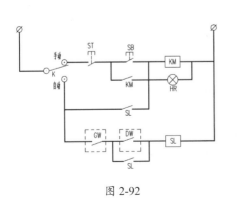

图 2-92

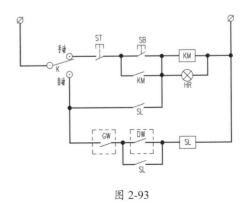

图 2-93

2.8.12　修订云线

修订云线是一种特殊的线条，其形状类似云朵，主要功能是突出显示图纸中已经修改过的部分，或者用于在图纸上添加批注文字。在园林绘图领域，修订云线常被用来绘制灌木，如图2-94所示。修订云线的形态可以通过多个控制点、最大弧长和最小弧长等参数来进行调整。

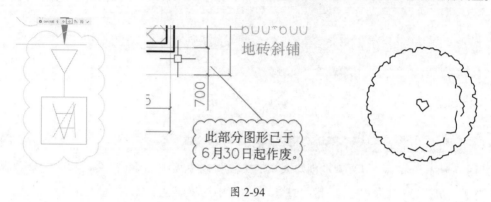

图 2-94

执行"修订云线"命令的方法如下。

- 功能区：单击"绘图"面板上"矩形修订云线"下拉按钮中的"矩形"按钮、"多边形"按钮或"徒手画"按钮，如图2-95所示。

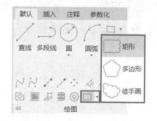

图 2-95

- 菜单栏：执行"绘图"|"修订云线"命令。
- 命令行：输入 REVCLOUD。

执行"修订云线"命令后，命令行提示如下。

```
命令：_revcloud↙                                    // 执行"修订云线"命令
最小弧长：3   最大弧长：5   样式：普通   类型：多边形   // 显示当前修订云线的设置
指定起点或 [弧长(A)/对象(O)/矩形(R)/多边形(P)/徒手画(F)/样式(S)/修改(M)] <对象>：
_F↙                                                // 选择修订云线的创建方法或修
改设置
```

提示：
在绘制修订云线的过程中，如用户不希望修订云线自动闭合，可以在绘制时将十字光标移至合适的位置，然后右击来结束修订云线的绘制。

2.9　绘制多线

"多线"命令虽然在"绘图"面板中没有直接显示，但它是一个使用频率非常高的命令，因此在本节中单独进行介绍。多线是由多条平行线组成的组合图形，这些平行线的数量为1~16条。在实际工程设计中，多线的应用非常广泛。例如，在建筑平面图中，它常被用来绘制墙体；在规划设计中，可用于绘制道路；在机械设计中，则可用于绘制键等。

2.9.1　多线简介

使用"多线"命令可以高效地生成大量平行直线。多线与多段线相似，都属于复合对象，即由绘制的直线组成一个完整的整体。对于多线中的单条直线，不能直接进行偏移、延伸、修剪等编辑操作，需要先将其分解为多条单独的直线后才能进行这些编辑。"多线"的操作步骤与"多段线"有相似之处，但也有一些不同。主要的区别在于，"多线"命令在开始绘制之前需要预先设置好样式和其他相关参数，一旦开始绘制，这些参数就不能随意更改。相比之下，"多段线"命令在开始时并不需要进行任何特定设置，而且在绘制过程中可以根据多种延伸选项随时进行调整。

2.9.2　设置多线样式

系统默认的 STANDARD 样式包含两条间距固定的平行线。若需要绘制具有不同规格和样式的多线（例如，带有封口或包含更多数量的平行线），则必须对多线的样式进行相应的设置。

执行"多线样式"命令的方法如下。

- 菜单栏：执行"格式"|"多线样式"命令。
- 命令行：输入 MLSTYLE。

执行"多线样式"命令后，会弹出"多线样式"对话框，在该对话框中，用户可以新建、修改或加载多线样式，如图 2-96 所示。当单击对话框中的"新建"按钮时，会弹出"创建新的多线样式"对话框，在此可以为新的多线样式命名，如"平键"，如图 2-97 所示。

图 2-96

图 2-97

单击"继续"按钮,弹出"新建多线样式:平键"对话框,在其中设置多线的各种属性,如图 2-98 所示。

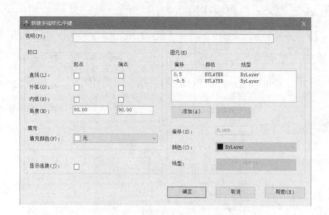

图 2-98

"新建多线样式:平键"对话框中主要选项的含义如下。

- 封口:用于设置多线中各平行线段之间两端封口的样式。若取消选中"封口"选项区域中的复选框,则绘制出的多线两端将呈开放状态。

- 填充颜色:用于设置封闭多线内部的填充颜色。若选择"无"选项,则表示使用透明颜色进行填充。

- 显示连接:用于控制显示或隐藏多线中每条线段顶点处的连接部分。

- 图元:代表构成多线的基本元素。可以通过单击"添加"按钮来增加多线的构成元素,同样,也可以通过单击"删除"按钮来移除这些元素。

- 偏移:用于设定多线元素相对于中线的偏移量。正值表示向上偏移,而负值则表示向下偏移。

- 颜色:用于设置构成多线元素的直线线条的颜色。

- 线型:用于设置构成多线元素的直线线条的线型样式。

练习 2-22:创建"墙体"样式

多线功能的使用确实非常方便,然而,系统默认的 STANDARD 样式相对简单,可能无法满足实际工作中遇到的各种复杂需求(例如,需要绘制带有封口的墙体线)。在这种情况下,可以通过创建新的多线样式来解决问题。具体操作步骤如下。

01 启动 AutoCAD 2024,单击快速访问工具栏中的"新建"按钮 ,新建空白文档。

02 在命令行中输入 MLSTYLE 并按 Enter 键,弹出"多线样式"对话框,如图 2-99 所示。

03 单击"新建"按钮,弹出"创建新的多线样式"对话框,将新建新样式命名为"墙体",

基础样式为 STANDARD，单击"确定"按钮，弹出"新建多线样式：墙体"对话框。

04 在"封口"区域选中"直线"中的两个复选框，在"图元"选项区域中设置"偏移"值为 120 与–120，如图 2-100 所示。单击"确定"按钮，返回"多线样式"对话框。

05 单击"置为当前"按钮，将样式置为当前正在使用的多线样式。单击快速访问工具栏中的"保存"按钮![保存]，保存文件。

图 2-99

图 2-100

2.9.3　绘制多线

在 AutoCAD 中执行"多线"命令的方法如下。

- 菜单栏：执行"绘图"|"多线"命令。
- 命令行：输入 MLINE 或 ML。

执行"多线"命令后，命令行的提示如下。

```
命令：_mline↙                            // 执行"多线"命令
当前设置：对正 = 上，比例 = 20.00，样式 = STANDARD    // 显示当前的多线设置
指定起点或 [对正 (J) / 比例 (S) / 样式 (ST)]:        // 指定多线起点或修改多线设置
指定下一点：
    // 指定多线的端点
指定下一点或 [放弃 (U)]:                    // 指定下一段多线的端点
指定下一点或 [闭合 (C) / 放弃 (U)]:           // 指定下一段多线的端点或按
Enter 键结束
```

在绘制"多线"的过程中，命令行会提示 3 种设置类型："对正（J）""比例（S）""样式（ST）"，下面分别对这 3 个选项进行介绍。

- 对正（J）：此选项用于设置绘制多线时相对于输入点的偏移位置。它有 3 个可选值："上""无""下"。"上"表示多线顶端的线会随着十字光标的移动而移动；"无"

表示多线的中心线会随着十字光标的移动而移动；"下"表示多线底端的线会随着十字光标的移动而移动。

- 比例（S）：此选项用于设置多线样式中多线的宽度比例，通过调整这个比例，可以快速定义多线之间的间隔宽度。

- 样式（ST）：此选项用于设置绘制多线时所使用的样式。默认的多线样式为 STANDARD。当选择这个选项后，系统会在提示"输入多线样式名或 [？]"后，等待用户输入已定义的样式名。如果输入"？"，系统则会列出当前图形中所有可用的多线样式供用户选择。

练习 2-23：绘制墙体

"多线"命令可以一次性绘制出大量的平行线，这一特点使其非常适合用于绘制室内或建筑平面图中的墙体。在本例中，将根据已经设置好的"墙体"多线样式来进行绘图操作。具体的操作步骤如下。

01 单击快速访问工具栏中的"打开"按钮 📂，打开"练习 2-23：绘制墙体 - 素材 .dwg"文件，如图 2-101 所示。

02 在命令行中输入 ML，执行"多线"命令，绘制如图 2-102 所示的墙体。

03 按空格键重复命令，绘制非承重墙，将比例值设置为 0.5，绘制结果如图 2-103 所示。

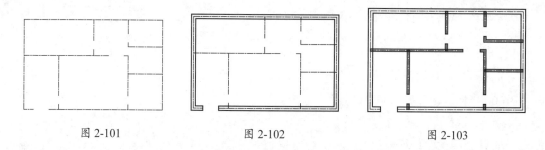

图 2-101　　　　　　　　图 2-102　　　　　　　　图 2-103

2.9.4　编辑多线

多线是一种复合对象，通常需要先将其分解为多条直线才能进行编辑。不过，在 AutoCAD 中，也可以使用软件自带的"多线编辑工具"对话框来对多线进行编辑操作，从而避免分解的步骤。

打开"多线编辑工具"对话框的方法如下。

- 菜单栏：执行"修改"|"对象"|"多线"命令，如图 2-104 所示。

- 命令行：输入 MLEDIT。

- 快捷操作：双击绘制的多线图形。

执行"修改"|"对象"|"多线"命令，弹出"多线编辑工具"对话框，如图 2-105 所示。单击工具图标，即可使用该工具编辑多线。

图 2-104　　　　　　　　　　　　　　　　　　图 2-105

"多线编辑工具"对话框中包含了 4 列，共计 12 种多线编辑工具。这些工具按照功能可以分为以下几类：第一列是十字交叉编辑工具，第二列是 T 形交叉编辑工具，第三列是角点编辑工具，而第四列则是剪切或接合编辑工具。接下来，将对这些工具进行具体介绍。

- 十字闭合：此工具可在两条多线之间创建一个闭合的十字交点。在使用时，首先选择该工具，然后选择第一条多线，这条线将作为被打断的隐藏多线；接着选择第二条多线，即置于前方的多线。

- 十字打开：此工具用于在两条多线之间创建一个开放的十字交点。在操作过程中，打断操作将插入第一条多线的所有元素和第二条多线的外部元素。

- 十字合并：通过此工具，可以在两条多线之间创建一个合并的十字交点。值得注意的是，在选择多线时，选择的次序并不重要。

提示：
对于由双数线条组成的多线来说，使用"十字打开"和"十字合并"工具得到的结果是相同的。然而，对于由三条线组成的多线，中间线的处理结果在使用这两种工具时会有所不同。

- T 形闭合：此工具用于在两条多线之间创建一个闭合的 T 形交点。它会将第一条多线修剪或延伸到与第二条多线的交点位置，从而实现闭合效果。

- T 形打开：此工具用于创建打开的 T 形交点。它同样会将第一条多线修剪或延伸到与第二条多线的交点位置，但交点处保持开放状态。

- T 形合并：此工具用于在两条多线之间创建一个合并的 T 形交点。操作时，它会将其中一条多线修剪或延伸到与另一条多线的交点处，实现合并效果。

提示：
在使用"T形闭合""T形打开"和"T形合并"这些工具时，选择对象的顺序应该是先选择T形的下半部分，再选择T形的上半部分。这样的顺序可以确保工具正确识别并处理多线之间的交点。

- 角点结合：此工具用于在多线之间创建角点结合。它会将多线修剪或延伸到它们的交点位置，以形成一个角点。

- 添加顶点：此工具允许向多线上添加一个顶点。添加的新角点可以用于后续的夹点编辑操作。

- 删除顶点：使用此工具可以从多线上删除一个已存在的顶点。

- 单个剪切：此工具用于在选定的多线元素中创建一个可见的打断点，仅打断选定的元素。

- 全部剪切：此工具会创建一条穿过整条多线的可见打断，即打断多线上的所有元素。

- 全部接合：如果之前使用剪切工具对多线进行了打断，可以使用此工具将被剪切的多线线段重新结合起来，恢复其连续性。

练习 2-24：编辑墙体

绘制完成的墙体可能会存在一些瑕疵，这时需要利用多线编辑命令来对其进行修改，以确保得到完整且准确的墙体图形。具体的操作步骤如下。

01 单击快速访问工具栏中的"打开"按钮📂，打开"练习2-24：绘制墙体-OK.dwg"文件，如图 2-106 所示。

02 在命令行中输入 MLEDIT，执行"多线编辑"命令，弹出"多线编辑工具"对话框，如图 2-107 所示。

03 选择该对话框中合适的工具，系统自动返回绘图区域，根据命令行提示对墙体结合部进行编辑。

04 在命令行中输入 LA，执行"图层特性管理器"命令，在弹出的"图层特性管理器"中，隐藏"轴线"图层，最终效果如图 2-108 所示。

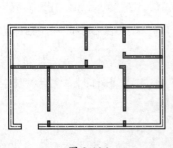

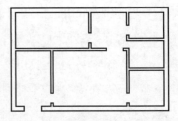

| 图 2-106 | 图 2-107 | 图 2-108 |

2.10　课后习题

2.10.1　理论题

1. "直线"命令的工具按钮是（　　）。

A. /　　　　　　　　B. ⌐⏌　　　　　　　　C. ✕　　　　　　　　D. ◢

2. "多段线"命令的快捷方式是（　　）。

A.L　　　　　　　　B.C　　　　　　　　C.EL　　　　　　　　D.PL

3. 多边形的边数范围值在（　　）。

A .4 ～ 1025　　　　B. 3 ～ 1024　　　　C. 5 ～ 1027　　　　D. 6 ～ 1028

4. 绘制椭圆需要指定（　　）。

A. 圆心、轴距离、半轴长度

B. 宽度、左轴端点、右轴端点

C. 中心点、轴端点、半轴长度

D. 象限点、长轴距离、短轴距离

5. 执行"图案填充"命令时，如果要弹出设置对话框，只要在命令行中输入（　　）即可。

A. G　　　　　　　　B. W　　　　　　　　C. F　　　　　　　　D.T

6. 编辑样条曲线的方法错误的是（　　）。

A. 选择样条曲线按空格键

B. 双击样条曲线

C. 执行"修改"|"对象"|"样条曲线"命令

D. 选择样条曲线按 A 键

7. 在（　　）中设置点的显示效果。

A. "选项"对话框　　　　　　　　B. "草图设置"对话框

C. "点样式"对话框　　　　　　　D. "图形单位"对话框

8. "定数等分"命令的工具按钮是（　　）。

A. ▨　　　　　　　　B. ⬚　　　　　　　　C. ⋮⋮　　　　　　　　D. ◿

9. 绘制圆环时，想要得到一个实心圆，必须将内径值设置为（　　）。

A. 1　　　　　　　　B.2　　　　　　　　C.5　　　　　　　　D.0

10. 编辑多线的方法是（　　）。

A. 双击多线 B. 选择多线右击

C. 选择多线按 Esc 键 D. 选择多线按 F1 键

2.10.2 操作题

1. 通过执行"直线"命令、"圆弧"命令以及"图案填充"命令，绘制如图 2-109 所示的图形。

2. 执行"圆"命令、"直线"命令，绘制如图 2-110 所示的吊灯图形。

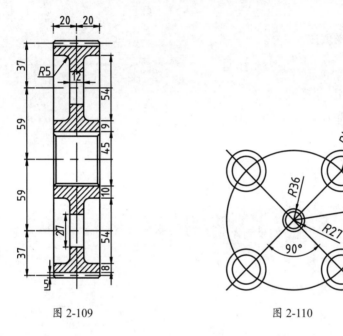

图 2-109 图 2-110

3. 执行"矩形"命令、"直线"命令，绘制如图 2-111 所示的熔断器图形。

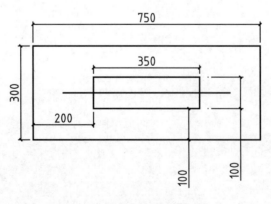

图 2-111

4. 利用"定数等分"命令或者"定距等分"命令绘制钢琴上的琴键，如图 2-112 所示。

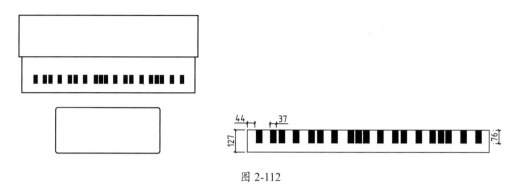

图 2-112

5. 执行"多线"命令绘制墙体,并利用"多线编辑"工具编辑图形,结果如图 2-113
所示。

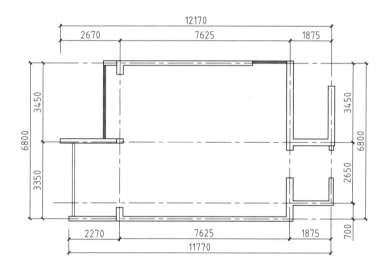

图 2-113

第 **3** 章　编辑二维图形

在前面的章节中，我们已经学习了各种图形对象的绘制方法。为了进一步增加图形的细节特征并提高绘图效率，AutoCAD 提供了许多实用的编辑命令，例如"移动""复制""修剪""倒角"和"圆角"等。这些命令的使用方法将在本章中详细讲解，以帮助读者提升绘制复杂图形的能力。请注意，这些编辑命令主要集中在"默认"选项卡的"修改"面板中，我们将按照该面板中的命令顺序逐一进行介绍。

3.1　调整图形位置

首先，介绍直接显示在"修改"面板中的命令。这些命令都是常用的编辑工具，通过使用它们，用户可以轻松地改变图形的大小、位置、方向、数量以及形状等属性，进而绘制出更为复杂且精确的图形。

3.1.1　移动

"移动"命令用于将图形从一个位置平移到另一个位置，在移动过程中，图形的大小、形状和倾斜角度均保持不变。在执行此命令时，需要确定的参数包括需要移动的对象、移动的基点（即移动的起始点）以及移动的目标点（即第二点）。

"移动"命令有以下几种执行方法。

- 功能区：单击"修改"面板中的"移动"按钮 ✥。
- 菜单栏：执行"修改"｜"移动"命令。
- 命令行：输入 MOVE 或 M。

执行上述任意操作后，根据命令行的提示，在绘图区域中选择需要移动的对象，然后按 Enter 键。接着，单击以指定移动的基点，再指定第二个点（即目标点），即可完成移动操作。

在执行"移动"命令时，命令行中会提供一个延伸选项——"位移（D）"。选择此选项，可以通过输入坐标值来表示一个矢量，这个矢量将决定移动的相对距离和方向。

练习 3-1：移动花瓶

在进行室内设计的过程中，许多装饰图形都有现成的图块可供使用，例如花瓶、书本、书桌等。因此，在绘制室内设计图时，为了提高效率，设计师可以先直接插入这些图块，然后利用"移动"命令将它们放置到合适的位置上。移动花瓶的具体操作步骤如下。

01 单击快速访问面板中的"打开"按钮 📂，打开"练习 3-1：移动花瓶 - 素材 .dwg"文件，如图 3-1 所示。

02 在"默认"选项卡中，单击"修改"面板中的"移动"按钮 ✚，选择花瓶图形，按空格键或按 Enter 键确定，指定花瓶底部的中点作为移动基点，结果如图 3-2 所示。

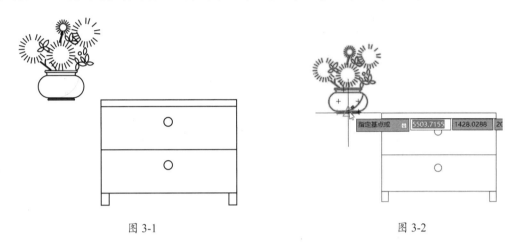

图 3-1　　　　　　　　　　　　　　　　图 3-2

03 指定柜子顶边中点为第二个点，如图 3-3 所示。移动花瓶图形的结果如图 3-4 所示。

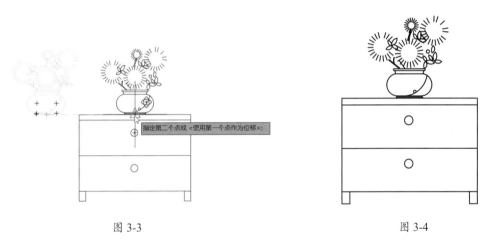

图 3-3　　　　　　　　　　　　　　　　图 3-4

3.1.2　旋转

"旋转"命令允许用户将图形对象围绕一个固定的点（即基点）旋转特定的角度。在执行此命令时，需要明确的参数包括：要旋转的对象、旋转的基点以及旋转的角度。按照默认设置，逆时针旋转的角度被视为正值，而顺时针旋转的角度则为负值。

"旋转"命令有以下几种常用执行方法。

- 功能区：单击"修改"面板中的"旋转"按钮 ↻。

- 菜单栏: 执行"修改"|"旋转"命令。
- 命令行: 输入 ROTATE 或 RO。

执行上述任意操作后, 根据命令行的提示, 首先选择需要旋转的对象, 然后指定旋转的基点, 最后输入旋转的角度, 即可完成整个旋转操作。

练习 3-2: 旋转靠背椅

调整图形的位置可以利用"移动"命令来轻松实现, 然而, 如果想要调整图形的角度, 那么就需要借助"旋转"命令。通过执行"旋转"命令, 不仅可以调整图形的角度, 还可以在旋转的过程中创建图形的副本, 从而提高绘图效率。具体的操作步骤如下。

01 单击快速访问面板中的"打开"按钮🗁, 打开"练习 3-2: 旋转靠背椅 - 素材 .dwg"文件, 如图 3-5 所示。

02 在"默认"选项卡中, 单击"修改"面板中的"旋转"按钮↻, 选择靠背椅, 指定基点, 如图 3-6 所示。

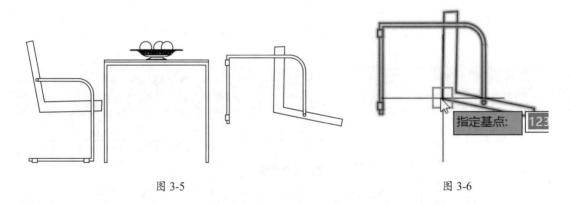

图 3-5 图 3-6

03 向上拖曳十字光标, 输入旋转角度为 90°, 预览旋转结果, 如图 3-7 所示。最终结果如图 3-8 所示。

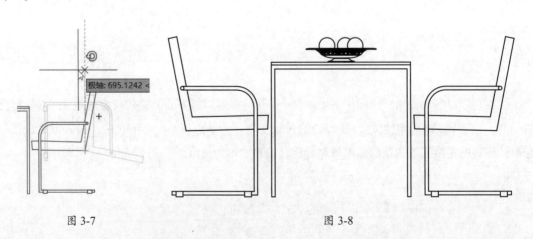

图 3-7 图 3-8

练习3-3：使用"参照"方式旋转图形

如果图形在世界坐标系中的初始角度为无理数或未知数，可以采用"参照"旋转的方法。这种方法允许将对象从当前的角度旋转到一个新的绝对角度，特别适用于那些旋转角度值不是整数的对象。图3-9展示了这一操作的过程。

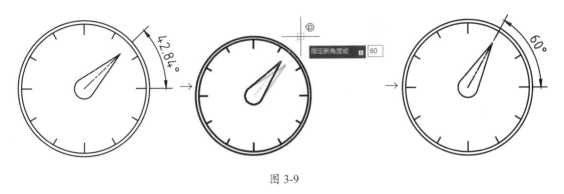

图 3-9

> **提示：**
> 最后输入的新角度值代表图形与世界坐标系的x轴之间的绝对夹角。

使用"参照"方式旋转图形的具体操作步骤如下。

01 打开"练习3-3：使用'参照'方式旋转图形 - 素材 .dwg"文件，图中指针指在约一点半的位置，可见其与水平线的夹角为无理数。

02 输入 RO（旋转）并按空格键，选择指针为旋转对象，然后指定圆心为旋转中心，接着在命令行中输入 R，选择"参照"延伸选项，再指定参照第一点和参照第二点，这两点的连线与 x 轴的夹角即为参照角。

03 在命令行中输入新的角度值为 60，即可替代原参照角度，结束旋转操作。

3.1.3　对齐

"对齐"命令能够使当前对象与其他对象对齐，它不仅适用于二维对象，同样也适用于三维对象。在进行二维对象的对齐操作时，用户可以指定一对或者两对对齐点（包括源点和目标点）。而对于三维对象的对齐，则需要指定三对对齐点来完成操作。

在 AutoCAD 2024 中执行"对齐"命令的方法如下。

- 功能区：单击"修改"面板中的"对齐"按钮 。
- 菜单栏：执行"修改"｜"三维操作"｜"对齐"命令。
- 命令行：输入 ALIGN 或 AL。

执行上述任意操作后，根据命令行的提示，首先选择要进行对齐的对象，然后指定源对象上的点和对应的目标点，最后按下 Enter 键以确认选择。当所有必要的点都已指定后，再次按下 Enter 键以结束命令。

练习3-4：使用"对齐"命令装配三通管

在机械装配图的绘制过程中，若仍然采用传统的逐笔绘制方法，不仅效率低下，而且无法充分利用 AutoCAD 强大的绘图功能，同时也难以满足现代设计的实际需求。因此，熟练掌握 AutoCAD 及其中的各种绘制与编辑命令，对于提高工作效率具有极大的帮助。在本例中，如果仅使用"移动"或"旋转"等方法进行调整，可能会显得烦琐且耗时。然而，通过运用"对齐"命令，可以一步到位地完成对齐操作，既简洁又高效。操作过程如图 3-10 所示，清晰明了地展示了如何使用这一命令。

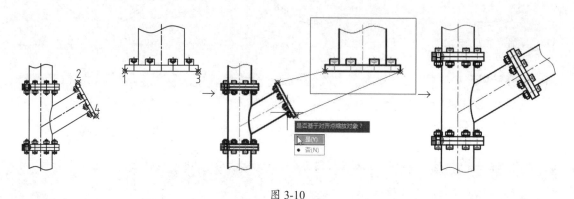

图 3-10

使用"对齐"命令装配三通管的具体操作步骤如下。

01 打开"练习3-4：使用'对齐'命令装配三通管 - 素材 .dwg"文件，其中已经绘制好了三通管和装配管，但图形比例不一致。

02 单击"修改"面板中的"对齐"按钮 ，执行"对齐"命令，选择整个装配管图形，然后根据三通管和装配管的对接方式，选择对应的两对对齐点（1 对应 2、3 对应 4）。

03 两对对齐点指定完毕后，按 Enter 键，命令行提示"是否基于对齐点缩放对象"，输入 Y，选择"是"，再按 Enter 键，即可将装配管对齐至三通管中。

3.1.4 绘图次序

如果当前工作文件中包含大量的图形元素，并且这些图形之间发生重叠，这可能会给操作带来不便。例如，当需要选择某个特定的图形时，如果该图形被其他图形遮挡而无法直接选择，这时就可以通过调整图形的显示层次来解决问题。具体来说，可以将遮挡在前方的图形后置，或者将被选中的图形前置，从而使被遮挡的图形能够显示在最前面，便于选择和操作。

在 AutoCAD 2024 中调整图形叠放次序的方法如下。

- 功能区：在"修改"面板中的"绘图次序"列表中单击所需的按钮。
- 菜单栏：执行"工具"｜"绘图次序"子菜单中的命令。

"绘图次序"列表中各个命令的操作方式大致相同，并且非常简单易用。执行相应命令后，只需直接选择希望前置或后置的对象即可完成操作。

练习 3-5：使用"更改绘图次序"命令修改图形

在进行城镇规划布局设计时，设计图中可能包含大量的图形元素，例如各种建筑、道路、河流、绿植等，数量可能达到数千之多。在这种情况下，由于绘图时的先后顺序，不同图形的叠加效果可能会有所不同，有时会出现一些违反生活常识的图形效果。例如，在本例的素材中，河流"淹没"了绘制的道路，这显然是不符合设计要求的。为了解决这类问题，可以利用"绘图次序"命令来进行修改。具体操作步骤如下。

01 打开"练习 3-23：使用'更改绘图次序'命令修改图形 .dwg"文件，其中有已经绘制好的市政规划局部图，图中可见道路、文字被河流遮挡，如图 3-11 所示。

02 前置道路。选中道路的填充图案，以及道路上的各线条，接着单击"修改"面板中的"前置"按钮，结果如图 3-12 所示。

图 3-11

图 3-12

03 前置文字。此时道路图形被置于河流之上，符合生活实际，但道路名称被遮盖，因此需将文字对象前置。单击"修改"面板中的"将文字前置"按钮，即可完成操作，结果如图 3-13 所示。

04 前置边框。完成上述步骤操作后，图形边框被置于各对象之下，因此，为了打印效果可将边框置于最前，结果如图 3-14 所示。

图 3-13

图 3-14

3.2 创建图形副本

以源对象为基础，可以在指定的位置创建对象的副本，这样不仅可以节省绘图时间，还能确保图形的一致性。在 AutoCAD 中，用于创建图形副本的命令包括复制、镜像和偏移等。接下来，将详细介绍这些命令的使用方法。

3.2.1 复制

利用"复制"命令，可以创建图形的副本，从而避免重复绘制相同的图形，以提高绘图效率。如果想要精确地确定图形副本的位置，可以通过设置位移距离来实现。此外，默认情况下，该命令允许我们一次性创建多个图形副本。

在 AutoCAD 2024 中执行"复制"命令有以下几种常用方法。

- 功能区：单击"修改"面板中的"复制"按钮。
- 菜单栏：执行"修改"｜"复制"命令。
- 命令行：输入 COPY、CO 或 CP。

执行"复制"命令后，首先选取需要复制的对象，然后指定复制的基点。接着，移动十字光标到新位置并单击，即可完成复制操作。如果想要复制多个图形对象，只需继续在其他放置点单击即可。

练习 3-6：使用"复制"命令补全螺纹孔

在机械制图中，螺纹孔、沉头孔、通孔等孔系图形是非常常见的元素。当绘制这类图形时，一个高效的方法是首先单独绘制出一个"孔"，然后执行"复制"命令将其快速地放置到其他所需的位置上。这样的操作过程如图 3-15 所示，可以大大提高绘图效率。

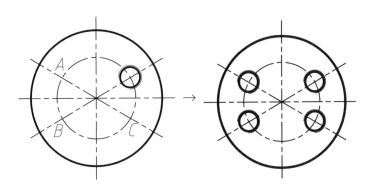

图 3-15

使用"复制"命令补全螺纹孔的具体操作步骤如下。

01 打开"练习 3-6：使用"复制"命令补全螺纹孔 .dwg"文件。

02 单击"修改"面板中的"复制"按钮，复制螺纹孔到 A、B、C 点，结束操作。

3.2.2　镜像

"镜像"命令允许将图形围绕指定的轴（即镜像线）进行镜像复制，这一命令在绘制具有规则结构和对称特点的图形时非常有用。在 AutoCAD 2024 中，可以通过指定一条临时镜像线来执行镜像复制操作，并且在操作过程中，可以选择删除或保留源对象，以满足不同的绘图需求。

在 AutoCAD 2024 中"镜像"命令的执行方法如下。

- 功能区：单击"修改"面板中的"镜像"按钮⚠。
- 菜单栏：执行"修改"｜"镜像"命令。
- 命令行：输入 MIRROR 或 MI。

在执行"镜像"命令的过程中，需要明确两个主要元素：要进行镜像复制的对象和作为参考的镜像线。这条镜像线可以是任意的，用户所选的对象将会根据这条线进行对称复制。此外，还可以选择是否删除源对象。在实际的工程设计中，许多对象都是对称的。因此，如果已经绘制了这些图例的一半，那么就可以利用"镜像"命令快速生成其另一半。

具体操作步骤如下：执行"镜像"命令，然后根据命令行的提示，首先选择要进行镜像的对象，接着指定镜像线的起点和终点，即第一点和第二点，最后选择是否删除源对象。如果不希望删除源对象，可以直接按 Enter 键结束命令。

提示：
如果是进行水平或竖直方向的镜像图形操作，可以利用"正交"功能来快速并准确地指定镜像线。

在绘制吊灯立面图时, 由于灯罩的尺寸和外观都是相同的, 因此可以利用"镜像"命令来快速绘制灯罩, 从而有效提高绘图速度。

01 打开"练习3-7: 使用"镜像"命令复制灯罩.dwg"文件, 如图3-16所示。

02 输入MI, 执行"镜像"命令, 根据命令行的提示, 指定镜像线的第一点, 如图3-17所示。

图3-16   图3-17

03 向下拖曳鼠标指针, 指定镜像线的第二点, 如图3-18所示。

04 当命令行提示"要删除源对象吗? [是(Y)/否(N)]"时, 输入N, 选择"否(N)"选项, 最终结果如图3-19所示。

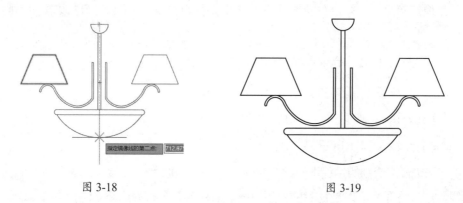

图3-18   图3-19

3.2.3 偏移

使用"偏移"工具, 可以创建与源对象保持一定距离且形状相同或相似的新图形对象。该工具适用于多种图形对象, 包括直线、圆、圆弧、曲线以及多边形等。通过偏移, 可以快速生成与原始图形相似, 但位置有所偏移的新图形。

在AutoCAD 2024中执行"偏移"命令的方法如下。

- 功能区: 单击"修改"面板中的"偏移"按钮⊆。
- 菜单栏: 执行"修改"|"偏移"命令。

- 命令行：输入 OFFSET 或 O。

"偏移"命令需要输入的参数包括"偏移距离""要偏移的对象"以及用于确定偏移方向的"要偏移的那一侧上的点"。在执行命令时，只需在希望偏移的一侧任意位置单击，即可确定偏移的方向。此外，还可以指定偏移后的对象通过某个已知的点，以满足特定的绘图需求。

弹性挡圈主要分为轴用挡圈和孔用挡圈两种类型，如图 3-20 所示。它们是用于紧固在轴或孔上的环形机械部件，能有效防止安装在轴或孔上的其他零件发生窜动。弹性挡圈在各种工程机械和农业机械中的应用非常广泛。通常，弹性挡圈是采用 65Mn 板材经过冲切工艺制成的，其截面形状为矩形。

关于弹性挡圈的规格和安装槽的标准，可以查阅相关的国家标准文件。在本例中，将使用"偏移"命令来绘制如图 3-21 所示的弹性挡圈图形，具体的操作步骤如下。

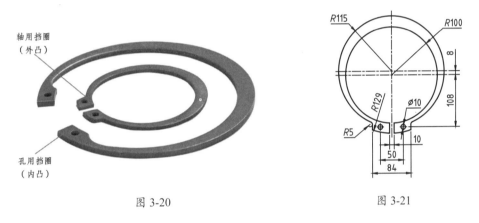

图 3-20　　　　　　　　　　　　　图 3-21

01 打开"练习 3-8：使用'偏移'命令绘制弹性挡圈 .dwg"文件，素材图形如图 3-22 所示，已经绘制了 3 条中心线。

02 绘制圆。单击"绘图"面板中的"圆"按钮 ⊙，分别在上方的中心线交点处绘制半径值为 115、129 的圆，下方的中心线交点处绘制半径值为 100 的圆，结果如图 3-23 所示。

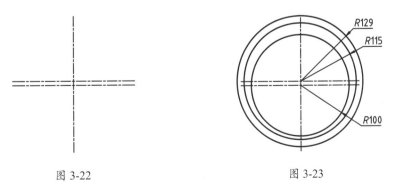

图 3-22　　　　　　　　　　　　　图 3-23

03 修剪图形。输入 TR，执行"修剪"命令，修剪左侧的圆弧，如图 3-24 所示。

04 偏移图形。输入 O，执行"偏移"命令，将竖直中心线分别向右偏移 5 和 42，结果如图 3-25 所示。

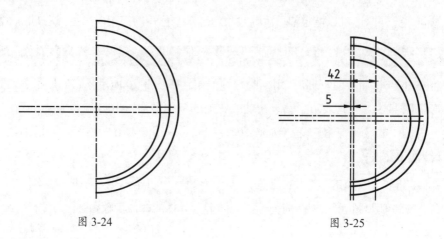

图 3-24　　　　　　　　　　　　图 3-25

05 绘制直线。输入 L，执行"直线"命令，绘制直线，删除辅助线，结果如图 3-26 所示。

06 偏移中心线。输入 O，执行"偏移"命令，将竖直中心线向右偏移 25，将下方的水平中心线向下偏移 108，如图 3-27 所示。

07 绘制圆。输入 C，执行"圆"命令，在偏移出的辅助中心线交点处绘制直径值为 10 的圆，如图 3-28 所示。

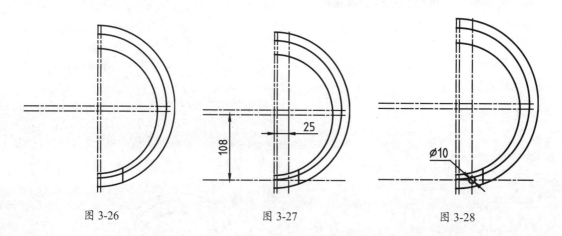

图 3-26　　　　　　　图 3-27　　　　　　　图 3-28

08 修剪图形。输入 TR，执行"修剪"命令，修剪出右侧图形，如图 3-29 所示。

09 镜像图形。输入 MI，执行"镜像"命令，以竖直中心线作为镜像线，镜像图形，结果如图 3-30 所示。

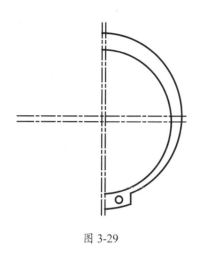

图 3-29

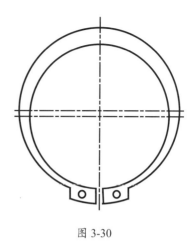

图 3-30

3.2.4　图形阵列

使用复制、镜像和偏移等命令，一次只能得到一个对象的副本。若希望按照特定规律复制大量的图形，可以运用 AutoCAD 2024 中的"阵列"命令。"阵列"是一个强大的多重复制功能，能一次性将所选对象复制成多个，并按预设的规律进行排列。

在 AutoCAD 2024 里，提供了 3 种"阵列"模式：矩形阵列、环形阵列以及路径阵列。这些模式能分别按照矩形、环形或路径的角度，通过设定的距离、角度或路径，复制出源对象的多个副本。

1．矩形阵列

矩形阵列即图形以行列方式进行排列，例如园林平面图中的道路绿化带、建筑立面图上的窗格，以及规律摆放的桌椅等。执行"阵列"命令的方法如下。

- 功能区：在"默认"选项卡中，单击"修改"面板中的"矩形阵列"按钮 ᗕᗕ。
- 菜单栏：执行"修改"|"阵列"|"矩形阵列"命令。
- 命令行：输入 ARRAYRECT。

使用矩形阵列时，需要设置的参数包括"源对象""行"和"列"的数目，以及"行距"和"列距"。行和列的数目将决定要复制的图形对象的数量。

执行"矩形阵列"命令后，"阵列创建"选项卡会显示出来。根据命令行的提示，应首先选择要阵列的对象，然后设置相应的阵列参数，最后按 Enter 键退出。

提示：

在创建矩形阵列的过程中，若希望阵列的图形朝相反的方向复制，只需在列数或行数前面加上–符号即可，或者向反方向拖动夹点也可以达到同样的效果。

练习 3-9：使用"矩形阵列"命令复制行道树

在园林设计中，为园路布置各类植被和绿化带图形时，可以灵活运用"矩形阵列"命令来迅速且大量地复制这些对象。具体操作过程如图 3-31 所示。

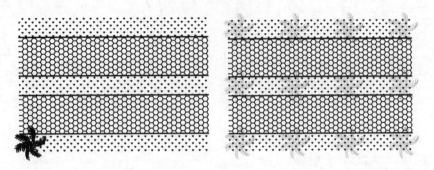

图 3-31

使用"矩形阵列"命令绘制行道树的具体操作步骤如下。

01 单击快速访问面板中的"打开"按钮，打开"练习 3-9：使用'矩形阵列'命令绘制行道树 .dwg"文件。

02 在"默认"选项卡中，单击"修改"面板中的"矩形阵列"按钮，选择树图形作为阵列对象，设置行、列间距值为 6000，完成复制行道树的操作。

2. 路径阵列

路径阵列能够沿着曲线（这些曲线可以是直线、多段线、三维多段线、样条曲线、螺旋线、圆弧、圆或椭圆）复制阵列图形。通过设置不同的基点，可以获得多样化的阵列效果。在园林设计中，路径阵列功能可被用于快速复制园路和街道旁的树木，或者草地中的汀步等图形对象。

执行"路径阵列"命令的方法如下。

- 功能区：在"默认"选项卡中，单击"修改"面板中的"路径阵列"按钮。
- 菜单栏：执行"修改"|"阵列"|"路径阵列"命令。
- 命令行：输入 ARRAYPATH。

路径阵列需要设置的参数包括"阵列路径""阵列对象""阵列数量"以及"方向"等。当执行"路径阵列"命令时，会显示"阵列创建"选项卡。根据命令行的提示，应首先选择要阵列的对象，然后选取阵列的路径，接着设置相关的阵列参数，最后按 Enter 键退出。

练习 3-10：使用"路径阵列"命令复制汀步

在中国古典园林中，水面上常布置着零散的叠石，这种古老的渡水设施质朴自然，别有一番情趣，因此在当代园林设计中被广泛采用。本节将使用"路径阵列"命令来复制汀步，具体的操作过程如图 3-32 所示。

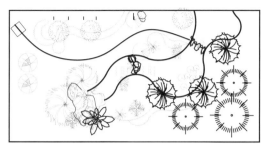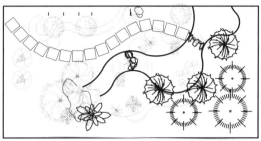

图 3-32

使用"路径阵列"命令绘制汀步的具体操作步骤如下。

01 启动 AutoCAD 2024，打开"练习 3-10：使用'路径阵列'命令绘制汀步 .dwg"文件。

02 单击"修改"面板中的"路径阵列"按钮，首先选择矩形汀步图形，按 Enter 键确认；选择样条曲线作为阵列路径，按 Enter 键确认；输入 I 选择"项目"选项，输入项目距离值为700；按 Enter 键确认阵列数量，再次按 Enter 键完成操作。

03 操作完成后，删除路径曲线。

3．环形阵列

"环形阵列"，也被称为极轴阵列，是指以某一点为中心，将对象进行环形复制，使阵列对象能够沿着中心点的周围均匀分布，形成环状排列。执行"环形阵列"命令的方法如下。

- 功能区：在"默认"选项卡中，单击"修改"面板中的"环形阵列"按钮。
- 菜单栏：执行"修改"|"阵列"|"环形阵列"命令。
- 命令行：输入 ARRAYPOLAR。

"环形阵列"需要设置的参数包括阵列的"源对象""项目总数""中心点位置"以及"填充角度"。其中，"填充角度"指所有项目排列形成的环形所占据的角度。举例来说，如果填充角度为 360°，那么所有对象将完整地排列成一个圆，如图 3-33 所示；而如果填充角度为120°，对象则会在 120°的范围内进行分布，如图 3-34 所示。

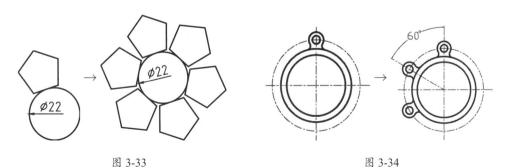

图 3-33　　　　　　　　　　　　　　　　　　　图 3-34

执行"环形阵列"命令后，"阵列创建"选项卡会显示出来。根据命令行的提示，应首先选择要进行阵列的对象，然后指定阵列的中心点，接着设置相关的阵列参数，并按 Enter 键退出。

练习 3-11：使用"环形阵列"命令复制地面拼花图案

种类繁多的拼花设计使地面铺贴效果更为灵动活泼。在绘制这些拼花图案时，若能灵活应用"环形阵列"命令，即可在指定圆心的条件下轻松复制出多个拼花图案。

01 单击快速访问工具栏中的"打开"按钮 ，打开"练习 3-11：使用'环形阵列'命令复制拼花图案 .dwg"文件，如图 3-35 所示。

02 首先选择黑色的多边形，在"默认"选项卡中，单击"修改"面板中的"环形阵列"按钮 ，指定圆心为阵列的中心点，输入 I 选择"项目"选项，指定项目数为 8，复制图案的结果如图 3-36 所示。

图 3-35   图 3-36

3.3 编辑图形外观

通过编辑图形的外观，可以使其满足特定的使用要求，或者更好地与其他图形相协调，从而达到预期的绘图目的。在 AutoCAD 中，用于编辑图形外观的命令有多种，如修剪、延伸和缩放等。接下来，将详细介绍这些命令的使用方法。

3.3.1 修剪

"修剪"命令在之前的章节中已经有所介绍，其主要功能是将超出指定边界的部分进行修剪和删除。"修剪"命令不仅适用于直线，还可用于圆、弧、多段线、样条曲线以及射线等多种图形对象，因此在 AutoCAD 中的使用频率极高。在执行此命令时，可以选择两种修剪模式："快速"模式和"标准"模式。重要的是，在选择需要修剪的对象时，应该单击希望删除的部分。

执行"修剪"命令的方法如下。

- 功能区：单击"修改"面板中的"修剪"按钮 ✂。
- 菜单栏：执行"修改"│"修剪"命令。
- 命令行：输入 TRIM 或 TR。

执行"修剪"命令后，根据命令行的提示，应选择希望进行修剪的对象；若希望延伸某个对象，则可以在选择时按住 Shift 键来实现。

练习 3-12：使用"修剪"命令编辑园路铺装轮廓线

迂回曲折的园路为游园过程增添了许多乐趣。在绘制园路轮廓线时，需要使用多种绘图工具，例如直线和圆等。绘制过程中，各种图形会相互叠加，此时，利用"修剪"命令来编辑这些图形，便能够得到我们所需的精确轮廓线。使用"修剪"命令编辑园路铺装轮廓线的具体操作步骤如下。

01 输入 C，执行"圆"命令，绘制半径值为 9022 的圆；输入 O，执行"偏移"命令，输入偏移距离值为 770，选择圆形向内偏移，如图 3-37 所示。

02 输入 L，执行"直线"命令，合理安排间距绘制平行线段，如图 3-38 所示。

图 3-37   图 3-38

03 输入 TR，执行"修剪"命令，修剪图形，结果如图 3-39 所示。

04 输入 H，执行"图案填充"命令，选择合适的图案，为园路填充铺装图案，并添加座椅图块，结果如图 3-40 所示。

图 3-39   图 3-40

3.3.2 延伸

"延伸"命令用于将未与边界相交的部分进行延伸补齐，它与"修剪"命令形成一组相对的功能。在执行此命令时，需要设置的参数主要分为延伸边界和延伸对象两类。"延伸"命令的操作方法与"修剪"命令相似。值得注意的是，在使用"延伸"命令时，若按住 Shift 键选择对象，则可以切换至"修剪"命令。

执行"延伸"命令的方法如下。

- 功能区：单击"修改"面板中的"延伸"按钮⇥。
- 菜单栏：执行"修改" | "延伸"命令。
- 命令行：输入 EXTEND 或 EX。

执行"延伸"命令后，根据命令行的提示，应选择要延伸的对象；若想要修剪某个对象，则可以在选择时按住 Shift 键。在选择延伸对象时，需要注意延伸方向的选择：决定朝哪个边界延伸时，应在靠近该边界的对象部分上单击。如图 3-41 所示，若要将直线 AB 延伸至边界直线 M，需要在 A 端单击；若要将直线 AB 延伸至直线 N，则应在 B 端单击。

图 3-41

提示：
命令行中各选项的含义与"修剪"命令相同，在此不再赘述。

练习 3-13：使用"延伸"命令完善平面沙发装饰线

在沙发平面图例中，装饰线的编辑可以通过"延伸"命令来快速完成，特别是当需要补齐缺失部分时。使用"延伸"命令完善平面沙发装饰线的具体操作步骤如下。

01 打开"练习 3-13：使用'延伸'命令完善平面沙发装饰线 .dwg"文件，如图 3-42 所示。

02 输入 EX，执行"延伸"命令，选择水平线段为要延伸的对象，如图 3-43 所示。

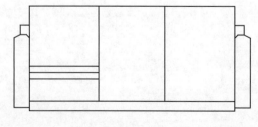

图 3-42

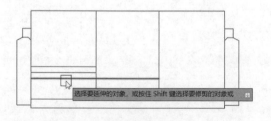

图 3-43

03 通过单击水平线段，使其向右延伸，与右侧垂直线段相接，结果如图 3-44 所示。

04 重复上述操作，继续进行延伸操作，结果如图 3-45 所示。

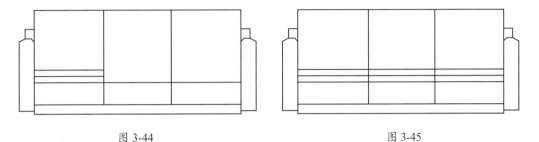

图 3-44　　　　　　　　　　　　　　　　图 3-45

3.3.3　缩放

利用"缩放"命令，可以将图形对象以指定的缩放基点为参照，进行放大或缩小一定比例的操作，从而创建出与源对象形状相同但大小成一定比例的新图形对象。在执行此命令时，需要确定的参数包括"缩放对象""基点"以及"比例因子"。其中，"比例因子"即表示缩小或放大的比例值。当比例因子大于 1 时，缩放后的图形会变大；而比例因子小于 1 时，图形则会变小。

执行"缩放"命令的方法如下。

- 功能区：单击"修改"面板中的"缩放"按钮□。
- 菜单栏：执行"修改"｜"缩放"命令。
- 命令行：输入 SCALE 或 SC。

执行"缩放"命令后，根据命令行的提示，首先选择要缩放的对象，再拾取缩放的基点，最后输入比例因子值，按 Enter 键结束操作。

练习 3-14：使用"缩放"命令调整汽车图例比例

汽车的长、宽、高必须控制在合理的范围内，以满足实际使用需求。在利用"缩放"命令调整汽车立面图例的尺寸时，可以通过输入相应的比例因子来决定是放大还是缩小图例的尺寸。使用"缩放"命令调整汽车图例比例的操作步骤如下。

01 打开"练习 3-14：利用"缩放"命令调整汽车图例比例 .dwg"文件，其中已经为汽车图例添加线性标注，如图 3-46 所示。

02 输入 SC，执行"缩放"命令，选择汽车图例，指定基点，输入比例因子值为 1.4，按Enter 键即可放大汽车图例，如图 3-47 所示。

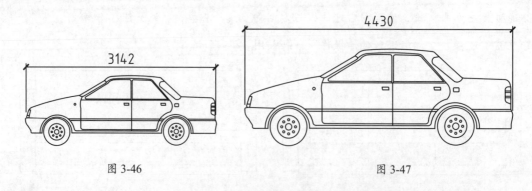

图 3-46   图 3-47

练习 3-15：使用"参照"方式缩放图形破解难题

　　在初学 AutoCAD 的过程中，可能会遇到一些设计巧妙的练习题。这些题目的特点在于，所要绘制的图形看起来简单，但给出的尺寸信息却非常有限，这使在绘制时很难确定图形之间的位置关系。然而，这些图形实际上都可以通过参照缩放的方法来绘制。本例将通过一个典型的实例来介绍如何解决这类图形绘制的难题，具体的操作过程如图 3-48 所示。

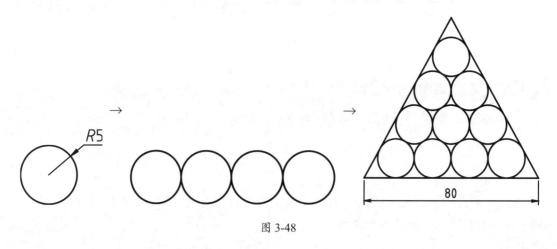

图 3-48

　　使用"参照"方式缩放图形的具体操作步骤如下。

01 启动 AutoCAD 2024，新建空白文档。

02 输入 C，执行"圆"命令，任意指定一点为圆心，输入任意值为半径（如 5）。

03 绘制倒数第一排的圆。输入 CO，执行"复制"命令，捕捉圆左侧的象限点为基点，依次向右复制 3 个圆。

04 绘制倒数第二排的圆。单击"绘图"面板中的"圆"按钮，在列表中选择"相切、相切、半径"选项，然后分别在倒数第一排的前两个圆上选择切点，接着输入半径值 5，这样即可得到第二排的第一个圆。

05 采用相同的方法，绘制倒数第二排剩下的圆，以及倒数第三和倒数第四排的圆。

06 绘制下方公切线。输入 L，执行"直线"命令，捕捉倒数第一排圆的下象限点，得到下方公切线。

07 绘制左侧公切线。重复执行"直线"命令，在命令行提示指定点时，按住 Shift 键并右击，然后在弹出的快捷菜单中选择"切点"选项，在倒数第一排第一个圆上指定切点，接着在指定下一点时，同样按住 Shift 键并右击，在弹出的快捷菜单中选择"切点"选项，在顶端的圆上指定切点，即可得到左侧的公切线。

08 参照左侧公切线的绘制方法，绘制右侧的公切线。

09 输入 EX，执行"延伸"命令，延伸各公切线。

10 至此图形已经绘制完成。标注尺寸后得知图形的规格并不符合要求，接下来就可以通过参照缩放来将其缩放至要求的尺寸。

11 输入 SC，执行"缩放"命令，选择整个图形，指定图形左下方的端点为缩放基点。

12 输入 R，选择"参照（R）"选项，指定左下方的端点为参照缩放的测量起点，然后捕捉直线的另一端为终点，指定完毕后输入所要求的尺寸值 80，即可得到所需的图形。

3.3.4　拉伸

"拉伸"命令是通过沿拉伸路径平移图形的夹点位置，从而实现图形拉伸变形的效果。此命令允许用户按照指定的方向和角度对所选对象进行拉伸或缩短，进而改变对象的形状。

执行"拉伸"命令的方法如下。

- 功能区：单击"修改"面板中的"拉伸"按钮 。
- 菜单栏：执行"修改"｜"拉伸"命令。
- 命令行：输入 STRETCH 或 S。

"拉伸"命令主要涉及 3 个关键参数："拉伸对象""拉伸基点"和"拉伸位移"。其中，"拉伸位移"参数尤为关键，因为它决定了拉伸的方向和具体距离。

在执行"拉伸"命令时，根据命令行的提示，可以通过窗交、圈围等方式灵活地选择需要拉伸的对象。接着，需要指定拉伸的基点和终点，以此来确定拉伸的具体方向和范围。

> **练习 3-16：使用"拉伸"命令调整台球桌的尺寸**

如果台球桌的尺寸过大或过小，都会对人们的使用体验产生影响。为了调整其尺寸以满足使用要求，可以利用"拉伸"命令。在执行此命令时，需要指定拉伸的基点，并输入相应的拉伸距离，从而精确地调整台球桌的尺寸。使用"拉伸"命令调整台球桌的尺寸的具体操作步骤如下。

01 打开"练习3-16：使用'拉伸'命令调整台球桌的尺寸.dwg"文件，如图3-49所示。

02 输入S，执行"拉伸"命令，从右下角至左上角拖出选框，选择台球桌的右侧部分，按Enter键，指定边线中点为基点，向右移动十字光标，输入距离值为1000，如图3-50所示。调整台球桌的尺寸如图3-51所示。

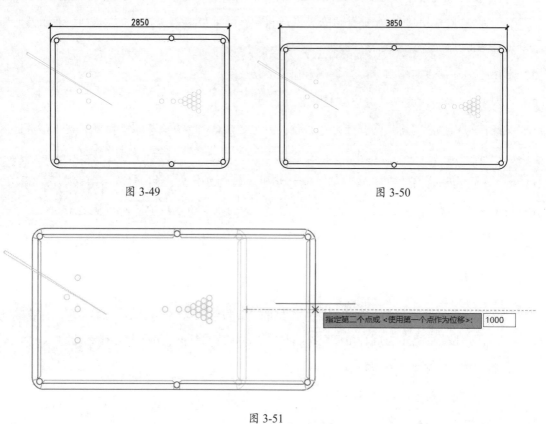

图 3-49　　　　　　　　　　　　　　　　图 3-50

图 3-51

3.3.5　拉长

拉长是指改变原图形的长度，既可以将图形拉长，也可以缩短。用户可以通过多种方式来实现这一目标，包括指定一个具体的长度增量、角度增量（对于圆弧而言）、设定总长度，或者设定一个相对于原图长度增长的百分比。此外，还可以通过动态拖动的方式来直观地调整图形的长度。

执行"拉长"命令的方法如下。

* 功能区：单击"修改"面板中的"拉长"按钮 ╱ 。
* 菜单栏：执行"修改"｜"拉长"命令。
* 命令行：输入 LENGTHEN 或 LEN。

执行"拉长"命令后，命令行提示如下。

选择要测量的对象或 [增量 (DE) / 百分比 (P) / 总计 (T) / 动态 (DY)] ＜总计 (T)＞:

只有选择了各延伸选项确定拉长方式后，才能将图形拉长。

练习 3-17: 使用"拉长"命令修改电气图例

若想要快速调整电气图例中的线段长度，可以执行"拉长"命令。通过输入"增量"值，可以让线段在指定方向上增长一定的距离。使用"拉长"命令修改电气图例的具体操作步骤如下。

01 打开"练习 3-17: 使用'拉长'命令修改电气图例 .dwg"文件，如图 3-52 所示。

02 单击"修改"面板中的"拉长"按钮，执行"拉长"命令，选择左侧水平线段，输入 DE，选择"增量（DE）"选项，输入数值为 485，调整结果如图 3-53 所示。

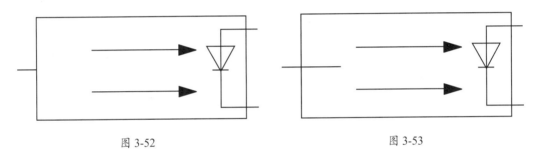

图 3-52   图 3-53

3.3.6 圆角

利用"圆角"命令，可以将直角转换成圆弧。这一操作在机械加工中经常被用来将工件的棱角切削成圆弧面，是去除毛刺和进行边缘倒钝的常用方法。因此，该命令在机械制图中的应用非常广泛，如图 3-54 所示。

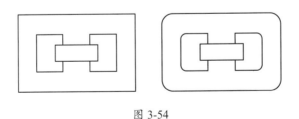

图 3-54

执行"圆角"命令的方法如下。

- 功能区: 单击"修改"面板中的"圆角"按钮。
- 菜单栏: 执行"修改"|"圆角"命令。
- 命令行: 输入 FILLET 或 F。

执行"圆角"命令后，根据命令行的提示，需要依次选择要进行圆角处理的第一个对象和第二个对象，以完成操作。所创建的圆弧的方向和长度由所选对象上的点来确定。系统总是在距离所选位置最近的地方创建圆角，如图3-55所示。

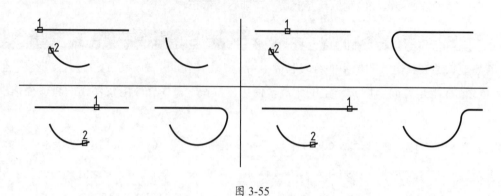

图 3-55

重复执行"圆角"命令时，圆角的半径和修剪选项等参数无须重新设置。只需直接选择要应用圆角的对象即可，系统会默认使用上一次圆角操作所设置的参数来创建新的圆角。

练习 3-18：使用"圆角"命令修改机械轴零件

在机械设计中，倒圆角的作用包括去除尖角以提高安全性、作为工艺圆角以确保铸造件在尺寸剧变处有圆角过渡，以及防止工件出现应力集中等问题。本例将通过对一个轴零件的局部图形进行倒圆角操作，旨在帮助读者更深入地理解倒圆角的操作流程及其实际意义。

01 打开"练习3-18：使用'圆角'命令修改机械轴零件.dwg"文件，素材图形如图3-56所示。

02 为方便装配，轴零件的左侧设计成锥形，因此还可对左侧尖角进行倒圆角处理，使其更为圆润，此处的圆角半径可适当增大。单击"修改"面板中的"圆角"按钮，设置圆角半径值为3，如图3-57所示。

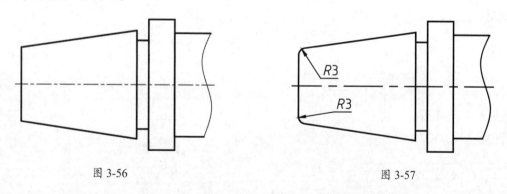

图 3-56   图 3-57

03 锥形段的右侧截面处较尖锐，需要进行倒圆角处理。重复执行"圆角"命令，设置倒圆角半径值为1，操作结果如图3-58所示。

04 退刀槽倒圆角。为便于加工时退刀，而且在装配时保证与相邻零件靠紧，通常会在台肩处加工出退刀槽。该槽也是轴类零件的危险截面，如果轴失效发生断裂，多半是断于该处。因此，为了避免退刀槽处的截面变化太大，会在此处设计圆角，防止应力集中，本例便在退刀槽两端处进行倒圆处理，圆角半径值为 1，效果如图 3-59 所示。

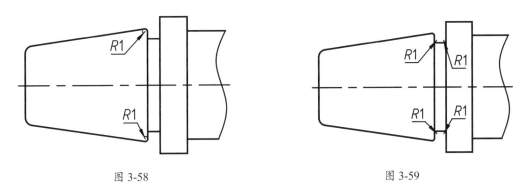

图 3-58　　　　　　　　　　　　　　　图 3-59

3.3.7　倒角

"倒角"命令被广泛应用于将两条非平行的直线或多段线用一段斜线相连。在机械设计、家具设计、室内设计等多个领域，这一命令都发挥着重要作用。在执行此命令时，用户通常需要选择两条相邻的直线进行倒角操作，然后系统会根据当前设置的倒角大小来对这两条直线进行倒角处理。图 3-60 展示了绘制倒角后的图形效果。

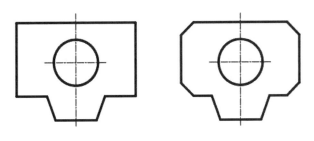

图 3-60

执行"倒角"命令的方法如下。

- 功能区：单击"修改"面板中的"倒角"按钮。
- 菜单栏：执行"修改"｜"倒角"命令。
- 命令行：输入 CHAMFER 或 CHA。

执行"倒角"命令包含两个主要步骤：首先，需要确定倒角的大小，这可以通过命令行中的"距离"选项来实现；其次，选择需要进行倒角的两条边。具体操作为：执行"倒角"命令，然后根据命令行的提示，先输入 D 来选择"距离（D）"选项，并输入所需的倒角距离；接下来，依次选择第一条和第二条倒角边，即可完成全部操作。

在家具设计中，倒斜角的应用非常广泛，例如洗手池、八角桌、方凳等家具中都可以看到其身影。本节将详细介绍如何创建倒斜角，具体的操作步骤如下。

01 按快捷键 Ctrl+O，打开"练习 3-19：使用'倒角'命令编辑洗手盆 .dwg"文件，如图 3-61 所示。

02 单击"修改"面板中的"倒角"按钮，输入 D，选择"距离"选项，指定第一个、第二个倒角距离值均为 55，分别选择待倒角的线段，完成对洗手盆外侧轮廓线的倒角操作，如图 3-62 所示。

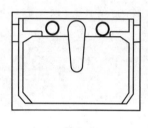

图 3-61

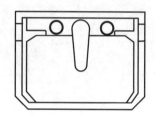

图 3-62

3.3.8 合并

"合并"命令的功能是将多个独立的图形对象整合成一个整体。该命令支持对多种类型的对象进行合并，包括直线、多段线、三维多段线、圆弧、椭圆弧、螺旋线以及样条曲线等。通过这一命令，能够轻松地将多个图形元素组合成一个完整的图形。

执行"合并"命令的方法如下。

- 功能区：单击"修改"面板中的"合并"按钮。
- 菜单栏：执行"修改"｜"合并"命令。
- 命令行：输入 JOIN 或 J。

执行"合并"命令后，选择要合并的对象按 Enter 键即可完成操作。

"合并"命令生成的对象类型受到多种因素的影响，包括所选对象的类型、首个选定对象的类型，以及这些对象是否共线（或者在三维空间中是否共面）。因此，"合并"操作的结果不仅依赖于所选的对象，还与选择的顺序密切相关。

使用"合并"命令修改电路图的具体操作步骤如下。

01 打开"练习 3-20：使用'合并'命令修改电路图 .dwg"文件，其中有已经绘制好了完整的电路图，如图 3-63 所示。

02 删除电子元件。在"默认"选项卡中，单击"修改"面板中的"删除"按钮，删除 3 个可调电阻图例，如图 3-64 所示。

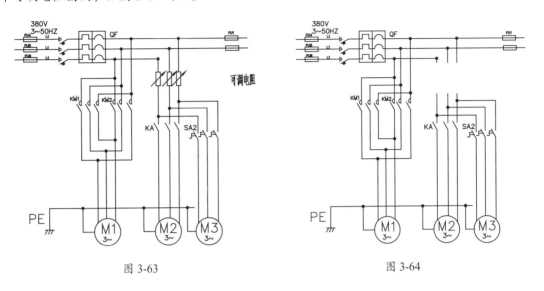

图 3-63　　　　　　　　　　　　　　　　图 3-64

03 单击"修改"面板中的"合并"按钮，分别单击打断线路的两端，将直线合并，如图 3-65 所示。

04 采用相同的方法合并剩下的两条线路，最终效果如图 3-66 所示。

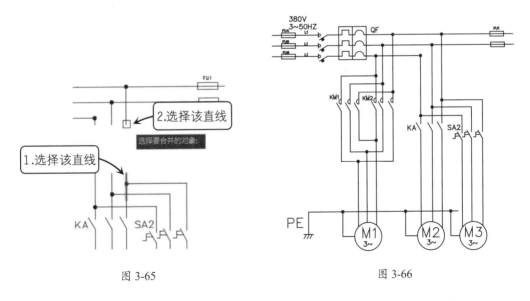

图 3-65　　　　　　　　　　　　　　　　图 3-66

3.3.9　打断

执行"打断"命令时，需要在对象上指定两个点，随后这两点之间的部分将被删除。需要注意的是，被打断的对象不能是组合形体，如图块等，而必须是单独的线条，例如直线、圆弧、圆、多段线、椭圆、样条曲线或圆环等。

执行"打断"命令的方法如下。

- 功能区：单击"修改"面板中的"打断"按钮 。
- 菜单栏：执行"修改"｜"打断"命令。
- 命令行：输入 BREAK 或 BR。

"打断"命令允许在选择的线条对象上创建两个打断点，进而将线条在两点之间断开。若在对象外部指定第二个打断点，系统将会自动选择该点到被打断对象的垂直位置作为第二个打断点，并删除两点之间的线段。图 3-67 展示了打断对象的过程，从中可以看出，"打断"命令能够迅速有效地调整图形效果。

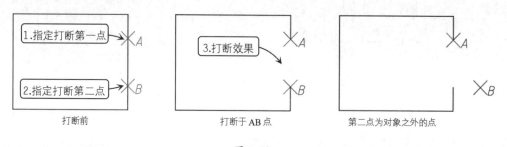

图 3-67

默认情况下，系统会将选择对象时的拾取点作为第一个打断点。然而，如果直接在对象上选择另一点，可能会导致两点之间的线条图形被删除，但这种打断效果通常不符合用户的具体需求。为了获得更精确的打断效果，可以在命令行中输入 F 来选择"第一点（F）"选项，从而手动指定第一个打断点的位置。这样，可以更准确地控制打断的位置和效果。

练习 3-21：使用"打断"命令创建注释空间

"打断"命令在复杂图形编辑中非常有用，它可以为块或注释文字创建足够的空间，使这些对象更加清晰易见。此外，该命令还常用于修改和编辑图形。以本例中的街区规划设计局部图为例，原图内容繁复，导致街道名称的注释文字与其他图形元素混杂在一起，难以辨识。为了解决这一问题，可以使用"打断"命令来修改图形，从而为注释文字腾出空间，提高图形的可读性和清晰度。具体的操作步骤如下。

01 打开"练习 3-21：使用'打断'命令创建注释空间 .dwg"文件，如图 3-68 所示。

02 在"默认"选项卡中，单击"修改"面板中的"打断"按钮 ，选择"解放西路"主干道上的第一条线进行打断，效果如图 3-69 所示。

03 按相同方法打断街道上的其他线条，最终效果如图 3-70 所示。

图 3-68

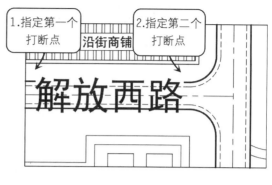

图 3-69

图 3-70

3.3.10　打断于点

　　"打断于点"命令是从"打断"命令衍生而来的。它的功能是通过指定一个打断点，将对象在该点处断开，从而形成两个独立的对象。在 AutoCAD 2024 中，要注意的是，"打断于点"命令无法通过快捷键或菜单直接执行。唯一的执行方式是通过单击"修改"面板中的"打断于点"按钮。在执行"打断于点"命令时，需要输入两个关键参数："选择对象"和"指定打断点"。完成打断操作后，对象的外观并不会发生明显变化，也不会出现间隙。然而，在选择对象时，可以明显看到对象已经在打断点处被分成了两个部分，如图 3-71 所示。

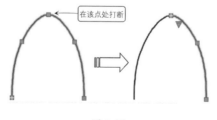

图 3-71

提示：
不能在一点打断闭合对象（如圆）。

练习 3-22：使用"打断"命令修改电路图

"打断"命令的用途不仅限于为文字、标注等，它还可以用于修改和编辑图形。特别是在处理由大量直线、多段线等线性对象构成的电路图时，该命令尤为实用。本例将展示如何巧妙运用"打断"命令，在电路图中添加电器元件，具体的操作步骤如下。

01 打开"练习 3-22：使用'打断'命令修改电路图 .dwg"文件，其中绘制好了电路图和悬空外的电子元件（可调电阻），如图 3-72 所示。

02 在"默认"选项卡中，单击"修改"面板中的"打断"按钮 ，选择可调电阻左侧的线路作为打断对象，可调电阻的上、下两个端点作为打断点，打断效果如图 3-73 所示。

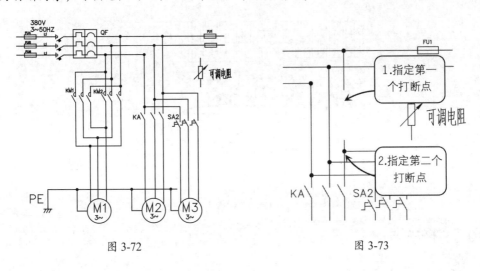

图 3-72   图 3-73

03 采用相同的方法，打断剩下的两条线路，如图 3-74 所示。

04 单击"修改"面板中的"复制"按钮 ，将可调电阻复制到打断的 3 条线路上，如图 3-75 所示。

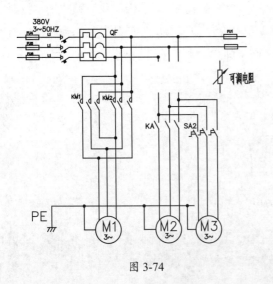

图 3-74

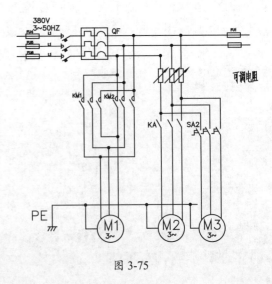

图 3-75

3.4　删除与分解图形

对于不需要的图形，可以直接执行"删除"命令或按 Delete 键进行删除。请注意，图块无法直接编辑，必须先将其分解成独立的对象。为此，可以利用"分解"命令轻松地将图块进行分解。本节将详细介绍如何删除和分解图形。

3.4.1　删除

"删除"命令可将多余的对象从图形中完全清除，是 AutoCAD 常用的命令之一，使用也最为简单。在 AutoCAD 2024 中执行"删除"命令的方法如下。

- 功能区：在"默认"选项卡中，单击"修改"面板中的"删除"按钮 。
- 菜单栏：执行"修改"|"删除"命令。
- 命令行：输入 ERASE 或 E。
- 快捷操作：选中对象后直接按 Delete 键。

执行"删除"命令后，根据命令行的提示选择需要删除的图形对象，按 Enter 键即可删除已选择的对象，如图 3-76 所示。

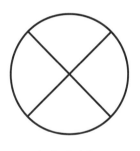  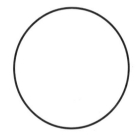

（1）原对象　　　　　（2）选择要删除的对象　　　　　（3）删除结果

图 3-76

3.4.2　删除重复对象

"删除重复对象"命令能够迅速删除那些重复或重叠的直线、圆弧和多段线。同时，该命令还可以合并部分重叠或连续的直线、圆弧和多段线。这个命令在实际工作中非常实用，因为经过多次修改的图纸上可能会出现大量的零散对象或重叠的图线。这些重叠和零散的对象在外观上可能不容易察觉，但当选中图形时，就会变得非常明显，如图 3-77 所示。虽然看起来是一个完整的矩形，但实际上它是由多条直线组合而成的。通过这个命令，可以有效地清理和优化图纸，提高工作效率。

这时就可以执行"删除重复对象"命令来快速清理，如图 3-78 所示。这不仅能有效减小文件大小，同时也能让图形更加简洁明了。

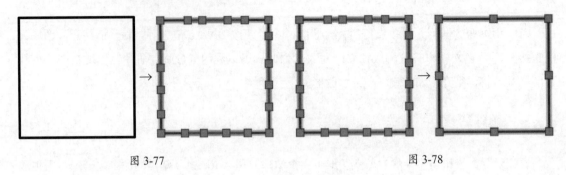

图 3-77   图 3-78

执行"删除重复对象"命令的方法如下。

- 功能区：单击"修改"面板中的"删除重复对象"按钮 🖋 。

- 菜单栏：执行"修改"｜"删除重复对象"命令。

- 命令行：输入 OVERKILL。

执行"删除重复对象"命令后，可以按快捷键 Ctrl+A 来全选，或者通过框选来选择所绘制好的图形。选择完成后，按 Enter 键进行确认，将弹出"删除重复对象"对话框。在此对话框中，可以选中删除或合并的复选框，单击"确定"按钮即可完成操作，如图 3-79 所示。

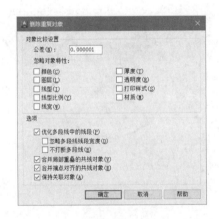

图 3-79

3.4.3 分解

"分解"命令用于将特定的对象分解成若干个独立的部分，以便进行更精细的编辑操作。此命令主要针对复合对象，如矩形、多段线、块和填充等，将其还原为基本的图形对象。值得注意的是，分解后的对象可能在颜色、线型和线宽方面发生变化。

执行"分解"命令的方法如下。

- 功能区：单击"修改"面板中的"分解"按钮 🗗 。

- 菜单栏：执行"修改"|"分解"命令。

- 命令行：输入 EXPLODE 或 X。

执行"分解"命令时，首先需要选择要分解的图形对象，然后按 Enter 键，即可完成分解操作。这个操作方法与"删除"命令的选择方式类似。如图 3-80 所示，微波炉图块被分解后，可以单独选择其中的任意一条边进行编辑。

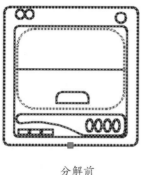

分解前　　　　　　　　　　　　　　分解后

图 3-80

提示：
在旧版本的AutoCAD中，"分解"命令曾被翻译为"爆炸"命令。

3.5　编辑绘图结果

对已完成绘制的图形进行再编辑操作，可以有效地调整图形的显示样式，以满足特定的使用需求。本节将详细介绍如何编辑多段线、样条曲线以及填充图案等图形元素。

3.5.1　编辑多段线

"编辑多段线"命令专门用于编辑已经存在的多段线，同时也可以将直线或曲线转换为多段线。执行"多段线"命令的方法如下。

- 功能区：单击"修改"面板中的"编辑多段线"按钮。

- 菜单栏：执行"修改"｜"对象"｜"多段线"命令。

- 命令行：输入 PEDIT 或 PE。

执行"编辑多段线"命令后，首先需要选择需要编辑的多段线。接着，命令行会提示各个编辑选项，可以选择其中的一项来对多段线进行相应的编辑操作。

```
命令：PE ✓                          // 启动命令
PEDIT 选择多段线或 [多条(M)]:        // 选择一条或多条多段线
```

输入选项 [闭合 (C) / 合并 (J) / 宽度 (W) / 编辑顶点 (E) / 拟合 (F) / 样条曲线 (S) / 非曲线化 (D) / 线型生成 (L) / 反转 (R) / 放弃 (U)]：　　　　　// 提示选择延伸选项

3.5.2　编辑样条曲线

与"多线"编辑工具类似，AutoCAD 2024 也提供了专门针对样条曲线的编辑工具。通过"样条曲线"命令绘制的样条曲线包含许多特性，例如数据点的数量和位置、端点的特征性以及切线方向等。利用编辑样条曲线的命令，可以修改曲线的这些特性，以满足特定的设计需求。

执行"编辑样条曲线"命令的方法如下。

- 功能区：在"默认"选项卡中，单击"修改"面板中的"编辑样条曲线"按钮 。
- 菜单栏：执行"修改"|"对象"|"样条曲线"命令。
- 命令行：输入 SPEDIT。

执行"编辑样条曲线"命令后，选择要编辑的样条曲线，命令行中提示如下。

输入选项 [闭合 (C) / 合并 (J) / 拟合数据 (F) / 编辑顶点 (E) / 转换为多线段 (P) / 反转 (R) / 放弃 (U) / 退出 (X)]:<退出 >

选择其中的延伸选项即可执行对应命令。

3.5.3　编辑图案填充

在为图形填充了图案之后，如果对填充效果不满意，可以通过"编辑图案填充"命令对其进行调整。该命令允许编辑的内容包括填充比例、旋转角度以及填充图案等。值得一提的是，AutoCAD 2024 增强了图案填充的编辑功能，使用户能够同时选择和编辑多个图案填充对象，从而提高了编辑效率。

执行"编辑图案填充"命令的方法如下。

- 功能区：在"默认"选项卡中，单击"修改"面板中的"编辑图案填充"按钮 。
- 菜单栏：执行"修改"|"对象"|"图案填充"命令。
- 命令行：输入 HATCHEDIT 或 HE。
- 快捷操作：在要编辑的对象上右击，在弹出的快捷菜单中选择"图案填充编辑"选项。也可以在绘图区双击要编辑的图案填充对象。

执行"编辑图案填充"命令后，首先需要选择要进行编辑的图案填充对象。选择完成后，会弹出"图案填充编辑"对话框。该对话框中的参数设置与"图案填充和渐变色"对话框中的参数设置是一致的。只需修改相应的参数，即可改变图案的填充效果。

3.5.4 编辑阵列

执行"编辑阵列"命令的方法如下。

- 功能区：单击"修改"面板中的"编辑阵列"按钮🔳。

- 命令行：输入 ARRAYEDIT。

- 快捷操作：选中阵列图形，拖动对应夹点。也可以选中阵列图形，打开"阵列"选项卡，选择该选项卡中的功能进行编辑。这里要引起注意的是，不同的阵列类型，对应的"阵列"选项卡中的按钮不同，名称却相同。还可以按住 Ctrl 键拖动阵列中的项目。

单击"阵列"选项卡中"选项"面板的"替换项目"按钮，可以选择其他对象来替换已选定的阵列项目，而阵列中的其他项目将保持不变，如图 3-81 所示。

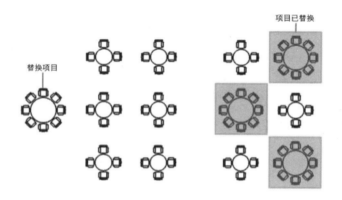

图 3-81

单击"阵列"选项卡中"选项"面板的"编辑来源"按钮，可以进入阵列项目的源对象编辑状态。在此状态下对源对象进行的任何更改（包括创建新的对象）都会在保存更改后，立即应用于所有参考相同源对象的项目，如图 3-82 所示。这样，可以方便地一次性更新所有基于同一源对象的阵列项目。

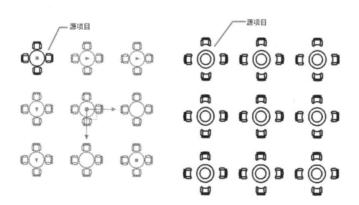

图 3-82

按住 Ctrl 键并单击阵列中的项目，可以单独删除、移动、旋转或缩放选定的项目，而不会影响其余的阵列，如图 3-83 所示。

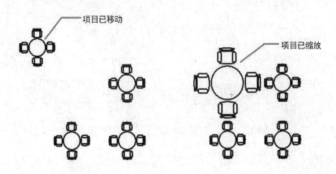

图 3-83

练习 3-23：使用"阵列"命令绘制同步带

同步带是以钢丝绳或玻璃纤维作为强力层，外部覆盖聚氨酯或氯丁橡胶制成的环形带。这种带的内周被加工成齿状，以便与齿形带轮精确啮合，如图 3-84 所示。同步带因其高精度和高效率的特性而被广泛应用于各个行业，包括纺织、机床、烟草、通信电缆、轻工、化工、冶金、仪表仪器、食品、矿山、石油、汽车等。在这些行业的各种类型的机械传动中，同步带都发挥着重要作用。因此，在本例中，将采用阵列的方式来绘制如图 3-85 所示的同步带，具体的操作步骤如下。

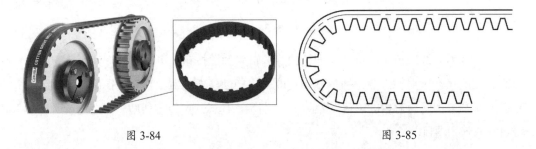

图 3-84　　　　　　　　　　　　　　　　　　　图 3-85

01 打开"练习 3-23：使用'阵列'命令绘制同步带 .dwg"文件，如图 3-86 所示。

02 阵列同步带齿。单击"修改"面板中的"矩形阵列"按钮，选择单个齿轮作为阵列对象，设置列数为 12，行数为 1，距离值为 18，阵列结果如图 3-87 所示。

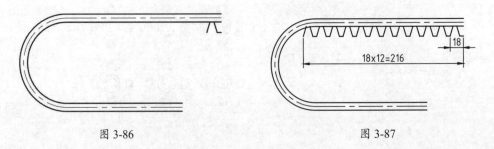

图 3-86　　　　　　　　　　　　　　　　　　　图 3-87

03 分解阵列图形。输入 X，执行"分解"命令，将矩形阵列的齿分解，并删除左端多余的部分。

04 环形阵列。单击"修改"面板中的"环形阵列"按钮 ⁑，选择最左侧的一个齿作为阵列对象，设置填充角度值为 180，项目数量为 8，结果如图 3-88 所示。

05 镜像齿条。输入 MI，执行"镜像"命令，选择如图 3-89 所示的 8 个齿作为镜像对象，以通过圆心的水平线作为镜像线，镜像结果如图 3-90 所示。

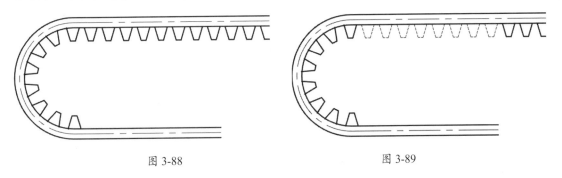

图 3-88　　　　　　　　　　　　　　　　　图 3-89

06 修剪图形。输入 TR，执行"修剪"命令，修剪多余的线条，结果如图 3-91 所示。

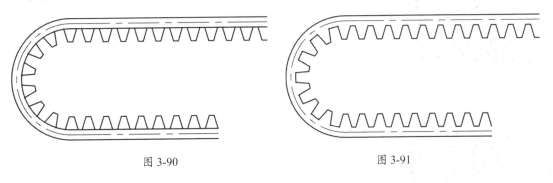

图 3-90　　　　　　　　　　　　　　　　　图 3-91

3.6　夹点编辑

除了上述介绍的编辑命令，在 AutoCAD 中还存在一种极其重要的编辑方式，即通过夹点来编辑图形。夹点，指的是在选择图形对象后出现的可供捕捉或选择的特征点，例如端点、顶点、中点以及中心点等。这些夹点的位置往往决定了图形的位置和形状。在 AutoCAD 中，夹点模式被设计为一种集成的编辑模式，它使用户能够方便地编辑图形的大小、位置和方向，甚至可以利用夹点模式进行图形的镜像复制等操作。

3.6.1　认识图形夹点

在夹点模式下，选中的图形对象会以蓝色高亮显示，同时，图形上的特征点（例如端点、圆心、象限点等）会以蓝色小方框■的形式明显标出，如图 3-92 所示。这些小方框就是我们所说的夹点。

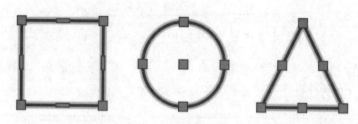

图 3-92

夹点具有两种状态：未激活和被激活。当夹点以蓝色小方框显示时，表示它处于未激活状态。当单击某个未激活的夹点时，该夹点会变为红色小方框显示，此时它处于被激活状态，称为"热夹点"。以热夹点为基点，可以对图形对象进行拉伸、平移、复制、缩放和镜像等操作。如果需要同时激活多个热夹点，可以在选择时按住 Shift 键。

3.6.2　夹点拉伸

利用夹点拉伸图形的操作方法如下。

- 快捷操作：在不执行任何命令的情况下选择对象，然后单击其中的一个夹点，系统自动将其作为拉伸的基点，即进入"拉伸"编辑模式。通过移动夹点，即可将图形对象拉伸至新位置。夹点编辑中的"拉伸"与"拉伸（STRETCH）"命令效果一致，效果如图3-93 所示。

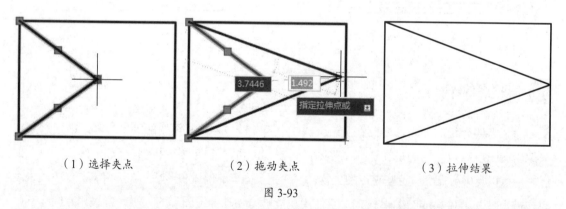

（1）选择夹点　　　　　（2）拖动夹点　　　　　（3）拉伸结果

图 3-93

提示：
对于某些夹点，只能移动而不能拉伸，如文字、块、直线中点、圆心、椭圆中心和点对象上的夹点。

3.6.3　夹点移动

利用夹点移动图形的操作方法如下。

- 快捷操作: 选中一个夹点, 按 Enter 键, 即进入"移动"模式。
- 命令行: 在夹点编辑模式下确定基点后, 输入 MO 进入"移动"模式, 选中的夹点即为基点。

通过夹点进入"移动"模式后, 命令行提示如下。

```
** MOVE **
指定移动点或 [ 基点 (B) / 复制 (C) / 放弃 (U) / 退出 (X) ]。
```

使用夹点移动对象, 可以将对象从当前位置移至新位置, 效果同"移动"命令, 如图 3-94 所示。

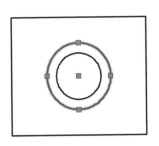 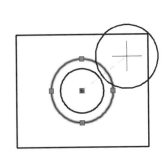 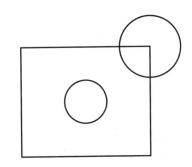

(1) 选择夹点   (2) 按 Enter 键, 拖动夹点   (3) 移动结果

图 3-94

3.6.4 夹点旋转

利用夹点旋转对象的操作方法如下。

- 快捷操作: 选中一个夹点, 按两次 Enter 键, 即进入"旋转"模式。
- 命令行: 在夹点编辑模式下确定基点后, 输入 RO 进入"旋转"模式, 选中的夹点即为基点。

通过夹点进入"移动"模式后, 命令行提示如下。

```
** 旋转 **
指定旋转角度或 [ 基点 (B) / 复制 (C) / 放弃 (U) / 参照 (R) / 退出 (X) ]:
```

默认情况下, 当输入旋转角度值或通过拖动来确定旋转角度后, 对象会绕基点旋转相应的角度。此外, 还可以选择"参照"选项, 以便以参照方式来旋转对象。这种方式的效果与"旋转 (R)"命令相同。如图 3-95 所示, 展示了利用夹点来旋转对象的过程。

 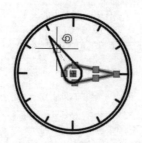 

（1）选择夹点　　　　　（2）按两次 Enter 键后拖动夹点　　　　（3）旋转结果

图 3-95

3.6.5　夹点缩放

利用夹点缩放对象的操作方法如下。

- 快捷操作：选中一个夹点，按 3 次 Enter 键，即进入"缩放"模式。
- 命令行：选中的夹点即为缩放基点，输入 SC 进入"缩放"模式。

通过夹点进入"缩放"模式后，命令行提示如下。

```
** 比例缩放 **
指定比例因子或 [基点 (B) / 复制 (C) / 放弃 (U) / 参照 (R) / 退出 (X)]。
```

默认情况下，当确定了缩放的比例因子后，AutoCAD 会相对于指定的基点对对象进行缩放操作。如果比例因子大于 1，对象将被放大；如果比例因子大于 0 但小于 1，对象将被缩小。这一操作过程与"缩放"命令的效果相同，如图 3-96 所示。

 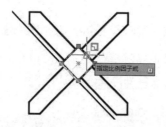 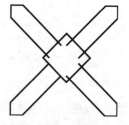

（1）选择夹点　　　　　（2）按 3 次 Enter 键后拖动夹点　　　　（3）缩放结果

图 3-96

3.6.6　夹点镜像

利用夹点镜像对象的操作方法如下。

- 快捷操作：选中一个夹点，按 4 次 Enter 键，即进入"镜像"模式。

- 命令行：输入 MI 进入"镜像"模式，选中的夹点即为镜像线第一点。

通过夹点进入"镜像"模式后，命令行提示如下。

> ＊＊ 镜像 ＊＊
> 指定第二点或 [基点(B)/复制(C)/放弃(U)/退出(X)]：

指定镜像线上的第二点后，AutoCAD 将以基点作为镜像线上的第一点，为对象进行镜像操作并删除源对象。利用夹点镜像对象如图 3-97 所示。

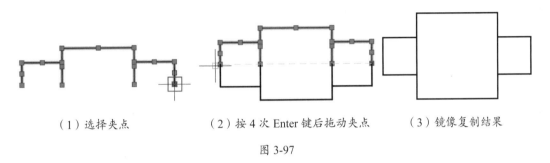

（1）选择夹点　　　（2）按 4 次 Enter 键后拖动夹点　　　（3）镜像复制结果

图 3-97

3.6.7　夹点复制

利用夹点复制对象的操作方法如下。

- 命令行：选中夹点后进入"移动"模式，然后在命令行中输入 C，命令行提示如下。

> ＊＊ MOVE ＊＊　　　　　　　　　　　　　　　　　// 进入"移动"模式
> 指定移动点 或 [基点(B)/复制(C)/放弃(U)/退出(X)]：C↙　　// 选择"复制"选项
>
> ＊＊ MOVE（多个）＊＊　　　　　　　　　　　　　　// 进入"复制"模式
> 指定移动点 或 [基点(B)/复制(C)/放弃(U)/退出(X)]：　　// 指定放置点，并按
> Enter 键完成操作

使用夹点复制功能，选定中心夹点进行拖动时需要按住 Ctrl 键，复制效果如图 3-98 所示。

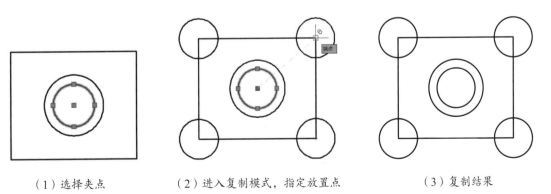

（1）选择夹点　　　（2）进入复制模式，指定放置点　　　（3）复制结果

图 3-98

练习 3-24：使用"夹点编辑"调整图形

夹点作为一个重要的辅助工具，其操作的优势在绘图过程中才能得到充分体现。本例将介绍如何在已有的图形上先进行夹点操作以修改图形，然后再结合其他命令对图形进行进一步的绘制和修改。通过综合运用夹点操作和编辑命令，可以大幅提高绘图效率。使用"夹点编辑"调整图形的具体操作步骤如下。

01 打开"练习 3-24：使用'夹点编辑'调整图形 .dwg"文件，如图 3-99 所示。

02 单击矩形两边的竖直细实线，显示夹点，将直线垂直向下拉伸，如图 3-100 所示。

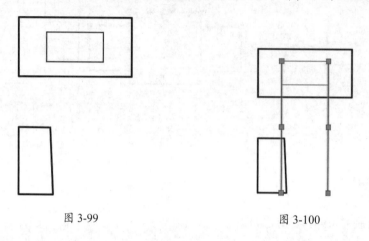

图 3-99　　　　　　　　　　　　图 3-100

03 单击左下端不规则的四边形，拖动四边形的右上端点到细实线与矩形的交点，如图 3-101 所示。

04 使用相同的方法拖动不规则四边形的左上端点，如图 3-102 所示。

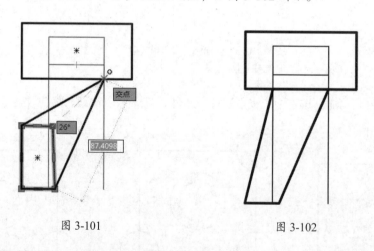

图 3-101　　　　　　　　　　　　图 3-102

05 按 F8 键开启正交模式，选择不规则四边形，水平拖动其下端点连接到竖直细实线，效果如图 3-103 所示。

06 单击矩形两边的竖直细实线，进入夹点状态，如图 3-104 所示。

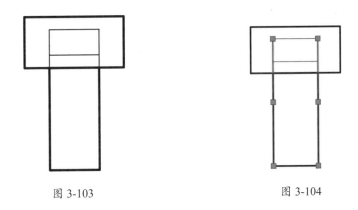

图 3-103　　　　　　　　　　　　图 3-104

07 分别拖动竖直细线，使其缩短到原来的位置，如图 3-105 所示。

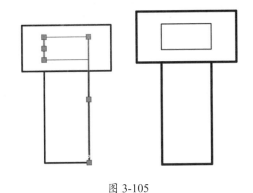

图 3-105

08 输入 MI，执行"镜像"命令，以上水平线为镜像线，镜像整个图形，如图 3-106 所示。

09 输入 M，执行"移动"命令，选择对象为镜像图形，基点为左端竖直线段的中点，如图 3-107 所示。

10 拖动基点到原图形中矩形右端竖直线的中点，如图 3-108 所示。

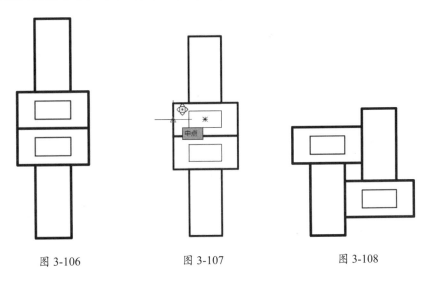

图 3-106　　　　　　　　图 3-107　　　　　　　　图 3-108

11 单击"修改"面板中的"矩形阵列"按钮 ，选择阵列对象为整个图形，设置参数如图 3-109 所示。最终效果如图 3-110 所示。

图 3-109

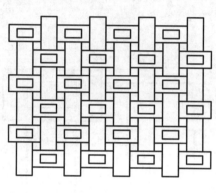

图 3-110

3.7 课后习题

3.7.1 理论题

1. "移动"命令的工具按钮是（ ）。

A. ✛   B. ✂   C. ↻   D. ⇥

2. "修剪"命令的快捷方式是（ ）。

A. C   B. RT   C. TR   D. AR

3. 执行"复制"命令创建对象副本，（ ）操作不能退出命令。

A. 右击，在弹出的快捷菜单中选择"确认"选项   B. 按 Enter 键

C. 按 Esc 键   D. 单击

4. 执行"镜像"命令，需要先指定（ ）才可以创建对象副本。

A. 中点   B. 象限点   C. 圆心   D. 镜像线

5. 执行"圆角"命令时，如果需要多次为对象创建圆角，在命令行中输入（ ）选择"多个"选项即可。

A. U　　　　　　　B. R　　　　　C. T　　　　　　D. M

6. 对图形执行"缩放"操作，当缩放因子（　）时，对象被放大。

A. 小于 1　　　　　　B. 小于 2　　　　　　C. 大于 1　　　　　　D. 大于 0

7. 编辑填充图案的方法不包括（　）。

A. 选择填充图案并单击

B. 执行"修改"|"对象"|"图案填充"命令

C. 在命令行中输入 HATCHEDIT 或 HE

D. 双击要编辑的图案填充对象

8. 对图形执行"打断"操作，需要指定（　）个打断点。

A. 2　　　　　　　　B. 3　　　　　C. 4　　　　　　D. 5

9. 执行"绘图次序"命令调整图形的位置关系，（　）不能被调整。

A. 文字　　　　　　B. 图层　　　　C. 标注　　　　D. 引线

10. 选择图形中的一个夹点，单击（　）次 Enter 键，可以进入"缩放"模式。

A. 1　　　　　　　　B. 2　　　　　C. 3　　　　　D. 4

3.7.2　操作题

1. 使用"直线""移动""旋转""修剪"等命令，绘制如图 3-111 所示的装配图。

2. 使用"矩形""复制""圆角"等命令，绘制如图 3-112 所示的洗衣机平面图。

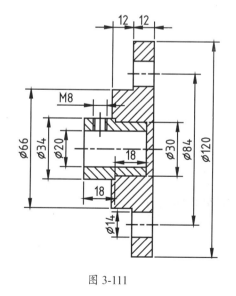

图 3-111

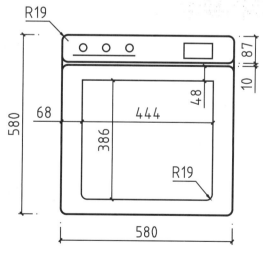

图 3-112

3. 使用"直线""椭圆""打断""旋转"等命令，绘制如图 3-113 所示的热敏开关图形。

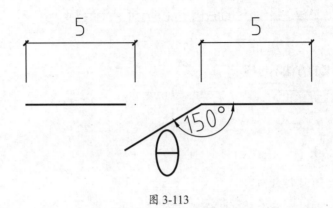

图 3-113

4. 使用"矩形""矩形阵列""修剪"等命令，绘制如图 3-114 所示的花架图形。

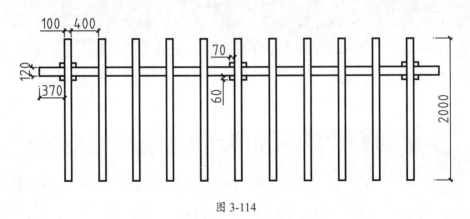

图 3-114

5. 使用"直线""镜像"等命令，绘制如图 3-115 所示的阀门图形。

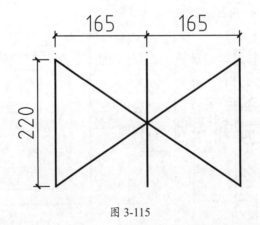

图 3-115

第4章 创建图形注释

在 AutoCAD 中，图形注释包括文字、尺寸标注、引线以及表格说明等多种形式。用于创建这些注释的命令都集中在"注释"面板中。接下来，将按照"注释"面板中的命令顺序逐一进行介绍。

4.1 文字注释

文字在绘图过程中占据重要地位。在进行各类设计时，不仅需要绘制图形，还需要在图形中加入注释性文字。这些文字能对图形设计中难以直接表达的部分进行说明，从而使设计意图更加清晰明了。在 AutoCAD 中，文字被分为"多行文字"和"单行文字"两种类型，可以通过"注释"面板中对应的命令来操作它们。

4.1.1 多行文字

"多行文字"，也被称为"段落文字"，是一种便于管理的文字对象。它由两行或更多行的文字组成，而且这些文字行都被视作一个整体进行处理。在制图过程中，"多行文字"功能常被用于创建较为复杂的说明性文字，如图样的工程说明或技术要求等。与"单行文字"相比，"多行文字"的格式更为工整规范，而且支持更为复杂的文字编辑功能，例如为文字添加下画线、设置文字段落的对齐方式，以及为段落添加编号和项目符号等。

可以通过如下方法创建多行文字。

- 功能区：在"默认"选项卡中，单击"注释"面板中的"多行文字"按钮A。
- 菜单栏：执行"绘图"|"文字"|"多行文字"命令。
- 命令行：输入 T、MT 或 MTEXT。

执行上述任意操作后，根据命令行的提示指定对角点，将会弹出如图 4-1 所示的编辑框和"文字编辑器"选项卡。用户可以在这个编辑框中输入所需的文字内容。

图 4-1

练习 4-1：使用"多行文字"命令创建技术要求

技术要求是机械图纸的重要补充，它通过文字注解来明确说明在制造和检验零件时所需要达到的技术指标要求。技术要求涵盖的内容十分广泛，包括零件的表面结构要求、热处理和表面修饰的具体说明、加工材料的特殊性描述、成品尺寸的检验方法，以及各种加工细节的补充等。在本例中，将使用多行文字功能来创建一般性的技术要求，这些要求可以适用于各类加工零件。整个操作过程如图 4-2 所示。

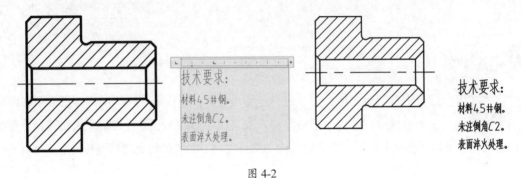

图 4-2

使用"多行文字"命令创建技术要求的具体操作步骤如下。

01 打开"练习 4-1：使用'多行文字'命令创建技术要求 .dwg"文件。

02 在"默认"选项卡中，单击"注释"面板中的"文字"列表中的"多行文字"按钮 A，指定对角点，进入"文字编辑器"选项卡，在文字编辑框内输入文字，每输入一行按 Enter 键换行。

03 选中"技术要求"这 4 个文字，在"样式"面板中修改文字高度值为 3.5。

04 修改文字高度后，再为文字添加数字标记，结束绘制。

4.1.2　单行文字

"单行文字"是指将输入的文字以"行"为单位进行处理，每一行都被视作一个独立的对象。即使在单行文字中输入了多行内容，每一行依然被视为单独的对象。这种文字处理方式的特点是，每一行文字都可以独立地进行移动、复制或编辑。因此，"单行文字"非常适合用于创建内容较为简短的文字对象，如图形标签、名称、时间等。

在 AutoCAD 2024 中启动"单行文字"命令的方法如下。

- 功能区：在"默认"选项卡中，单击"注释"面板中的"单行文字"按钮 A。
- 菜单栏：执行"绘图"|"文字"|"单行文字"命令。
- 命令行：输入 DT、TEXT 或 DTEXT。

执行上述任意操作，在绘图区域合适位置任意拾取一点指定文字高度，指定文字旋转角度，一般默认为 0。此时绘图区将出现一个带光标的矩形框，在其中输入文字即可。

在输入单行文字时，按 Enter 键并不会结束文字的输入，而是会实现换行功能，同时每一行文字仍然保持独立存在。如果想在空白处开始输入另一处单行文字，只需在该处单击即可。只有按快捷键 Ctrl+Enter，才能真正结束单行文字的输入操作。

练习 4-2：使用“单行文字”命令注释图形

单行文字输入完成后，用户可以选择不退出命令，而是直接在需要输入文字的另一个位置单击，此时同样会出现文字输入框。这种方法在需要进行多次单行文字标注的图形中尤为实用，因为它可以极大地节省时间。例如，在机械制图中的剖面图标识、园林图中的植被统计表等场景下，都可以在最后阶段统一使用单行文字进行标注。整个操作过程如图 4-3 所示。

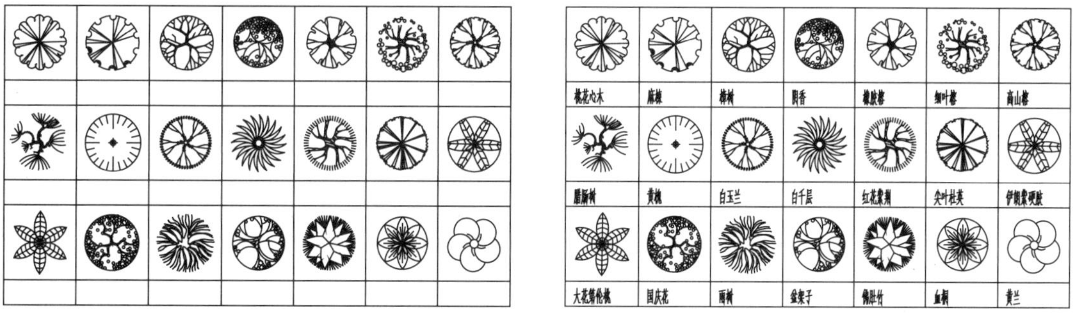

图 4-3

使用“单行文字”命令注释图形的具体操作步骤如下。

01 打开“练习 4-2：使用‘单行文字’命令注释图形 .dwg”文件，植物平面图例已经绘制完成。

02 在“默认”选项卡中，单击“注释”面板中“文字”列表中的“单行文字”按钮A，然后根据命令行提示输入文字：“桃花心木”；输入完成后，不退出命令，直接在右边的框格中单击，同样会出现文字输入框，输入第二个单行文字：“麻楝”。

03 采用相同的方法，在各个方框中输入图例名称。

04 使用“移动”命令或通过夹点拖移，将各单行文字对齐，结束操作。

4.1.3　编辑文字

与 Word、Excel 等办公软件相似，AutoCAD 也允许用户对文字进行编辑和修改。不过，在“注释”面板中，并没有直接提供相关的编辑按钮。本节将详细介绍如何在 AutoCAD 中对文字内容进行编辑与修改。

1．修改文字内容

修改文字内容的方法如下。

- 菜单栏: 执行"修改"|"对象"|"文字"|"编辑"命令。

- 命令行: 输入 DDEDIT 或 ED。

- 快捷操作: 双击要修改的文字。

执行以上任意一种操作后, 文字将变成可输入状态, 如图 4-4 所示。此时可以重新输入需要的文字内容, 然后按 Enter 键退出即可, 如图 4-5 所示。

某小区景观设计总平面图

图 4-4

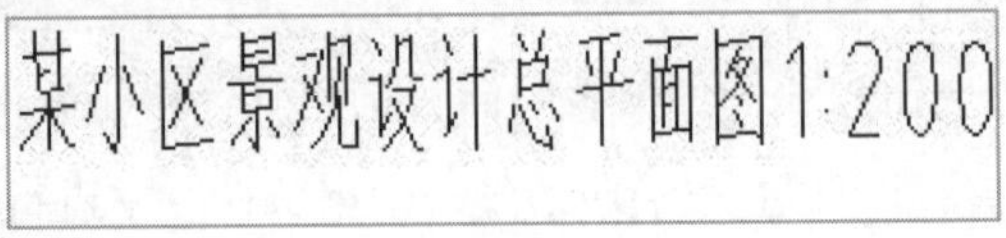

某小区景观设计总平面图1:200

图 4-5

2．在单行文字中插入特殊符号

单行文字的可编辑性相对较弱, 主要通过输入特定的控制符来插入特殊符号。在 AutoCAD 中, 特殊符号通常由两个百分号（%%）后跟一个字母来构成。表 4-1 列出了常用的特殊符号及其输入方法。当在文本编辑状态下输入这些控制符时, 它们会临时显示在屏幕上。然而, 一旦结束文本编辑, 这些控制符就会从屏幕上消失, 并自动转换成对应的特殊符号。

表 4-1　AutoCAD 文字控制符

特殊符号	功　能
%%O	打开或关闭文字上画线
%%U	打开或关闭文字下画线
%%D	标注（°）符号
%%P	标注正负公差（±）符号
%%C	标注直径（Ø）符号

在 AutoCAD 的控制符中, %%O 代表上画线开关, %%U 代表下画线开关。当这些符号第一次出现时, 它们会打开上画线或下画线的功能; 而当这些符号第二次出现时, 则会关闭上画线或下画线的功能。

3．添加多行文字背景

有时, 为了使文字在复杂的图形背景中更加清晰可见, 可以为文字添加一个不透明的背景。要实现这一点, 首先需要双击要添加背景的多行文字, 从而打开"文字编辑器"选项卡。接着, 单击"样式"面板中的"遮罩"按钮 A, 此时系统会弹出"背景遮罩"对话框。在这个对话框中, 选中"使用背景遮盖"复选框, 然后设置所需的填充背景的大小和颜色。完成这些设置后, 即可实现为文字添加不透明背景的效果, 如图 4-6 所示。

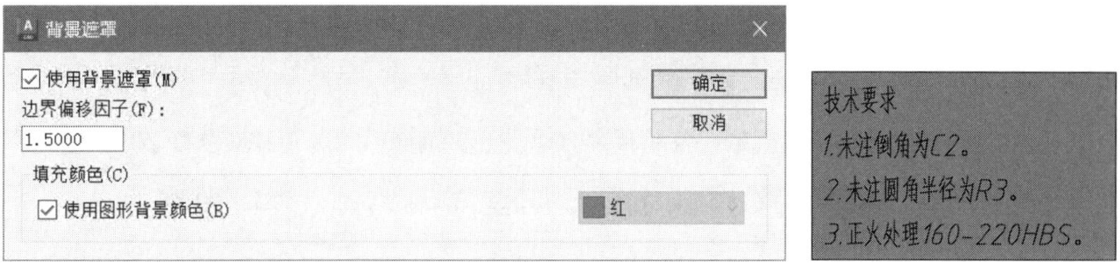

图 4-6

4．多行文字中插入特殊符号

与单行文字相比，在多行文字中插入特殊字符的方式更灵活。除了使用控制符的方法，还有以下两种途径。

- 在"文字编辑器"选项卡中，单击"插入"面板中的"符号"按钮，在弹出的列表中选择所需的符号即可。

- 在编辑状态下右击，在弹出的快捷菜单中选择"符号"子菜单中的各种特殊符号。

5．创建堆叠文字

若要创建堆叠文字（一种垂直对齐的文字或分数），首先需要输入希望堆叠的文字，并在其间使用"/""#"或"^"作为分隔符。接着，选中这些待堆叠的字符，并单击"文字编辑器"选项卡中"格式"面板的"堆叠"按钮，这样文字就会按照要求自动堆叠起来。堆叠文字在机械制图中有着广泛的应用，例如用于创建尺寸公差、分数等，如图 4-7 所示。需要特别注意的是，上述的分隔符号必须是英文格式的。

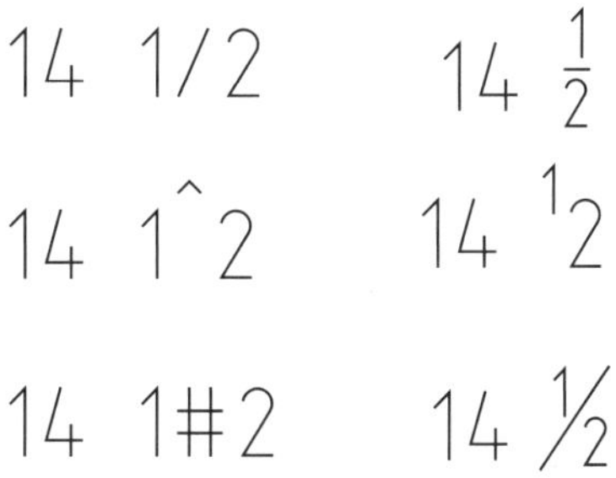

$$14 \quad 1/2 \qquad 14 \quad \frac{1}{2}$$

$$14 \quad 1\char`^2 \qquad 14 \quad {}^{1}_{2}$$

$$14 \quad 1\#2 \qquad 14 \quad {}^{1}\!/_{2}$$

图 4-7

4.2　尺寸注释

在使用 AutoCAD 进行设计绘图时，必须明确的一点是：图形中的线条长度并不代表物体的真实尺寸，所有的数值都应以标注为准。无论是在零件加工还是建筑施工中，所依赖的都是标注的尺寸值，因此尺寸标注在绘图过程中至关重要。一些经验丰富的设计师，在现场或无法使用 AutoCAD 的场合，会直接在纸上手绘草图。尽管这些草图可能并不美观，但记录的数据必须准确无误。这充分说明，图形仅是标注的辅助工具。

对于不同的对象，确定其位置所需的尺寸类型也会有所不同。AutoCAD 2024 提供了一套完整的尺寸标注命令，可以对线性尺寸、角度、弧长、半径、直径、坐标等进行标注。

4.2.1 智能标注

"智能标注"功能能够根据所选对象的类型自动创建相应的标注。例如，如果选择的是一条线段，那么该功能会自动创建线性标注；而如果选择的是一段圆弧，则会创建半径标注。这一功能可以被视为"快速标注"命令的升级版。

执行"智能标注"命令有以下几种方式。

- 功能区：在"默认"选项卡中，单击"注释"面板中的"标注"按钮 。
- 命令行：输入 DIM。

使用上面任意方式执行"智能标注"命令，将十字光标置于对应的图形对象上，就会自动创建相应的标注。如果需要，可以使用命令行选项更改标注类型，命令行提示如下。

> 选择对象或指定第一个尺寸界线原点或 ［角度 (A) / 基线 (B) / 连续 (C) / 坐标 (O) / 对齐 (G) / 分发 (D) / 图层 (L) / 放弃 (U)］： // 选择图形或标注对象

练习 4-3：使用"智能标注"命令标注图形

如果读者曾使用过 UG（NX）、SolidWorks 或天正 CAD 等设计软件，那么在使用 AutoCAD 2024 的"智能标注"命令时，应该会感到非常熟悉。传统的 AutoCAD 标注方法需要根据对象的类型来选择不同的标注命令，但这种方式相对效率较低。因此，为了提高效率，快速选择对象并实现无差别标注的方法应运而生。在本例中，将使用"智能标注"功能为图形添加标注，整个操作过程如图 4-8 所示。当然，也可以选择使用传统方法进行标注，以便比较二者之间的差异。

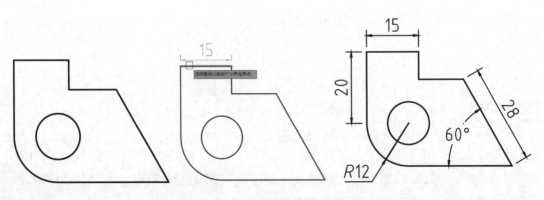

图 4-8

使用"智能标注"命令注释图形的具体操作步骤如下。

01 打开"练习 4-3：使用'智能标注'命令注释图形 .dwg"文件，其中已绘制好示例图形。

02 标注水平尺寸。在"默认"选项卡中，单击"注释"面板中的"标注"按钮，然后移动十字光标至图形上方的水平线段，系统自动生成线性标注。

03 依次选择线段、弧线段等标注尺寸。

04 按 Enter 键结束"智能标注"命令。

4.2.2　线性标注

使用水平、垂直或旋转的尺寸线来创建线性标注。"线性标注"功能仅限于标注任意两点之间在水平或竖直方向上的距离。执行"线性标注"命令的方法有以下几种。

- 功能区：在"默认"选项卡中，单击"注释"面板中的"线性"按钮。
- 菜单栏：执行"标注"|"线性"命令。
- 命令行：输入 DIMLINEAR 或 DLI。

执行"线性标注"命令后，依次指定要测量的两点，即可得到线性标注尺寸。

"线性标注"有两种标注方式，即"指定原点"和"选择对象"。这两种方式的操作方法与区别介绍如下。

1．指定原点

执行"指定原点"命令后，在命令行的提示下，先指定第一条尺寸界线的原点，再指定第二条尺寸界线的原点，最后指定尺寸线的位置，从而完成线性标注的创建。

2．选择对象

执行"线性标注"命令后，按 Enter 键可以选择标注的对象。系统将会自动选取对象的两个端点作为两条尺寸界线的端点。

练习 4-4：使用"线性标注"命令标注零件图

机械零件通常具有多种复杂的结构特征，因此需要灵活运用 AutoCAD 中提供的各种标注命令来为其添加完整的注释。在本例中，将首先为零件图添加最基本的线性尺寸标注，整个操作过程如图 4-9 所示。

使用"线性标注"命令标注零件图的具体操作步骤如下。

01 打开"练习 4-4：使用'线性标注'命令标注零件图 .dwg"素材文件，其中已绘制好了零件图形。

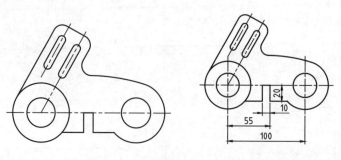

图 4-9

02 单击"注释"面板中的"线性"按钮，执行"线性标注"命令，依次指定第一个尺寸界线原点和第二条尺寸界线原点，移动鼠标，指定尺寸线位置即可。

03 使用同样的方法继续创建线性标注，完成操作。

4.2.3　对齐标注

在对直线段进行标注时，如果该直线的倾斜角度未知，使用"线性标注"命令可能无法得到准确的测量结果。在这种情况下，可以使用"对齐标注"命令来进行标注，以确保测量的准确性。

执行"对齐标注"命令有如下几种常用方法。

- 功能区：在"默认"选项卡中，单击"注释"面板中的"对齐"按钮。
- 菜单栏：执行"标注"|"对齐"命令。
- 命令行：输入 DIMALIGNED 或 DAL。

执行上述任意操作后，根据命令行的提示，依次指定第一个尺寸界线的原点和第二个尺寸界线的原点，然后移动鼠标来指定尺寸线的位置，从而完成对齐标注的创建。

练习 4-5：使用"对齐标注"命令标注零件图

在机械零件图中，存在许多非水平、非竖直的平行轮廓线，对于这类尺寸的标注，需要使用"对齐"命令。本例将继续"练习 4-4"的内容，为零件图标注对齐尺寸，整个操作过程如图 4-10 所示。

使用"对齐标注"命令标注零件图的具体操作步骤如下。

01 单击快速访问工具栏中的"打开"按钮，打开"练习 4-4：使用'线性标注'命令标注零件图 -OK.dwg"文件。

02 在"默认"选项卡中，单击"注释"面板中的"对齐"按钮，执行"对齐标注"命令，依次指定第一个尺寸界线原点和第二条尺寸界线原点，移动鼠标，指定尺寸线位置，创建数值为 30 的对齐标注。

03 用同样的方法标注其他非水平、非垂直的线性尺寸，完成操作。

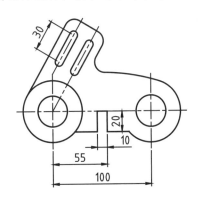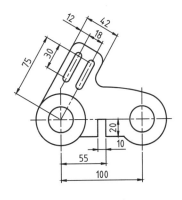

图 4-10

4.2.4　角度标注

利用"角度"标注命令，不仅可以标注两条呈一定角度的直线之间的夹角，或者 3 个点所形成的角度，而且如果选择圆弧，该命令还可以用来标注圆弧的圆心角。

执行"角度"标注命令的方法如下。

- 功能区：在"默认"选项卡中，单击"注释"面板中的"角度"按钮△。
- 菜单栏：执行"标注"|"角度"命令。
- 命令行：输入 DIMANGULAR 或 DAN。

执行上述任意操作，并选择图形上要标注角度的对象，即可创建标注。

在机械零件图中，时常出现转角、拐角等特征。这些特征可以通过角度标注，并结合旋转剖面图来进行清晰表达。具体的操作过程如图 4-11 所示。

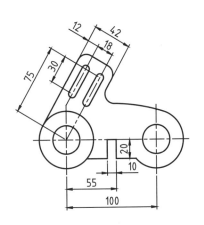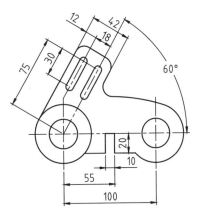

图 4-11

使用"角度标注"命令标注零件图的具体操作步骤如下。

01 单击快速访问工具栏中的"打开"按钮，打开"练习 4-5：使用'对齐标注'命令标注零件图 -OK.dwg"文件。

02 在"默认"选项卡中，单击"注释"面板中的"角度"按钮，根据命令行的提示，依次选择第一条直线和第二条直线，移动鼠标指定尺寸线的位置，完成角度标注。

4.2.5 半径标注

利用"半径标注"可以快速标注圆或圆弧的半径，系统自动在标注值前添加半径符号 R。执行"半径标注"命令的方法如下。

- 功能区：在"默认"选项卡中，单击"注释"面板中的"半径"按钮。
- 菜单栏：执行"标注"|"半径"命令。
- 命令行：输入 DIMRADIUS 或 DRA。

执行上述任意操作后，根据命令行的提示选择需要标注的对象，单击圆或圆弧以生成半径标注。接着，移动十字光标至合适的位置来放置尺寸线。默认情况下，系统会自动添加半径符号 R。然而，如果在命令行中选择了"多行文字"或"文字"选项来重新确定尺寸文字，那么只有在输入尺寸文字时加上前缀，才能使半径标注带上 R 符号。如果不加前缀，则半径标注不会显示该符号。

练习 4-7：使用"半径标注"命令标注零件图

"半径标注"命令适用于标注图纸上的圆弧和圆角，操作过程如图 4-12 所示。

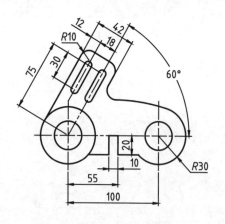
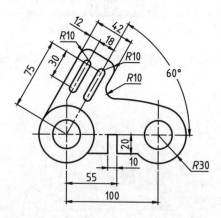

图 4-12

使用"半径标注"命令标注零件图的具体操作步骤如下。

01 单击快速访问工具栏中的"打开"按钮，打开"练习 4-6：使用'角度标注'命令标注

零件图 -OK.dwg"文件。

02 单击"注释"面板中的"半径"按钮◟，选择右侧的圆弧为对象，移动鼠标，在合适位置放置尺寸线，完成标注半径的操作。

03 使用同样的方法继续标注图形。

4.2.6　直径标注

利用"直径"标注命令可以标注圆或圆弧的直径，系统自动在标注值前添加直径符号 Ø。执行"直径标注"命令的方法如下。

- 功能区：在"默认"选项卡中，单击"注释"面板中的"直径"按钮◯。
- 菜单栏：执行"标注"|"直径"命令。
- 命令行：输入 DIMDIAMETER 或 DDI。

执行上述任意操作，根据命令行的提示选择要标注的圆弧或圆，再指定尺寸线的位置即可。

练习 4-8：使用"直径标注"命令标注零件图

本节介绍为零件图添加直径尺寸的方法，操作过程如图 4-13 所示。

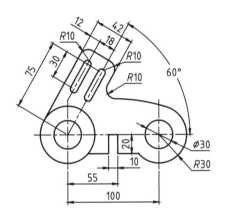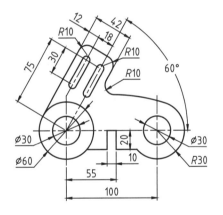

图 4-13

使用"直径标注"命令标注零件图的具体操作步骤如下。

01 单击快速访问工具栏中的"打开"按钮▷，打开"练习 4-7：使用'半径标注'命令标注零件图 -OK.dwg"文件。

02 单击"注释"面板中的"直径"按钮◯，选择右侧的圆，移动鼠标，在合适位置放置尺寸线，创建直径标注。

03 使用同样的方法标注其他圆的直径。

4.2.7 折弯标注

当圆弧半径相对于图形尺寸较大时，半径标注的尺寸线可能会显得过长，与图形比例不协调。在这种情况下，可以使用"折弯标注"命令。这种标注方式与"半径"和"直径"标注方式在操作上基本相同，但需要指定一个位置来替代圆或圆弧的实际圆心。

执行"折弯标注"命令的方法有以下几种。

- 功能区：在"默认"选项卡中，单击"注释"面板中的"折弯"按钮。
- 菜单栏：执行"标注"|"折弯"命令。
- 命令行：输入 DIMJOGGED。

执行上述任意操作，根据命令行的提示，单击选择圆弧，移动鼠标指定图示中心，再指定折弯位置，即可创建折弯标注。

练习4-9：使用"折弯标注"命令标注零件图

在标注机械零件圆弧轮廓的半径时，经常使用"折弯标注"命令，操作过程如图 4-14 所示。

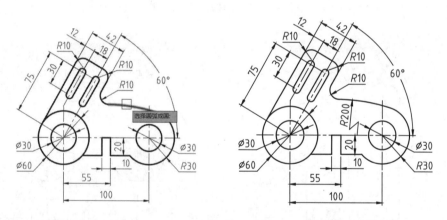

图 4-14

使用"折弯标注"命令标注零件图的具体操作步骤如下。

01 单击快速访问工具栏中的"打开"按钮，打开"练习 4-8：使用'直径标注'命令标注零件图 -OK.dwg"文件。

02 在"默认"选项卡中，单击"注释"面板中的"折弯"按钮，选择上侧圆弧为对象，即可创建折弯标注。

4.2.8 弧长标注

弧长标注用于标注圆弧、椭圆弧或者其他弧线的长度。在 AutoCAD 中执行"弧长"命令有如下几种常用方法。

- 功能区：在"默认"选项卡中，单击"注释"面板中的"弧长"按钮 。
- 菜单栏：执行"标注"|"弧长"命令。
- 命令行：输入 DIMARC。

执行上述任意操作，根据命令行的提示，单击选择弧线段或多段线圆弧段，移动鼠标，在合适的位置放置标注即可。

4.2.9　坐标标注

"坐标标注"是一类特殊的引注，用于标注某些点相对于 UCS 坐标原点的横坐标和纵坐标。在 AutoCAD 2024 中执行"坐标标注"命令的方法如下。

- 功能区：在"默认"选项卡中，单击"注释"面板中的"坐标"按钮 。
- 菜单栏：执行"标注"|"坐标"命令。
- 命令行：输入 DIMORDINATE 或 DOR。

执行上述任意操作，根据命令行的提示，指定点坐标，即可创建坐标标注。

4.2.10　连续标注

执行"连续标注"命令时，系统会自动从上一个线性标注、角度标注或坐标标注继续创建其他标注。此外，也可以从选定的尺寸界线出发，继续创建其他标注。在此过程中，系统会自动排列尺寸线，确保标注的整齐和清晰。

执行"连续标注"命令的方法如下。

- 功能区：在"注释"选项卡中，单击"标注"面板中的"连续"按钮 。
- 菜单栏：执行"标注"|"连续"命令。
- 命令行：输入 DIMCONTINUE 或 DCO。

在创建连续标注之前，必须确保存在一个尺寸界线的起点。进行连续标注时，系统默认会将上一个尺寸界线的终点作为连续标注的起点。然后，系统会提示用户选择第二条延伸线的起点。通过重复指定第二条延伸线的起点，可以创建连续的标注。这种"连续标注"功能在标注墙体时尤为方便。

练习 4-10：使用"连续标注"命令标注墙体轴线

使用"连续标注"命令可以连续创建多个尺寸标注，在标注轴间距、开间尺寸、进深尺寸时尤为适用，操作过程如图 4-15 所示。

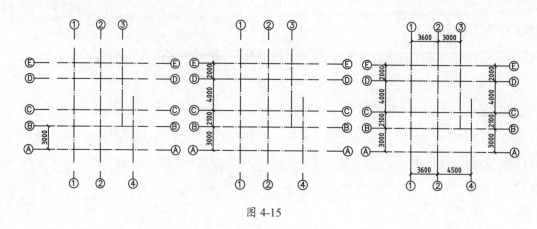

图 4-15

使用"连续标注"命令标注墙体轴线的具体操作步骤如下。

01 按快捷键 Ctrl+O，打开"练习 4-10：使用'连续标注'命令标注墙体轴线 .dwg"文件。

02 标注第一个竖直尺寸。在命令行中输入 DLI，执行"线性标注"命令，为轴线添加第一个尺寸标注。

03 在"注释"选项卡中，单击"标注"面板中的"连续"按钮┝┼┥，执行"连续"命令，根据命令行的提示，选择标注数值为 3000 的线性标注，移动鼠标，指定第二条尺寸界线原点，即可创建连续标注。

04 继续移动鼠标指针，指定第二条尺寸界线的原点，直至标注完成为止。

4.2.11 基线标注

"基线标注"命令可以从上一个或选定标注的基线作连续的线性、角度或坐标标注。

执行"基线标注"命令的方法如下。

- 功能区：在"注释"选项卡中，单击"标注"面板中的"基线"按钮┝┿。
- 菜单栏：执行"标注"|"基线"命令。
- 命令行：输入 DIMBASELINE 或 DBA。

执行"基线标注"命令后，将十字光标移至第一条尺寸界线起点，单击创建一个尺寸标注。重复拾取第二条尺寸界线的终点，即可以完成一系列基线尺寸的标注。

练习 4-11：使用"基线标注"命令标注密封沟槽

执行"基线标注"命令，以上一个或者选中的尺寸标注的基线为参考，创建连续性尺寸注，包括线性标注、角度标注以及坐标标注。操作过程如图 4-16 所示。

使用"基线标注"命令标注密封沟槽的具体操作步骤如下。

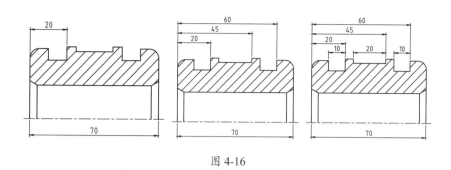

图 4-16

01 打开"练习 4-11：使用'基线标注'命令标注密封沟槽 .dwg"文件，其中已绘制好活塞的半边剖面图。

02 标注第一个水平尺寸。单击"注释"面板中的"线性"按钮 ，在活塞上端添加一个水平标注。

03 标注沟槽定位尺寸。切换至"注释"选项卡，单击"标注"面板中的"基线"按钮。系统会自动将上一步创建的标注作为基准。接下来，依次选择活塞图上各沟槽的右侧端点，以便为其添加定位尺寸。

04 补充沟槽定型尺寸。退出"基线标注"命令，重新切换到"默认"选项卡，再次执行"线性标注"命令，依次将各沟槽的定型尺寸补齐，结束绘制。

提示：
如果图形为对称结构，在绘制剖面图时可以选择只绘制半边图形。

4.2.12 多重引线

使用"多重引线"命令不仅可以迅速为装配图创建标注，还能更清晰地标识制图标准、说明等关键信息。此外，还可以通过修改"多重引线样式"来编辑引线的格式、类型和内容。本节将详细介绍如何"创建多重引线标注"以及如何"管理多重引线样式"。

执行"多重引线"命令的方法如下。

- 功能区：在"默认"选项卡中，单击"注释"面板中的"多重引线"按钮 。

- 菜单栏：执行"标注"|"多重引线"命令。

- 命令行：输入 MLEADER 或 MLD。

执行上述任意操作，根据命令行的提示，在图形中单击确定引线箭头位置，移动鼠标，指定引线基线的位置；输入注释文字，在空白处单击即可结束操作。

练习 4-12：使用"多重引线"命令标注机械装配图

在机械装配图中，有时会因为零部件过多，而采用分类编号的方法（如螺钉类、螺母类、加工件类），不同类型的编号在外观上也不相同（如外围带圈、带方块），因此就需要灵活使用"多重引线"命令中的"块（B）"选项来进行标注。此外，通过指定"多重引线"的角度，使引线标注的结果清晰整齐。操作过程如图 4-17 所示。

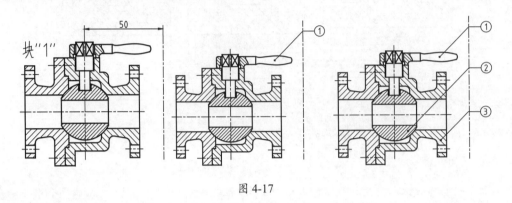

图 4-17

使用"多重引线"命令标注机械装配图的具体操作步骤如下。

01 打开"练习 4-12：使用'多重引线'命令标注机械装配图 .dwg"文件，其中已绘制好一个球阀的装配图和一个名称为"块 1"的属性图块。

02 绘制辅助线。单击"修改"面板中的"偏移"按钮，将图形中的竖直中心线向右偏移50mm，作为对齐多重引线的辅助线。

03 在"默认"选项卡中，单击"注释"面板中的"多重引线"按钮 ，执行"多重引线"命令，并选择命令行中的"选项（O）"选项，设置内容类型为"块"，指定块"1"；然后选择"第一个角度（F）"选项，设置角度为 60°，再设置"第二个角度（S）"为 200°，在手柄处添加引线标注。

04 按照相同的方法，标注球阀中的阀芯和阀体，分别标注序号②和③，结束绘制。

练习 4-13：使用"多重引线"命令标注立面图标高

除了利用属性块标注标高，还可以利用多重引线标注。多重引线标注可以嵌入外部块，在标注标高的同时创建标高图块，操作过程如图 4-18 所示。

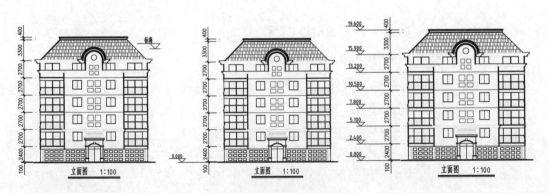

图 4-18

使用"多重引线"命令标注立面图标高的具体操作步骤如下。

01 打开"练习 4-13：使用'多重引线'命令标注立面图标高 .dwg"文件，其中已绘制好了楼层的立面图，以及名称为"标高"的属性图块。

02 在"默认"选项卡中单击"注释"面板中的"多重引线"按钮，执行"多重引线"命令。从左侧标注的底部尺寸界线端点开始，水平向左引出第一条引线，然后单击放置，打开"编辑属性"对话框，输入标高值为 0.000，即基准标高。

03 第一个标高标注放置在左下角，接着采用相同的方法，进行标高标注，结束绘制。

4.2.13　形位公差标注

在产品设计及工程施工过程中，难以做到绝对精确，因此必须考虑形位公差标注。否则，最终产品将不仅存在尺寸误差，还会出现形状和位置上的误差。我们通常将形状误差和位置误差统称为"形位误差"。这类误差会对产品的功能产生影响，因此在设计时应规定相应的形位公差，并按照规定的标准符号在图样上进行标注。

形位公差的标注通常由公差框格和指引线组成，而公差框格内则主要包含公差代号、公差值以及基准代号。特别值得注意的是，第一个特征控制框为几何特征符号，它表示应用公差的几何特征，例如位置、轮廓、形状、方向或跳动等。形位公差能够控制直线度、平行度、圆度和圆柱度等关键参数。形位公差的典型组成结构如图 4-19 所示。接下来，将简要介绍形位公差的标注方法。

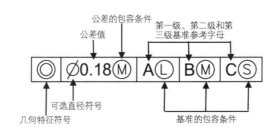

图 4-19

执行"形位公差"命令的方法如下。

- 功能区：在"注释"选项卡中，单击"标注"面板中的"公差"按钮。
- 菜单栏：执行"标注" | "公差"命令。
- 命令行：输入 TOLERANCE 或 TOL。

执行上述任意操作，弹出"形位公差"对话框。选择该对话框中的"符号"色块，弹出"特征符号"对话框，选择公差符号，完成公差符号的指定。接着指定公差值和包容条件，再指定基准并放置公差框格，即可完成公差标注。

公差标注中的特征符号的含义和类型如表 4-2 所示。

表 4-2 特征符号的含义和类型

符号	含义	类型	符号	特征	类型
⊕	位置	位置	▱	平面度	形状
◎	同轴（同心）度	位置	○	圆度	形状
═	对称度	位置	═	直线度	形状
∥	平行度	方向	⌒	面轮廓度	轮廓
⊥	垂直度	方向	⌒	线轮廓度	轮廓
∠	倾斜度	方向	↗	圆跳动	跳动
⌀	圆柱度	形状	↗↗	全跳动	跳动

练习 4-14：使用"形位公差"命令标注轴

在"形位公差"对话框中选择符号，设置参数值，可以在指定的位置创建形位公差标注，操作过程如图 4-20 所示。

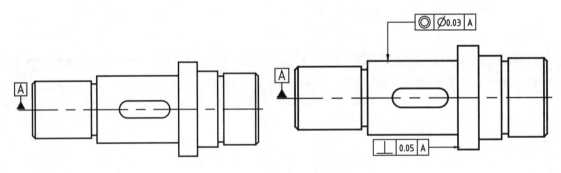

图 4-20

使用"形位公差"命令标注轴的具体操作步骤如下。

01 打开"练习 4-14：使用'公差'命令标注轴 .dwg"文件。

02 输入 REC，执行"矩形"命令，输入 L，执行"直线"命令，绘制基准符号，并添加文字。

03 执行"标注"|"公差"命令，弹出"形位公差"对话框，选择公差类型为"同轴度"，然后输入公差值为 Ø0.03、公差基准为 A。单击"确定"按钮，在要标注的位置附近单击，放置形位公差标注。

04 单击"注释"面板中的"多重引线"按钮，绘制多重引线，连接轴与形位公差标注。

05 重复上述操作，继续添加形位公差标注，完成操作。

4.2.14　圆心标记

"圆心标记"可以用来标注圆和圆弧的圆心位置。

执行"圆心标记"命令的方法如下。

- 功能区：在"注释"选项卡中，单击"中心线"面板中的"圆心标记"按钮⊕。
- 菜单栏：执行"标注"|"圆心标记"命令。
- 命令行：输入 DIMCENTER 或 DCE。

执行上述任意操作，根据命令行的提示，选择要添加圆心标记的圆或圆弧，即可完成操作，如图 4-21 所示。

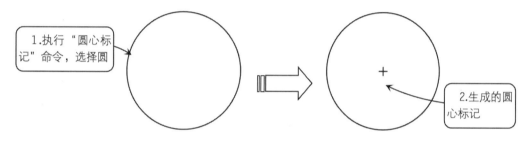

图 4-21

圆心标记符号由两条正交直线组成，可以在"修改标注样式"对话框的"符号和箭头"选项卡中设置圆心标记符号的大小，而且对符号大小的修改只对修改之后的标注起作用。

4.3　引线编辑

引线工具用于编辑多重引线标注，包括添加 / 删除引线、对齐与合并引线等。在菜单中执行相应的命令后，选取引线标注即可进行编辑操作。本节将详细介绍这些操作方法。

4.3.1　添加引线

"添加引线"命令可以将引线添加至现有的多重引线对象，从而创建"一对多"的引线效果。通过以下方法执行"添加引线"命令。

- 功能区 1：在"默认"选项卡中，单击"注释"面板中的"添加引线"按钮ⱦ。
- 功能区 2：在"注释"选项卡中，单击"引线"面板中的"添加引线"按钮ⱦ。

执行上述任意操作后，选择要添加引线的多重引线标注，然后指定引线的箭头放置点即可，如图 4-22 所示。

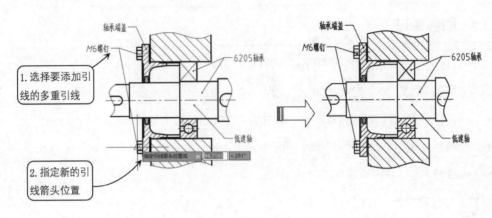

图 4-22

4.3.2　删除引线

"删除引线"命令可以将引线从现有的多重引线对象中删除，即将"添加引线"命令创建的引线删除。可以通过以下方法执行"删除引线"命令。

- 功能区1：在"默认"选项卡中，单击"注释"面板中的"删除引线"按钮。
- 功能区2：在"注释"选项卡中，单击"引线"面板中的"删除引线"按钮。

执行上述任意操作，选择要删除的多重引线即可，如图 4-23 所示。

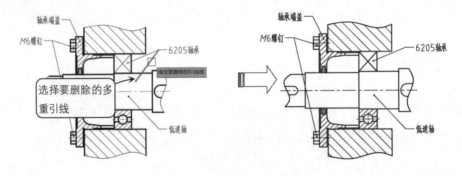

图 4-23

4.3.3　对齐引线

"对齐引线"命令可以将选定的多重引线对齐，并按一定的间距进行排列。可以通过以下方法执行"对齐引线"命令。

- 功能区1：在"默认"选项卡中，单击"注释"面板中的"对齐"按钮。
- 功能区2：在"注释"选项卡中，单击"引线"面板中的"对齐"按钮。
- 命令行：输入 MLEADERALIGN。

执行上述任意操作，选择所有要对齐的多重引线，然后按 Enter 键确认，接着根据提示指定一个多重引线标注作为基准，其余多重引线均与其对齐，如图 4-24 所示。

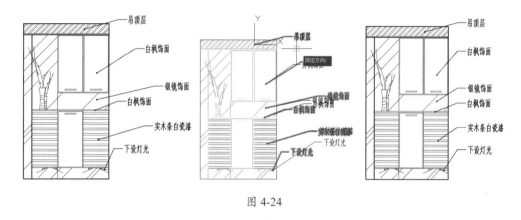

图 4-24

4.3.4 合并引线

"合并引线"命令能够将包含"块"的多重引线整理成一行或一列，并使用单一引线来展示结果。这一功能在机械行业的装配图中尤为常用。在装配图内，有时会遇到多个零部件组合出现的情况，例如，一个螺栓可能配有两个弹性垫圈和一个螺母。如果为每个部件都单独使用一条多重引线进行标注，图形将会显得非常混乱。因此，对于一组紧固件或装配关系明确的零件组，更推荐使用公共指引线来进行标注。

可以通过以下方法执行"合并引线"命令。

- 功能区 1：在"默认"选项卡中，单击"注释"面板中的"合并"按钮 /8。
- 功能区 2：在"注释"选项卡中，单击"引线"面板中的"合并"按钮 /8。
- 命令行：输入 MLEADERCOLLECT。

执行上述任意操作，选择所有要合并的多重引线，然后按 Enter 键确认，接着根据命令行的提示选择多重引线的排列方式，或者直接单击放置多重引线，如图 4-25 所示。

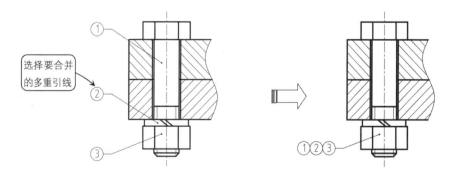

图 4-25

提示:

执行"合并"命令的多重引线，其注释的内容必须是"块"。如果是多行文字，则无法操作。

4.4 表格注释

表格在各类图纸中的应用极为广泛，主要用于展示与图形相关的标准、数据信息、材料和装配信息等关键内容。由于不同类型的图形（如机械图形、工程图形、电子线路图形等）对应的制图标准各异，因此需要设置符合产品设计要求的表格样式。通过使用 AutoCAD 的表格功能，可以自动创建和编辑表格，操作方法与 Word 和 Excel 软件类似，从而快速、清晰、醒目地展现设计思想和创意。

4.4.1 创建表格

表格是在行和列中包含数据的对象，在设置表格样式后即可用空表格或其他表格样式创建表格对象，还可以将表格链接至 Excel 电子表格中的数据。插入表格的方法如下。

- 功能区：在"默认"选项卡中，单击"注释"面板中的"表格"按钮▦。
- 菜单栏：执行"绘图"|"表格"命令。
- 命令行：输入 TABLE 或 TB。

执行上述任意操作，弹出"插入表格"对话框，在该对话框中包含多个选项组和选项。设置列数和列宽、数据行数和行高参数后，单击"确定"按钮，在绘图区指定插入点，在当前位置按照表格设置插入一个表格，然后在此表格中添加相应的文本信息，即可完成表格的创建。

练习 4-15：使用"表格"命令创建标题栏

机械制图中的标题栏放置在图框的右下角，绘制过程如图 4-26 所示。

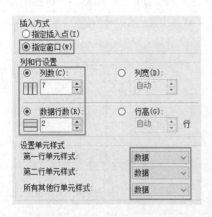
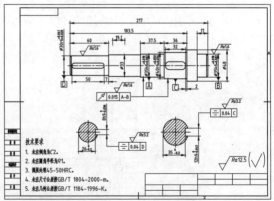

图 4-26

提示:
在设置行数时,务必注意对话框中设置的是"数据行数"。此处所指的数据行数应减去标题行与表头行的数量,即"最终行数 = 输入行数 − 标题行数 − 表头行数 + 2"。注意,这里的"+2"是因为标题和表头各占一行。但在实际操作中,如果标题和表头合并为一行,则无须加2。所以,需要根据实际情况进行调整。

使用"表格"命令创建标题栏的具体操作步骤如下。

01 打开素材文件"练习 4-15: 使用'表格'命令创建标题栏.dwg",其中已经绘制好了零件图。

02 在命令行输入 TB 并按 Enter 键,弹出"插入表格"对话框。选择插入方式为"指定窗口",然后设置"列数"值为 7、"数据行数"值为 2,设置所有的单元样式均为"数据"。

03 单击"插入表格"对话框中的"确定"按钮,然后在绘图区单击确定表格左下角点,向上移动十字光标,在合适的位置单击确定表格的右下角点,完成操作。

4.4.2 编辑表格

在添加完表格后,可以根据需要对表格整体或表格单元进行拉伸、合并、添加等操作。此外,还可以对表格的外观进行编辑,包括调整表格形状和添加表格颜色等设置。

当选中整个表格并右击时,会弹出一个快捷菜单,如图 4-27 所示。通过该菜单,可以对表格进行剪切、复制、删除、移动、缩放和旋转等基本操作。同时,还可以方便地调整表格的行、列大小,并删除所有特性替代。当选择"输出"选项时,会弹出"输出数据"对话框,允许以 .csv 格式导出表格中的数据。

另外,当选中表格后,还可以通过拖动夹点来编辑表格。各个夹点的含义如图 4-28 所示,通过操作这些夹点,可以更灵活地调整表格的布局和外观。

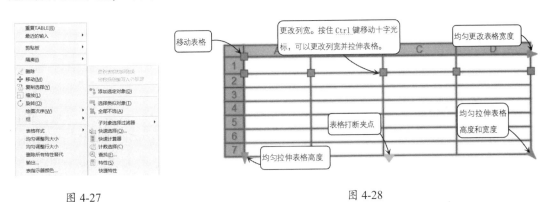

图 4-27   图 4-28

4.4.3 编辑表格单元

当选中表格单元右击时,会弹出如图 4-29 所示的快捷菜单。同时,选中的表格单元格周围会出现夹点，通过拖动这些夹点也可以编辑单元格。各个夹点的具体含义可参考图 4-30。若要选择多个单元格，可以按住鼠标左键并在想要选择的单元格上拖动；或者按住 Shift 键，并在想要选择的单元格内单击，这样可以同时选中这两个单元格以及它们之间的所有单元格。

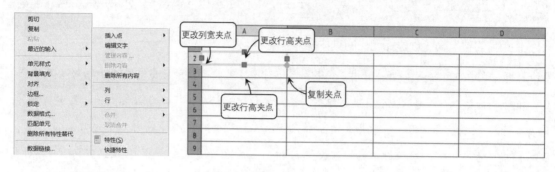

图 4-29   图 4-30

4.4.4 添加表格内容

在 AutoCAD 2024 中，表格的主要作用是清晰、完整、系统地展现图纸中的数据。表格中的数据都是通过表格单元添加的，这些单元格不仅可以包含文本信息，还可以包含多个块。此外，AutoCAD 中的表格数据还可以与 Excel 电子表格中的数据进行链接。

在确定表格结构之后，可以在表格中添加文字、块、公式等内容。在添加表格内容之前，必须了解单元格的两种状态：选中状态和激活状态。

- 选中状态：单元格的选中状态已在前面介绍过，如图 4-30 所示。只需单击单元格内部即可选中该单元格。选中单元格后，系统会弹出"表格单元"选项卡。

- 激活状态：在激活状态下，单元格会呈现灰色背景，并出现闪烁的光标，如图 4-31 所示。通过双击单元格可以激活它。激活单元格后，系统会弹出"文字编辑器"选项卡，允许编辑单元格中的内容。

1．添加数据

创建表格后，系统会自动高亮显示第一个表格单元，并打开文字格式工具栏。此时，可以开始输入文字。在输入文字的过程中，单元格的行高会随着输入文字的高度或行数的增加而自动调整。若要移至下一个单元格，可以按 Tab 键，或者使用箭头键向左、向右、向上和向下移动。在选中的单元格中按 F2 键，可以快速进入单元格文字编辑模式。

2．在表格中添加块

若想在表格中添加块，首先需要选中目标单元格。选中单元格后，系统将弹出"表格单元"选项卡。接着，单击"插入"面板中的"块"按钮，会弹出"在表格单元中插入块"对话框，如图 4-32 所示。在此对话框中，可以浏览并选择要插入的块文件。当块被插入表格单元中时，它会自动适应表格单元的大小。当然，也可以调整表格单元以适应块的大小。此外，同一个表格单元中可以插入多个块。

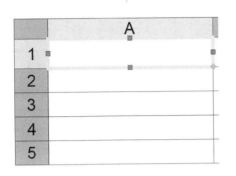

图 4-31

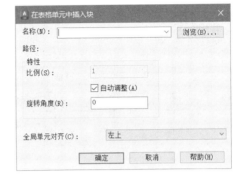

图 4-32

3．在表格中添加方程式

在表格中添加方程式，可以将某个单元格的值定义为其他单元格的组合运算结果。选中目标单元格后，在"表格单元"选项卡中，单击"插入"面板中的"公式"按钮，会弹出如图 4-33 所示的选项。选择"方程式"选项后，单元格将被激活，并进入文字编辑模式。在此模式下，可以输入与单元格标号相关的运算公式，如图 4-34 所示。该方程式的运算结果会显示在当前单元格中，如图 4-35 所示。若修改方程式所引用的其他单元格数据，当前单元格中的运算结果也会随之更新。

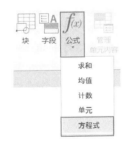

图 4-33

	A	B	C	D
1				
2	1	2	3	=A2+B2+C2
3				
4				
5				

图 4-34

1	2	3	6

图 4-35

练习 4-16：填写标题栏表格

机械制图中的标题栏通常由更改区、签字区、其他区、名称及代号区等部分组成。需要填写的内容主要包括零件的名称、材料、数量、比例、图样代号等关键信息，同时还要注明设计者、审核者、批准者的姓名和日期。本例将在"练习 4-15"的结果基础上，演示如何填写已完成创建的标题栏。

01 打开素材文件"练习 4-15：使用'表格'命令创建标题栏 -OK.dwg"，其中已经绘制好了零件图形和标题栏。

02 编辑标题栏。选中左上角的 6 个单元格，然后单击"表格单元"选项卡中"合并"面板中的"合并全部"按钮，合并结果如图 4-36 所示。

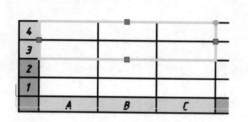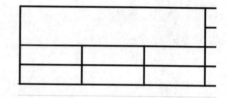

图 4-36

03 合并其余单元格。使用相同的方法，合并其余的单元格，最终结果如图 4-37 所示。

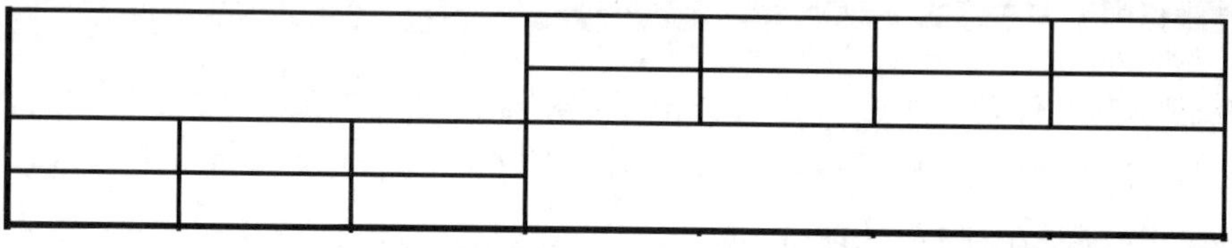

图 4-37

04 输入文字。双击左上角合并之后的大单元格，输入图形的名称"低速传动轴"，如图 4-38 所示。此时输入的文字，其样式为"标题栏"表格样式中所设置的样式。

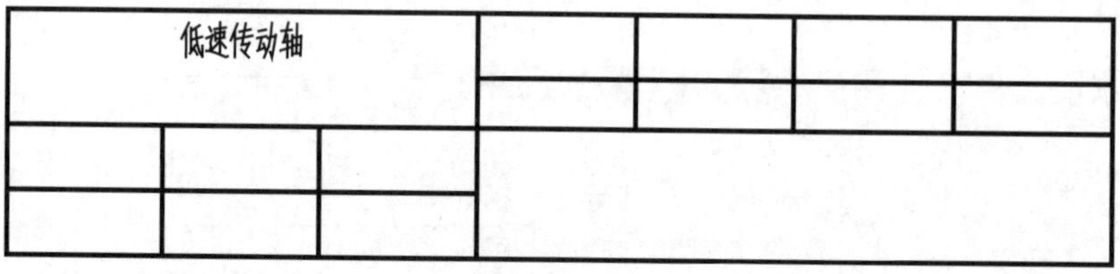

图 4-38

05 采用相同的方法，输入其他文字，如"设计""审核"等，如图 4-39 所示。

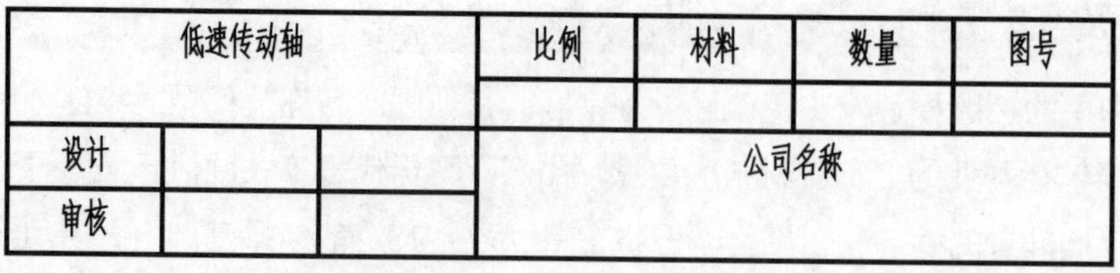

低速传动轴			比例	材料	数量	图号
设计			公司名称			
审核						

图 4-39

06 调整文字内容。单击左上角的大单元格，在"表格单元"选项卡中，选择"单元样式"面板下的"正中"选项，将文字调整至单元格的中心，如图 4-40 所示。

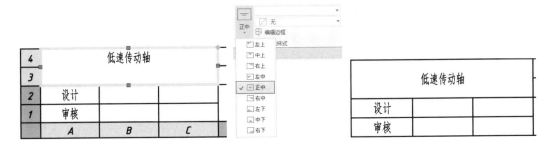

图 4-40

07 采用相同的方法，对齐所有单元格内容（也可以直接选中表格，再选中"正中"选项，即将表格中所有单元格对齐方式统一为"正中"），再将两处文字的字高调整为 8，则最终结果如图 4-41 所示。

低速传动轴			比例	材料	数量	图号
设计			公司名称			
审核						

图 4-41

4.5　注释的样式

"样式"在 AutoCAD 中是一个核心概念，它可以被理解为一种预设的风格或模板。例如，当创建文字时，系统默认的字体是 Arial，文字高度是 2.5。如果需要创建多个字体为"宋体"、文字高度为 6 的文字，显然不可能在每次创建文字后都手动进行修改。这时，可以预先创建一个字体为"宋体"、文字高度为 6 的文字样式。在该样式下创建的所有文字都将自动符合这些预设要求，这便是"样式"的便利之处。前文所介绍的文字、尺寸标注、引线、表格等都支持样式设置，可以在"注释"面板的扩展区域中方便地选择和调整这些样式。

4.5.1　文字样式

文字内容可以通过设置"文字样式"来定义其外观，这包括字体、高度、宽度比例、倾斜角度以及排列方式等属性。文字样式实际上是对文字特性的一种全面描述。

要创建新的文字样式，首先需要打开"文字样式"对话框。这个对话框不仅会显示当前图形文件中已经创建的所有文字样式，还会展示当前选中的文字样式及其相关设置，以及外观预览。在这个对话框中，不仅可以新建并详细设置文字样式，还可以对已有的文字样式进行修改或删除操作。

执行"文字样式"命令有如下几种常用方法。

- 功能区：在"默认"选项卡中，单击"注释"滑出面板中的"文字样式"按钮 A，。

- 菜单栏：执行"格式"|"文字样式"命令。

- 命令行：输入 STYLE 或 ST。

执行任意操作后，弹出"文字样式"对话框，在其中新建或修改当前文字样式，指定字体、大小等参数。

如果在打开文件后发现字体和符号变成了问号"？"、某些字体无法正常显示，或者在打开文件时收到"缺少 .SHX 文件"或"未找到字体"的提示，这些问题通常都是由字体库的问题导致的。可能的原因包括：系统中缺少用于显示该文字的字体文件、指定的字体不支持全角标点符号，或者相应的文字样式已被删除。此外，一些特殊文字需要特定的字体才能正确显示。

练习 4-17：使用"文字样式"命令创建国标文字样式

国家标准明确规定了工程图纸中字母、数字及汉字的书写规范（具体可参见 GB/T 14691—1993《技术制图字体》）。AutoCAD 也专门提供了 3 种符合国家标准的中文字体文件，它们分别是 gbenor.shx、gbeitc.shx 和 gbcbig.shx。其中，gbenor.shx 和 gbeitc.shx 主要用于标注直体和斜体的字母及数字，而 gbcbig.shx 则专门用于标注中文字符（在选择这种字体时，需要选中"使用大字体"复选框）。本例中，将创建一个基于 gbenor.shx 字体的国标文字样式，整个操作过程如图 4-42 所示。

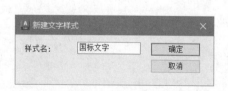
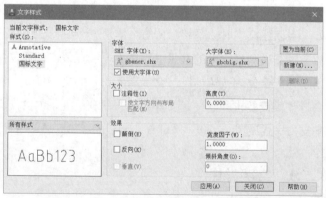

图 4-42

创建国标文字样式的具体操作步骤如下。

01 单击快速访问工具栏中的"新建"按钮，新建图形文件。

02 输入 ST，执行"文字样式"命令，弹出"文字样式"对话框。单击"新建"按钮，弹出"新建文字样式"对话框，设置样式名为"国标文字"，单击"确定"按钮，新建文字样式。

03 在"字体"选项组下的"SHX 字体"下拉列表中选择 gbenor.shx 字体，选中"使用大字体"复选框，在"大字体"下拉列表中选择 gbcbig.shx 字体，其他选项保持默认设置。

04 单击"应用"按钮，然后单击"置为当前"按钮，将"国标文字"置为当前样式。

05 单击"关闭"按钮，完成"国标文字"的创建。创建完成的样式可用于"多行文字""单行文字"等文字创建命令，也可以用于标注、动态块中的文字。

4.5.2　标注样式

标注样式涵盖了诸多方面的内容，从箭头形状到尺寸线的隐藏、伸出距离、文字对齐方式等。因此，在 AutoCAD 中，可以根据需要设置不同的标注样式，以适应各种绘图环境，例如机械标注、建筑标注等。这样，用户能够更灵活地根据具体的应用场景来调整和优化标注的显示效果。

1．尺寸的组成

在学习标注样式之前，建议先了解一下尺寸的构成，这将有助于更好地理解标注样式的概念和应用。在 AutoCAD 中，一个完整的尺寸标注通常由 4 个基本要素构成，分别是"尺寸界线""尺寸箭头""尺寸线"和"尺寸文字"，如图 4-43 所示。AutoCAD 的尺寸标注命令和样式设置都是围绕这 4 个要素进行的，理解和掌握这些要素是学习和应用 AutoCAD 尺寸标注的关键。

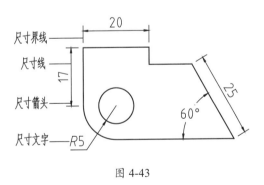

图 4-43

2．新建标注样式

要新建标注样式，可以通过"标注样式管理器"对话框来完成。在 AutoCAD 2024 中调用"标注样式和管理器"有如下几种方法。

- 功能区：在"默认"选项卡中单击"注释"面板下拉列表中的"标注样式"按钮 。

- 菜单栏：执行"格式"|"标注样式"命令。
- 命令行：输入 DIMSTYLE 或 D。

执行"标注样式"命令后，弹出"标注样式管理器"对话框。在此对话框中，单击"新建"按钮，然后在"创建新标注样式"对话框中创建新的样式。接着，单击"继续"按钮，以弹出"新建标注样式"对话框。在这个对话框中，可以在各个选项卡中设置线条、符号和箭头、文字以及单位等参数。完成设置后，关闭对话框以结束操作。

练习 4-18：使用"标注样式"命令创建标注样式

建筑标注样式应根据 GB/T 50001—2017《房屋建筑制图统一标准》进行设置。需要特别注意的是，在建筑制图中，线性标注通常使用斜线作为箭头样式，而半径标注、直径标注和角度标注则仍然使用实心箭头。因此，在创建新的建筑标注样式时，应分别对这些不同类型的标注进行适当的设置。使用"标注样式"命令创建标注样式的具体操作步骤如下。

01 新建空白文档，单击"注释"面板中的"标注样式"按钮 ，弹出"标注样式管理器"对话框，如图 4-44 所示。

02 设置通用参数。单击"标注样式管理器"对话框中的"新建"按钮，弹出"创建新标注样式"对话框，在其中输入"建筑标注"新样式名，如图 4-45 所示。

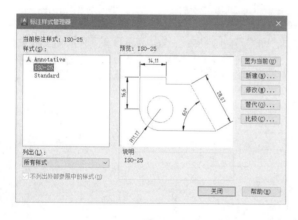

图 4-44

图 4-45

03 单击"创建新标注样式"对话框中的"继续"按钮，弹出"新建标注样式：建筑标注"对话框，选择"线"选项卡，设置"基线间距"值为7，"超出尺寸线"值为2，"起点偏移量"值为3，如图 4-46 所示。

04 选择"符号和箭头"选项卡，在"箭头"选项区域的"第一个"和"第二个"下拉列表中选择"建筑标记"选项，在"引线"下拉列表中保持默认，最后设置箭头大小，如图 4-47 所示。

05 选择"文字"选项卡，设置"文字高度"值，然后在"垂直"下拉列表中选择"上"选项，文字对齐方式选择"与尺寸线对齐"单选按钮，如图 4-48 所示。

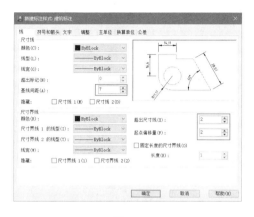

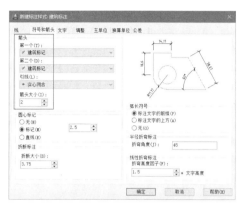

图 4-46　　　　　　　　　　　　　　图 4-47

06 选择"调整"选项卡，选择"文字或箭头（最佳效果）"与"尺寸线旁边"单选按钮，并设置尺寸标注的显示效果，如图 4-49 所示。

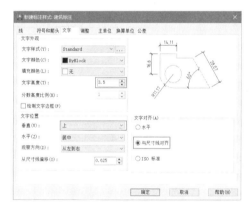

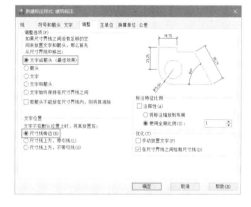

图 4-48　　　　　　　　　　　　　　图 4-49

07 选择"主单位"选项卡，将"精度"值设置为 0。其余选项卡参数保持默认，单击"确定"按钮，返回"标注样式管理器"对话框。以上为建筑标注的常规设置，接着设置半径、直径、角度等标注样式。

08 设置半径标注样式。在"标注样式管理器"对话框中选择创建好的"建筑标注"，然后单击"新建"按钮，打开"创建新标注样式"对话框，在"用于"下拉列表中选择"半径标注"选项，如图 4-50 所示。

09 单击"继续"按钮，弹出"新建标注样式：建筑标注：半径"对话框，设置其中的箭头符号为"实心闭合"，"箭头大小"值为 3，文字对齐方式为"ISO 标准"，其余选项卡的参数不变，如图 4-51 所示。

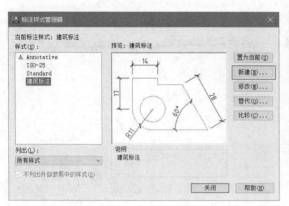
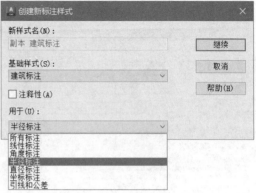

图 4-50

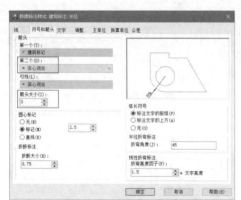

图 4-51

10 单击"确定"按钮，返回"标注样式管理器"对话框，可以在左侧的"样式"列表中发现在"建筑标注"下多出了"半径"选项，如图 4-52 所示。

11 设置直径标注样式。采用相同的方法，设置仅用于直径的标注样式，结果如图 4-53 所示，单击"确定"按钮即可。

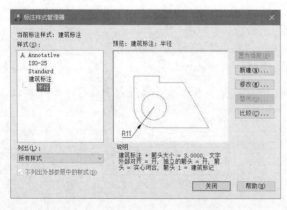
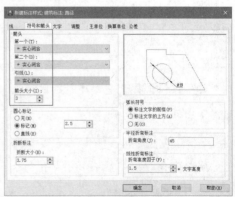

图 4-52   图 4-53

12 设置角度标注样式。采用相同的方法，设置仅用于角度的标注样式，结果如图 4-54 所示。创建标注样式的结果如图 4-55 所示。典型的标注实例如图 4-56 所示。

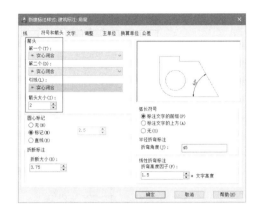

图 4-54

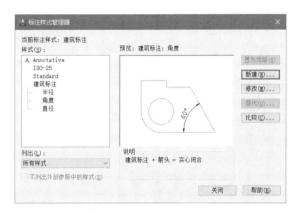

图 4-55

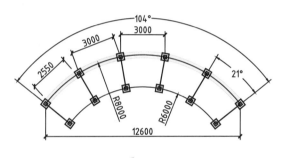

图 4-56

4.5.3 多重引线样式

多重引线也可以通过设置"多重引线样式"来定义其默认效果，这包括箭头、引线、文字等特征。通过创建不同样式的多重引线，可以使其更加适用于各种使用环境，从而提高图纸的可读性和专业性。

打开"多重引线样式管理器"有如下几种方法。

- 功能区：在"默认"选项卡中单击"注释"面板下拉列表中的"多重引线样式"按钮 ，如图 4-57 所示。

- 菜单栏：执行"格式" | "多重引线样式"命令。

- 命令行：输入 MLEADERSTYLE 或 MLS。

执行"多重引线样式"命令后，会弹出"多重引线样式管理器"对话框，如图 4-58 所示。单击"新建"按钮，会弹出"创建新多重引线样式"对话框，在这个对话框中，可以新建一个引线样式。然后，单击"继续"按钮，将弹出"修改多重引线样式"对话框。这个对话框中包含"引线格式""引线结构"和"内容"3个选项卡，可以分别在这些选项卡中设置相应的样式参数。

图 4-57

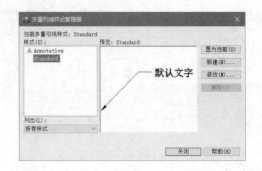

图 4-58

4.5.4　表格样式

与文字相似，AutoCAD 中的表格也遵循一定的样式规范，这涵盖了表格内文字的字体、颜色、高度等属性，以及表格的行高、行距等布局特性。为了确保表格的外观和格式符合要求，在插入表格之前，应首先创建所需的表格样式。创建表格样式的方法有以下几种。

- 功能区：在"默认"选项卡中，单击"注释"面板中的"表格样式"按钮。
- 菜单栏：执行"格式"|"表格样式"命令。
- 命令行：输入 TABLESTYLE 或 TS。

执行"表格样式"命令后，弹出"表格样式"对话框，通过这个对话框，可以将选定的表格样式设置为当前样式，也可以新建、修改或删除表格样式。当单击"新建"按钮时，会弹出"创建新的表格样式"对话框。

在"创建新的表格样式"对话框中，需要在"新样式名"文本框中输入新的表格样式名称。同时，"基础样式"下拉列表允许选择一个已有的表格样式作为基础，新创建的表格样式会默认继承这个基础样式的参数设置。完成这些步骤后，单击"继续"按钮，弹出"新建表格样式：Standard 副本"对话框，可以在该对话框中对新样式进行具体的设置和调整。

练习 4-19：创建"标题栏"表格样式

创建表格样式后，在创建表格时选择该样式，所绘表格以指定的样式显示，具体的操作步骤如下。

01 新建空白文件，在此基础上执行创建"标题栏"表格样式操作。

02 执行"格式"|"表格样式"命令，弹出"表格样式"对话框，如图 4-59 所示。

03 单击"新建"按钮，弹出"创建新的表格样式"对话框，在"新样式名"文本框中输入"标题栏"，如图 4-60 所示。

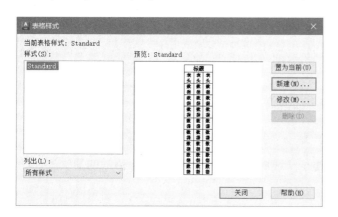

图 4-59   图 4-60

04 设置表格样式。单击"继续"按钮，弹出"新建新的样式：标题栏"对话框，切换至"文字"选项卡，选择"单元样式"为"数据"，设置"文字高度"值为 20，如图 4-61 所示。

05 单击"确定"按钮，返回"表格样式"对话框，选择新创建的"标题栏"样式，单击"置为当前"按钮，如图 4-62 所示。单击"关闭"按钮，完成表格样式的创建。

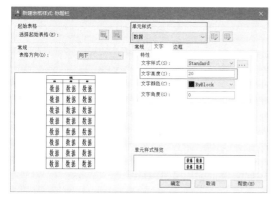
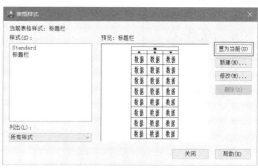

图 4-61   图 4-62

4.6 其他标注方法

除了"注释"面板中的标注命令，还有一些其他常用的标注命令也出现在"注释"选项卡中。由于篇幅所限，这里仅介绍其中几种常用的标注命令。

4.6.1 编辑多重引线

执行"多重引线"命令注释对象后，可以对引线的位置和注释内容进行编辑。在 AutoCAD

2024中，提供了4种"多重引线"的编辑方法，分别介绍如下。

1. 添加引线

"添加引线"命令可以将引线添加至现有的多重引线对象，从而创建"一对多"的引线效果。添加引线的方法有以下几种。

- 功能区1：在"默认"选项卡中，单击"注释"面板中的"添加引线"按钮 🖎。
- 功能区2：在"注释"选项卡中，单击"引线"面板中的"添加引线"按钮 🖎。

执行上述任意操作，根据命令行的提示，选择多重引线标注，再指定引线的箭头放置点即可，如图4-63所示。

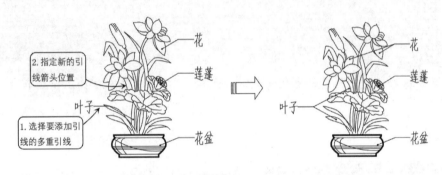

图 4-63

2. 删除引线

"删除引线"命令可以将引线从现有的多重引线对象中删除，即将"添加引线"命令所创建的引线删除。删除引线的方法有以下几种。

- 功能区1：在"默认"选项卡中，单击"注释"面板中的"删除引线"按钮。
- 功能区2：在"注释"选项卡中，单击"引线"面板中的"删除引线"按钮。

执行上述任意操作，根据命令行的提示，直接选择要删除的多重引线即可，如图4-64所示。

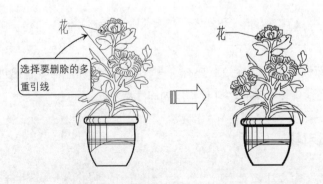

图 4-64

3. 对齐引线

"对齐引线"命令可以将选定的多重引线对齐，并按一定的间距进行排列。对齐引线的方法有以下几种。

- 功能区 1：在"默认"选项卡中，单击"注释"面板中的"对齐"按钮。
- 功能区 2：在"注释"选项卡中，单击"引线"面板中的"对齐"按钮。
- 命令行：输入 MLEADERALIGN。

执行上述任意操作，根据命令行的提示，选择所有要对齐的多重引线，然后按 Enter 键确认，接着根据提示指定多重引线，则其余多重引线均对齐至该多重引线，如图 4-65 所示。

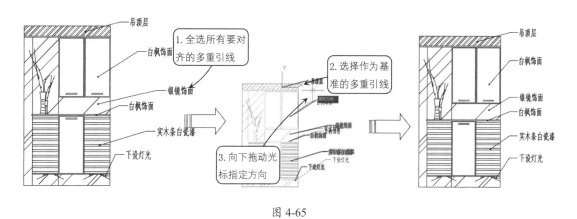

图 4-65

4. 合并引线

"合并引线"命令能够将包含"块"的多重引线整理成一行或一列，并使用单一的引线来展示结果。该命令在机械行业的装配图中特别有用。在装配图中，有时会遇到多个零部件组合出现的情况，例如，一个螺栓可能配有两个弹性垫圈和一个螺母。如果为每个零部件都单独使用一条多重引线来表示，图形就会显得非常混乱。因此，对于一组紧固件或装配关系清晰的零件组，可以使用公共指引线来简化图形，使其更加整洁和清晰。

"合并引线"命令的执行方式有以下几种。

- 功能区 1：在"默认"选项卡中，单击"注释"面板中的"合并"按钮。
- 功能区 2：在"注释"选项卡中，单击"引线"面板中的"合并"按钮。
- 命令行：输入 MLEADERCOLLECT。

执行上述任意操作，根据命令行的提示，选择所有要合并的多重引线，然后按 Enter 键确认，接着根据提示选择多重引线的排列方式，或者直接单击放置多重引线，如图 4-66 所示。

提示：
执行"合并"命令的多重引线，其注释的内容必须是"块"。如果是多行文字，则无法操作。

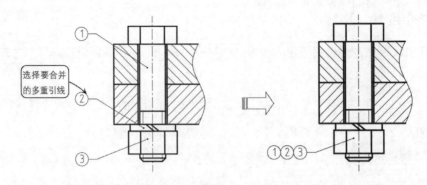

图 4-66

　　装配图中有一些零部件是成组出现的，可以采用公共引线的方式来标注，使图形的显示效果更为简洁。操作过程如图 4-67 所示。

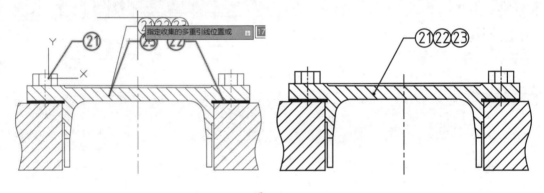

图 4-67

　　合并引线调整序列号的具体操作步骤如下。

01 打开"练习 4-20：合并引线调整序列号 .dwg"文件，其中已经为装配图创建了 3 个多重引线标注，序号为 21、22、23。

02 在"默认"选项卡中，单击"注释"面板中的"合并"按钮，选择序号 21 为第一个多重引线，然后选择序号 22，最后选择序号 23。

03 此时可预览合并后引线序号顺序为 21、22、23，而且引线箭头点与原引线 23 一致，在任意点处单击放置。

4.6.2　标注打断

　　在图纸内容丰富、标注繁多的情况下，过于密集的标注线会严重影响图纸的观察效果，甚至可能让用户混淆尺寸，从而引发疏漏，造成不必要的损失。为了优化图纸的尺寸结构并提升其清晰度，可以执行"标注打断"命令，在标注线交叉的位置将其打断，从而避免标注线的重叠和交叉，使图纸更易于阅读和理解。

执行"标注打断"命令的方法有以下几种。

- 功能区：在"注释"选项卡中，单击"标注"面板中的"打断"按钮⊣ㅒ。
- 菜单栏：执行"标注"|"标注打断"命令。
- 命令行：输入 DIMBREAK。

执行上述任意操作，根据命令行的提示，首先选择要添加／删除折断的标注，再选择要折断标注的对象，即可完成操作。

练习 4-21：打断标注优化图形

如果图形中存在大量孔洞和复杂的结构，那么定位尺寸和定形尺寸的种类就会非常丰富，并可能出现互相交叉的情况，这会对观察和理解图形造成一定的影响。特别是当使用分辨率不高的打印机时，这类图形打印出来后可能会模糊不清，给加工人员带来极大的困扰。为了解决这个问题，本例将通过优化定位块的标注来进一步说明"标注打断"命令的操作方法，具体过程如图 4-68 所示。

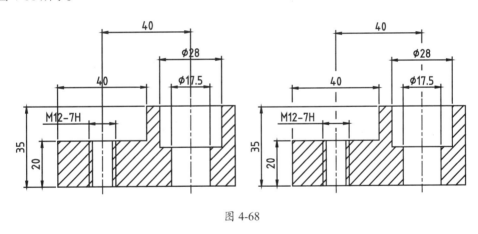

图 4-68

打断标注优化图形的具体操作步骤如下。

01 打开"练习 4-21：打断标注优化图形 .dwg"文件，可见各标注相互交叉，有尺寸被遮挡。

02 在"注释"选项卡中，单击"标注"面板中的"打断"按钮⊣ㅒ，然后在命令行中输入 M，选择"多个（M）"选项，接着选择最上方的尺寸 40，连按两次 Enter 键，完成打断标注的选取。

03 采用相同的方法，打断其余交叉的尺寸，完成操作。

4.6.3　调整标注间距

在 AutoCAD 中进行基线标注时，如果没有设置合适的基线间距，可能使尺寸线之间的距离过大或过小。利用"调整间距"命令，可调整互相平行的线性尺寸或角度尺寸之间的距离。

执行"调整间距"命令的方法有以下几种。

- 功能区：在"注释"选项卡中，单击"标注"面板中的"调整间距"按钮。
- 菜单栏：执行"标注"|"调整间距"命令。
- 命令行：输入 DIMSPACE。

执行上述任意操作，根据命令行的提示，首先选择基准标注，再选择要产生间距的标注，最后输入间距值，完成操作。

练习 4-22：调整间距优化图形

在工程类图纸中，墙体及其轴线尺寸的标注需要保持整齐，无论是整列还是整排。然而，有时由于标注关联点的设置问题，尺寸标注可能会发生移位。在这种情况下，需要重新将尺寸标注逐一对齐，特别是在打开外来图纸时，这种问题尤为常见。为了提高效率，避免逐个手动调整标注，可以借助"调整间距"命令来快速整理图形。这样不仅可以节省大量时间，还能确保图纸的专业性和准确性。操作过程如图 4-69 所示。

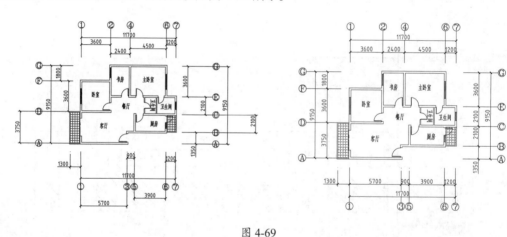

图 4-69

调整间距优化图形的具体操作步骤如下。

01 打开"练习 4-22：调整间距优化图形.dwg"文件，图形中各尺寸标注出现了移位，影响标注效果。

02 水平对齐底部尺寸标注。在"注释"选项卡中，单击"标注"面板中的"调整间距"按钮，选择左下方的阳台尺寸标注 1300 作为基准标注，然后依次选择右侧的尺寸标注 5700、900、3900、1200 作为要产生间距的标注，输入间距值为 0，则所选尺寸都统一水平对齐至尺寸标注 1300 的位置。

03 垂直对齐右侧尺寸标注。选择右下方的尺寸标注 1350 为基准标注，然后选择上方的尺寸标注 2100、2100、3600，输入间距值为 0，得到垂直对齐尺寸标注。

04 采用相同的方法，对齐其余尺寸标注。

05 调整外层尺寸标注的间距。再次执行"调整间距"命令，仍然选择左下方的阳台尺寸标注 1300 作为基准标注，然后选择下方的总尺寸标注 11700 为要产生间距的尺寸标注，输入间距值为 1300。

06 采用相同的方法，调整所有的外层总尺寸标注，结束操作。

4.6.4 折弯线性标注

在标注一些长度较大的轴类零件的打断视图时，为了更好地展示长度尺寸，可以相应地使用折弯线性标注。执行"折弯线性"命令有如下几种常用方法。

- 功能区：在"注释"选项卡中，单击"标注"面板中的"折弯线性"按钮。
- 菜单栏：执行"标注"|"折弯线性"命令。
- 命令行：输入 DIMJOGLINE。

执行上述任意操作，根据命令行的提示，选择需要添加折弯的线性标注或对齐标注，然后指定折弯位置即可，如图 4-70 所示。

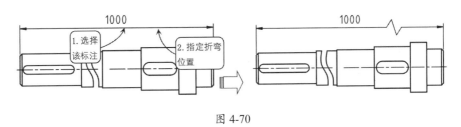

图 4-70

4.6.5 倾斜标注

执行"倾斜标注"命令可以旋转、修改或恢复标注文字，更改尺寸界线的倾斜角。

执行"倾斜标注"命令的方法如下。

- 功能区：在"注释"选项卡中，单击"标注"面板中的"倾斜"按钮，如图 4-71 所示。
- 菜单栏：执行"标注" | "倾斜"命令，如图 4-72 所示。
- 命令行：输入 DIMEDIT 或 DED。

执行上述任意操作，根据命令行的提示，首先选择对象，再输入倾斜角度值，即可完成操作。

图 4-71

图 4-72

4.6.6 翻转箭头

当尺寸界线内的空间较为狭窄时，为了提升尺寸标注的清晰度，可以选择翻转箭头，将其移至尺寸界线之外。具体操作如下：首先选中尺寸标注以显示夹点，然后将十字光标移至尺寸界线的夹点上，此时会弹出一个快捷菜单，选择"翻转箭头"选项，即可翻转该侧的一个箭头。采用同样的方法，也可以翻转另一侧的箭头。整个操作过程如图 4-73 所示。

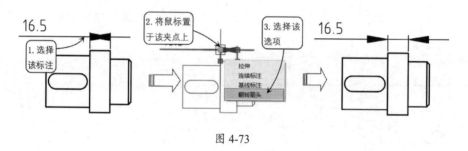

图 4-73

4.7 课后习题

4.7.1 理论题

1. "多行文字"命令的工具按钮是（ ）。

A. 𝐀   B. 𝐀   C. ⟋   D. ⟋

2. 编辑文字的方法不包括（ ）。

A. 执行"修改"｜"对象"｜"文字"｜"编辑"命令

B. 在命令行中输入 DDEDIT 或 ED 再按 Enter 键

C. 选择文字，右击，在弹出的快捷菜单中选择"编辑"选项

D. 在文字上双击

3. "线性标注"命令的快捷方式是（　　）。

A. DDL　　　　　　B. DAL　　　　C. DLI　　　　　D. DBL

4. "半径标注"命令的工具按钮是（　　）。

A. ⟨　　　　　　B. ⊘　　　　C. ⟨　　　　　D. ⌐

5. 创建连续标注前，必须先存在一个（　　）。

A. 圆心　　　　　　　　　B. 尺寸界线起点

C. 角度　　　　　　　　　D. 圆心标记

6. 执行"多重引线"命令的方式为（　　）。

A. 在"默认"选项卡中，单击"注释"面板中的"引线"按钮

B. 执行"注释"|"多重引线"命令

C. 在命令行中输入 MLI 并按 Enter 键

D. 在"注释"选项卡中单击　按钮

7. 执行"添加引线"操作前需要先（　　）。

A. 按 Enter 键　　　　　B. 选择引线标注

C. 设置引线样式　　　　D. 右击

8. 打开"表格样式"对话框的方式不包括（　　）。

A. 在"默认"选项卡中，单击"注释"面板中的"表格样式"按钮

B. 执行"格式"|"表格样式"命令

C. 在命令行中输入 TS 并按 Enter 键

D. 在"注释"选项卡中的"表格"面板中单击　按钮

9. 合并表格单元格的方式不包括（　　）。

A. 合并全部　　　　　　B. 合并两行

C. 按行合并　　　　　　D. 按列合并

10. 在表格单元格中输入文字，按（　　）键不能切换单元格。

A. Esc　　　　　　B. Enter　　　　　C. Tab　　　　D. ↑、↓、←、→

4.7.2　操作题

1. 执行"单行文字"或者"多行文字"命令，为电气图添加说明文字，如图 4-74 所示。

2. 为如图 4-75 所示的构件标注半径。

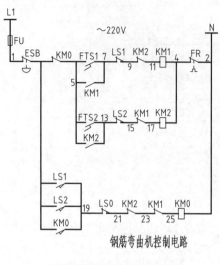

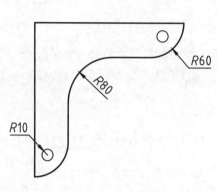

钢筋弯曲机控制电路

图 4-74

图 4-75

3. 执行"多重引线"命令，为如图 4-76 所示的立面图绘制引线标注，箭头样式与文字样式可以自定义。

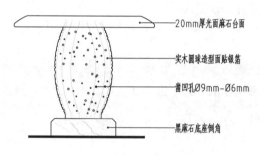

20mm厚光面麻石台面

实木圆球造型面贴银箔

錾凹孔Ø9mm-Ø6mm

黑麻石底座倒角

图 4-76

4. 创建表格并输入内容，绘制电气设施统计表的结果如图 4-77 所示。

序号	名称	规格型号	数量	重量/原值（吨/万元）	制造/投用（时间）	主体材质	操作条件	安装地点/使用部门	生产制造单位	备注
1	吸氢泵、碳化泵、浓氨泵（TH01）	MNS	1		2010.04/2010.08	敷铝锌板	交流控制（AC380V/220V）	碳化配电室/	上海德力西开关有限公司	
2	离心机1#-3#主机、辅机控制（TH02）	MNS	1		2010.04/2010.08	敷铝锌板	交流控制（AC380V/220V）	碳化配电室/	上海德力西开关有限公司	
3	防爆控制箱	XBK-B24D24G	1		2010.07	铸铁	交流控制（AC220V）	碳化值班室内/	新黎明防爆电器有限公司	
4	防爆照明（动力）配电箱	CBP51-7KXXG	1		2010.11	铸铁	交流控制（AC380V）	碳化二楼/	长城电器集团有限公司	
5	防爆动力（电磁）启动箱	BXG	1		2010.07	铸铁	交流控制（AC380V）	碳化值班室内/	新黎明防爆电器有限公司	
6	防爆照明（动力）配电箱	CBP51-7KXXG	1		2010.11	铸铁	交流控制（AC380V）	碳化一楼/	长城电器集团有限公司	
7	碳化循环水控制柜		1		2010.11	普通钢板	交流控制（AC380V）	碳化配电室内/	自配控制柜	
8	碳化深水泵控制柜		1		2011.04	普通钢板	交流控制（AC380V）	碳化配电室内/	自配控制柜	
9	防爆控制箱	XBK-B12D12G	1		2010.07	铸铁	交流控制（AC380V）	碳化二楼/	新黎明防爆电器有限公司	
10	防爆控制箱	XBK-B30D30G	1		2010.07	铸铁	交流控制（AC380V）	碳化二楼/	新黎明防爆电器有限公司	

图 4-77

5. 调整标注间距，优化图形的显示效果，如图 4-78 所示。

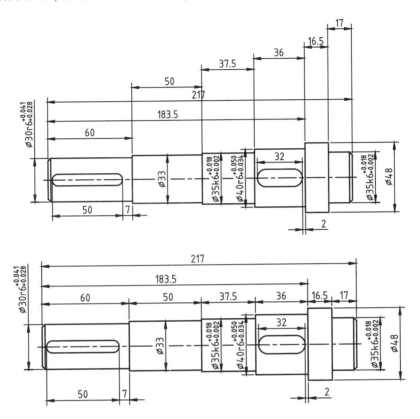

图 4-78

第 5 章　图层与图形特性

　　图层是 AutoCAD 中一项功能强大的工具，用于有效地组织图形。在 AutoCAD 中，所有图形对象都必须绘制在某个图层上，这个图层可以是系统默认的，也可以是用户自定义创建的。图层具有多种特性，如颜色、线型和线宽等，这些特性使用户能够轻松区分不同的图形对象。除此之外，AutoCAD 还提供了丰富的图层管理功能，包括打开 / 关闭图层、冻结 / 解冻图层、加锁 / 解锁图层等操作，这些功能极大地便利了用户在组织和编辑图形时的操作。本章将详细阐述如何使用这些图层管理功能来高效地管理图形。

5.1　图层的基本概念

　　AutoCAD 图层可以类比为传统图纸中使用的重叠图纸，它们就像一张张透明的图纸叠加在一起，整个 AutoCAD 文档就是由这些透明图纸上下叠加而成的，如图 5-1 所示。用户可以根据不同的特征、类别或用途，将图形对象分类组织到不同的图层中。在同一个图层中的图形对象会具有许多相同的外观属性，例如线宽、颜色和线型等。通过这种方式，可以更加方便地管理和编辑图形，以提高工作效率。

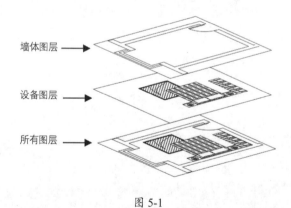

墙体图层

设备图层

所有图层

图 5-1

5.2　图层的创建与设置

　　图层的新建、设置等操作通常是在"图层特性管理器"选项板中进行的。在"图层特性管理器"选项板中，可以控制图层的多种属性，包括颜色、线型、线宽、透明度以及是否打印等。本节将重点介绍前 3 种常用属性的设置方法，后续的设置步骤与此类似，因此不再赘述。通过熟练掌握这些设置，可以更加灵活地管理和调整图层，以满足不同的绘图需求。

5.2.1　新建并命名图层

在使用 AutoCAD 进行绘图工作之前，应根据自身行业的要求提前创建好相应的图层。AutoCAD 的图层创建和设置操作都是在"图层特性管理器"选项板中完成的。通过这样的前期准备，可以更加高效地开展绘图工作，并确保图纸的规范性和专业性。

打开"图层特性管理器"选项板有以下几种方法。

- 功能区：在"默认"选项卡中，单击"图层"面板中的"图层特性"按钮，如图 5-2 所示。

图 5-2

- 菜单栏：执行"格式"|"图层"命令。
- 命令行：输入 LAYER 或 LA。

执行上述任意命令后，若需要弹出"图层特性管理器"选项板，可参照如图 5-3 所示操作。在"图层特性管理器"选项板上方单击"新建"按钮，即可新建一个图层。默认情况下，新创建的图层会按照"图层 1""图层 2"等顺序进行命名。为了便于识别和管理，也可以自行输入更具辨识度的名称，例如"轮廓线""中心线"等。在输入图层名称之后，需要依次设置该图层对应的颜色、线型、线宽等特性，以满足具体的绘图需求。

当前图层的前面显示✔符号，如图 5-4 所示为将"图层 1"置为当前的结果。

图 5-3

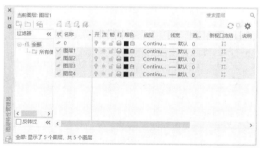

图 5-4

提示：
图层的名称最多可以包含255个字符，并且中间可以含有空格。图层名区分大小写字母。图层名不能包含的符号包括<、>、ˋ、"、"、；、？、＊、|、,、=、'等，如果用户在命名图层时提示失败，可检查是否输入了这些字符。

5.2.2　设置图层颜色

如前文所述，为了区分不同的图形对象，通常会为不同的图层设置不同的颜色。设置了图层颜色之后，该图层上的所有对象（除非其特性被单独修改过）都将显示为这个颜色。

要设置图层颜色，可以打开"图层特性管理器"选项板，然后单击想要设置的图层对应的"颜色"一栏，如图 5-5 所示。这会弹出一个"选择颜色"对话框，如图 5-6 所示。在这个对话框的调色板中，可以选择一种颜色，然后单击"确定"按钮，即可完成对该图层的颜色设置。

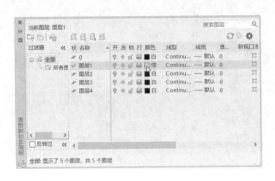

图 5-5　　　　　　　　　　　　　　　　图 5-6

5.2.3　设置图层线型

线型是指图形中线条的基本组成和显示方式，包括实线、中心线、点画线、虚线等。线型的不同可以帮助用户直观地判断图形对象的类别。在 AutoCAD 中，默认的线型是实线（Continuous），而其他的线型需要先加载后才能使用。

要在"图层特性管理器"选项板中设置线型，可以单击某一图层对应的"线型"一栏，在弹出的"选择线型"对话框中进行设置。在默认状态下，"选择线型"对话框中仅显示 Continuous（实线）一种线型。若要使用其他线型，需要先将其添加到该对话框中。具体操作为：单击"加载"按钮，弹出"加载或重载线型"对话框，从中选择想要使用的线型，然后单击"确定"按钮，即可完成线型设置。整个设置过程如图 5-7 所示。

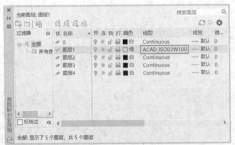
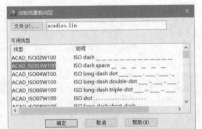

图 5-7

练习 5-1：调整中心线线型比例

有时，即使在设置了非连续线型（如虚线、中心线）的图层后，绘制时仍可能显示为实线效果。这通常是由于线型的"线型比例"值设置得过大。为了显示合适的线型效果，需要调整线型比例的相关数值。整个操作过程如图 5-8 所示，通过适当调整线型比例，可以确保非连续线型能够按照预期的方式正确显示。

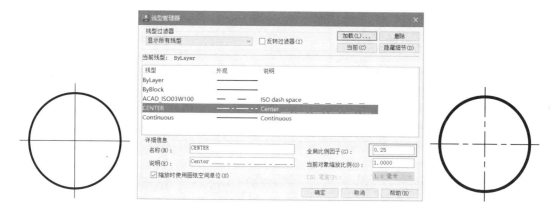

图 5-8

调整中心线线型比例的具体操作如下。

01 打开"练习 5-1：调整中心线线型比例 .dwg"文件，图形的中心线为实线显示。

02 在"默认"选项卡中，单击"特性"面板中"线型"列表的"其他"按钮。

03 弹出"线型管理器"对话框，在中间的线型列表中选中中心线所在的图层 CENTER，然后在右下方的"全局比例因子"文本框中输入新值为 0.25。

04 设置完成之后，单击对话框中的"确定"按钮返回绘图区，可以看到中心线的效果发生了变化，显示为比例合适的点画线。

5.2.4　设置图层线宽

线宽指的是线条在显示时的宽度。通过使用不同宽度的线条来表现对象的不同部分，可以增强图形的表达性和可读性。

在"图层特性管理器"选项板中，若要为某一图层设置线宽，只需单击该图层对应的"线宽"项目，弹出"线宽"对话框，如图 5-9 所示。可以从该对话框中选择所需的线宽。

如果需要自定义线宽，可以在命令行中输入 LWEIGHT 或 LW 并按 Enter 键，弹出"线宽设置"对话框，如图 5-10 所示。在该对话框中，可以通过调整线宽比例来使图形中的线条显示得更粗或更细。

在机械和建筑制图中，通常会使用粗线和细线两种线宽来区分图形的不同部分。在

AutoCAD 中，常用的线宽粗细比例为 2∶1，并且通常有以下 7 种线宽组合可供选择：0.25/0.13、0.35/0.18、0.5/0.25、0.7/0.35、1/0.5、1.4/0.7、2/1（线宽单位均为 mm）。重要的是，同一图纸中只允许采用一种线宽组合，以确保图形的一致性和清晰度。

图 5-9

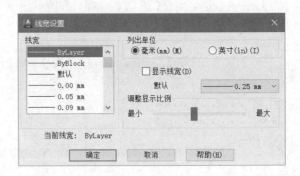

图 5-10

练习 5-2：创建图层

本例介绍图层的创建方法，分别创建"粗实线""中心线""细实线""标注与注释""细虚线"图层，这些图层的特性如表 5-1 所示，操作过程如图 5-11 所示。

表 5-1　图层列表

序号	图层名	线宽 / mm	线　型	颜色	打印属性
1	粗实线	0.3	CONTINUOUS	白	打印
2	细实线	0.15	CONTINUOUS	红	打印
3	中心线	0.15	CENTER	红	打印
4	标注与注释	0.15	CONTINUOUS	绿	打印
5	细虚线	0.15	ACAD-ISO 02W100	蓝	打印

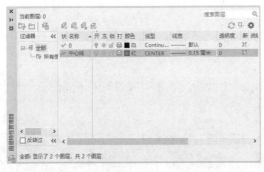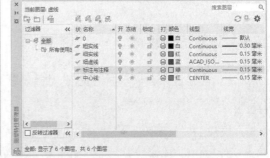

图 5-11

创建图层的具体操作步骤如下。

01 在"默认"选项卡中，单击"图层"面板中的"图层特性"按钮。在弹出的"图层特性管理器"选项板中，单击"新建"按钮 ，新建图层。系统默认"图层 1"为新建图层的名称。

02 此时文本框呈可编辑状态，在其中输入"中心线"并按 Enter 键，完成中心线图层的创建。

03 单击"颜色"属性项，在弹出的"选择颜色"对话框中，选择红色，单击"确定"按钮，返回"图层特性管理器"选项板。

04 单击"线型"属性项，弹出"选择线型"对话框。单击"加载"按钮，在弹出的"加载或重载线型"对话框中选择 CENTER 线型。单击"确定"按钮，返回"选择线型"对话框。

05 再次选择 CENTER 线型，单击"确定"按钮，返回"图层特性管理器"选项板。

06 单击"线宽"属性项，在弹出的"线宽"对话框中，选择线宽值为 0.15mm。

07 单击"确定"按钮，返回"图层特性管理器"选项板，完成中心线图层属性的设置。

08 重复上述步骤，分别创建"粗实线"图层、"细实线"图层、"标注与注释"图层和"细虚线"图层，并为各图层选择合适的颜色、线型和线宽特性。

5.3　图层的其他操作

在 AutoCAD 中，还可以对图层进行隐藏、冻结和锁定等操作。这样，当使用 AutoCAD 绘制复杂图形对象时，可以有效地减少误操作，从而提高绘图效率。

5.3.1　打开与关闭图层

在绘图的过程中可以将暂时不用的图层关闭，被关闭的图层中的图形对象将不可见，并且不能被选择、编辑、修改、打印。在 AutoCAD 中关闭图层的常用方法有以下几种。

- 选项板：在"图层特性管理器"选项板中选中要关闭的图层，单击 按钮即可关闭选中的图层，图层被关闭后该按钮将显示为 ，表明该图层已经被关闭，如图 5-12 所示。
- 功能区：在"默认"选项卡中，打开"图层"面板中的"图层控制"列表，单击目标图层的 按钮即可关闭该图层，如图 5-13 所示。

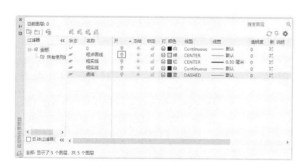

图 5-12

图 5-13

提示:

当关闭的图层为"当前图层"时,将弹出如图5-14所示的"图层-关闭当前图层"对话框,此时单击"关闭当前图层"按钮即可。如果要恢复关闭的图层,重复以上操作,单击图层前的"关闭"图标 💡 即可打开图层。

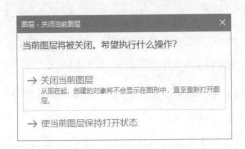

图 5-14

练习5-3: 通过关闭图层控制图形

在进行室内设计时,通常会将不同的设计元素分配到各个独立的图层中,例如,家具图形会被归入"家具"图层,墙体图形归入"墙体"图层,轴线类图形归入"轴线"图层等。这种做法的优势在于,通过打开或关闭特定的图层,可以轻松地控制设计图的显示内容,迅速展示仅包含墙体或仅包含轴线的图形。操作过程如图 5-15 所示。

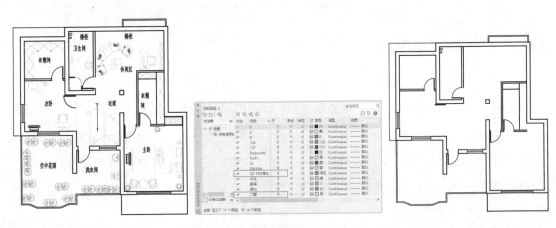

图 5-15

通过关闭图层控制图形的具体操作步骤如下。

01 打开"练习5-3: 通过关闭图层控制图形.dwg"文件,其中已经绘制好室内平面图,此时所有的图层均为打开状态。

02 设置图层显示状态。在"默认"选项卡中,单击"图层"面板中的"图层特性"按钮 💡,打开"图层特性管理器"选项板。在其中找到"家具"图层,选中该图层前的打开/关闭图层按钮 💡,使其变成 💡,即关闭"家具"图层。采用相同的方法关闭其他图层,只保留"QT-000

墙体"和"门窗"图层为开启状态。

03 关闭"图层特性管理器"选项板，此时在绘图区中仅显示墙体和门窗图形。

5.3.2　冻结与解冻图层

将长期不需要显示的图层冻结，可以有效地提升系统运行速度并缩短图形刷新时间，原因在于这些图层将不会被加载到内存中。值得注意的是，AutoCAD 不会在被冻结的图层上显示、打印或重生成任何对象。

在 AutoCAD 中冻结图层的常用方法有以下几种。

- 选项板：在"图层特性管理器"选项板中单击要冻结的图层前的"冻结"图标 ☀，即可冻结该图层。图层冻结后该图标将显示为 ❈，如图 5-16 所示。
- 功能区：在"默认"选项卡中，打开"图层"面板中的"图层控制"列表，单击目标图层的 ☀ 图标，如图 5-17 所示。

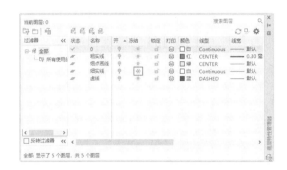

图 5-16

图 5-17

提示：
若要冻结的图层为当前层，会弹出如图5-18所示的"图层-无法冻结"对话框，提示用户无法冻结当前图层。此时，需要将另一个图层设置为"当前图层"，方可冻结原图层。若需要恢复已冻结的图层，可重复上述操作，并单击图层前的"解冻"图标 ❈，以解冻图层。

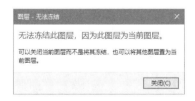

图 5-18

练习5-4：通过冻结图层控制图形

在使用 AutoCAD 进行绘图时，有时会在绘图区的空白位置随意绘制一些辅助图形。当图纸全部绘制完成后，如果既不希望这些辅助图形影响设计图的整体美观，又不想将其彻底删除，那么可以使用"冻结"工具将其隐藏。

01 打开"练习 5-4：通过冻结图层控制图形 .dwg"文件，其中已经绘制好了完整图形，但在图形上方还有绘制过程中遗留的辅助图，如图 5-19 所示。

02 冻结图层。在"默认"选项卡中，打开"图层"面板中的"图层控制"列表，在其中找到 Defpoints 图层，单击该图层前的"冻结"图标 ☀，变成 ❄，即可冻结 Defpoints 图层，如图 5-20 所示。

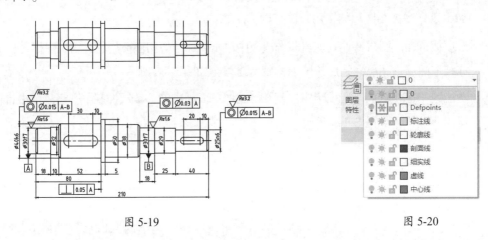

图 5-19   图 5-20

03 冻结 Defpoints 图层后的图形如图 5-21 所示，可见上方的辅助图形已被隐藏。

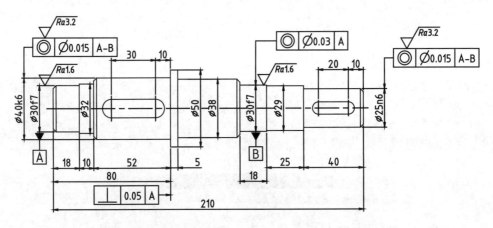

图 5-21

5.3.3　锁定与解锁图层

如果某个图层上的对象仅需显示而无须被选中和编辑，那么可以锁定该图层。被锁定图层上的对象仍然可见，但会显示得较为淡化。解锁后这些对象虽然可以被选中、标注和测量，但不能进行编辑、修改或删除。此外，仍然可以在该图层上添加新的图形对象。因此，在使用 AutoCAD 绘图时，推荐将中心线、辅助线等作为基准的线条所在的图层进行锁定。

锁定图层的常用方法有以下几种。

- 选项板：在"图层特性管理器"选项板中单击"锁定"图标🔓，即可锁定该图层，图层锁定后该图标将显示为🔒，如图 5-22 所示。
- 功能区：在"默认"选项卡中，打开"图层"面板中的"图层控制"列表，单击🔓图标即可锁定该图层，如图 5-23 所示。

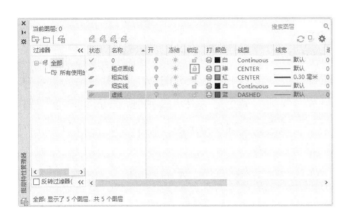

图 5-22

图 5-23

提示：
如果要解除图层锁定，重复以上的操作并单击"解锁"图标🔒，即可对已经锁定的图层解锁。

5.3.4　设置当前图层

当前图层指的是在当前工作状态下所处的图层。一旦设定了某个图层为当前层，随后绘制的所有对象都将被放置在该图层中。若要在其他图层上进行绘图操作，则需更改当前图层的选择。

在 AutoCAD 中设置当前图层有以下几种常用方法。

- 选项板：在"图层特性管理器"选项板中选择目标图层，单击"置为当前"按钮🖎，如图 5-24 所示。被置为当前的图层在项目前会出现✔图标。
- 功能区 1：在"默认"选项卡中，单击"图层"面板中的"图层控制"列表，在其中选择需要的图层，即可将其设置为当前图层，如图 5-25 所示。也可以在"默认"选项卡中，单击"图层"面板中的"置为当前"图标🖎，即可将所选图形对象的图层置为当前，如图 5-26 所示。
- 命令行：在命令行中输入 CLAYER，然后输入图层名称，即可将该图层置为当前层。

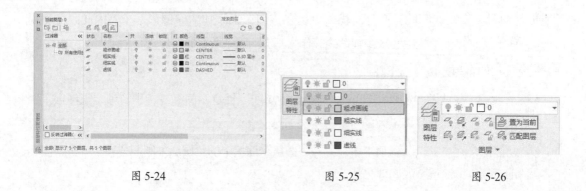

图 5-24　　　　　　　　　图 5-25　　　　　　　　　图 5-26

5.3.5　转换图形所在图层

在 AutoCAD 中，可以非常灵活地进行图层转换，即将某一图层中的图形移至另一图层，并同时更改其颜色、线型、线宽等属性。若需要将某个图形对象转换到另一图层，可先选中该图形对象，然后打开"图层"面板中的"图层控制"列表，选择目标图层即可完成转换，如图 5-27 所示。

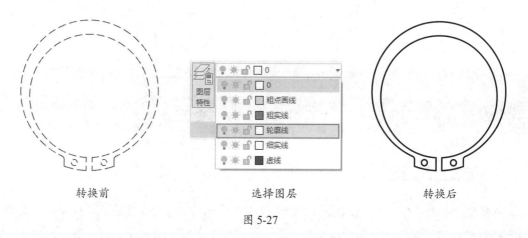

转换前　　　　　　　　选择图层　　　　　　　　转换后

图 5-27

在绘制复杂图形时，由于图形元素性质的多样性，往往需要将某个图层上的对象转移到其他图层，并同时改变其颜色、线型、线宽等属性。除了之前介绍的方法，AutoCAD 还提供了其他图层转换的方式，具体如下。

1．通过"图层控制"列表转换图层

选择图形对象后，在"图层控制"列表中选择所需图层。操作结束后，列表自动关闭，被选中的图形对象转移至刚刚选中的图层上。

2．通过"图层"面板中的命令转换图层

在"图层"面板中，有如下命令可以转换图层。

- "匹配图层"按钮：单击该按钮，先选择要转换图层的对象，然后按 Enter 键确认，再选择目标图层对象，即可将原对象转换至目标图层。

- "更改为当前层"按钮：选择图形对象后单击该按钮，即可将对象图层转换为当前层。

练习 5-5：切换图形至 Defpoints 层

"练习 5-4"文件中所遗留的辅助图，已被预先设置为 Defpoints 图层，然而这种情况在实际工作中较少出现。因此，更为常见的做法是新建一个独立的图层，随后将要隐藏的图形移至该图层，之后对其进行冻结、关闭等操作。具体的操作步骤如下。

01 打开"练习 5-5：切换图形至 Defpoints 层 .dwg"文件，其中已经绘制好了完整图形，在图形上方还有绘制过程中遗留的辅助图，如图 5-28 所示。

02 选择要切换图层的对象。选择上方的辅助图，如图 5-29 所示。

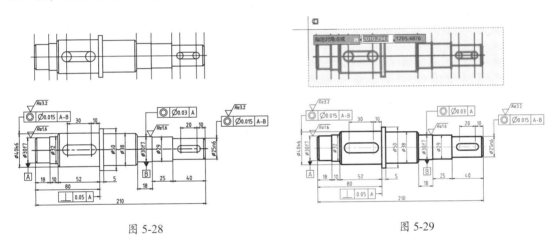

图 5-28　　　　　　　　　　　　　　　　　图 5-29

03 切换图层。在"默认"选项卡中，打开"图层"面板中的"图层控制"列表，选择 Defpoints 图层，如图 5-30 所示。

04 此时图形对象由其他图层转换为 Defpoints 图层，如图 5-31 所示。

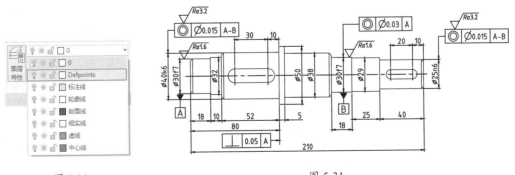

图 5-30　　　　　　　　　　　　　　图 5-31

5.3.6　删除多余图层

在图层创建过程中，如果新建了多余的图层，可以在"图层特性管理器"选项板中单击"删除"按钮 将其删除，但AutoCAD规定以下4类图层不能被删除。

- 图层0和图层Defpoints。
- 当前图层。要删除当前图层，可以改变当前图层为其他图层。
- 包含对象的图层。要删除该图层，必须先删除该图层中所有的图形对象。
- 依赖外部参照的图层。要删除该图层，必先删除外部参照。

文档中有些图层无法被删除。当在删除图层时，将弹出如图5-32所示的"图层-未删除"对话框，提醒所选图层不能被删除。

图 5-32

不仅如此，局部打开图形中的图层也被视为已被参照并且无法删除。而0图层和Defpoints图层是由系统创建的，无法删除，这是基本常识，因此应将图形绘制在其他图层上。若当前图层无法删除，可以通过更改当前图层后再删除。

5.3.7　清理图层和线型

由于图层和线型的定义都需要保存在图形数据库中，它们会占用一定的图形文件容量。因此，清除图形中不再使用的图层和线型显得尤为重要。虽然可以手动删除多余的图层，但确定图层是否包含对象可能较为困难。为了解决这一问题，可以使用"清理（PURGE）"命令删除那些不再使用的图层和线型。

执行"清理"命令的方法如下。

- 菜单栏：执行"图形实用工具"|"清理"命令。
- 命令行：输入PURGE。

执行"清理"命令后，弹出"清理"对话框，如图5-33所示。单击"可清除的项目"按钮，对象类型前的+号表示其包含的可清除对象。要清除个别项目，只需选择该选项后单击"清除选中的项目"按钮。也可以单击"全部清理"按钮对所有项目进行清理。执行清理之前会弹出如图5-34所示的对话框，提示是否确定清理该项目。

图 5-33

图 5-34

5.4　图形特性设置

在 AutoCAD 的功能区中，有一个名为"特性"的面板，该面板专门用于展示图形对象的颜色、线宽以及线型。通常情况下，"特性"面板的显示与图层设置参数是一致的。可以手动调整"特性"面板中的设置，而这些调整不会影响图层的整体效果。

5.4.1　查看并修改图形特性

通常情况下，图形对象的显示特性默认为"随图层"（ByLayer），这意味着图形对象的属性将与其所在图层的特性保持一致。而如果选择"随块"（ByBlock）选项，那么对象的颜色和线型将与其所在的块相匹配。

1. 通过"特性"面板编辑对象属性

"默认"选项卡的"特性"面板分为多个选项下拉列表，分别控制对象的不同特性。选择一个对象，然后在对应选项下拉列表中选择相应的选项，即可修改对象的特性。

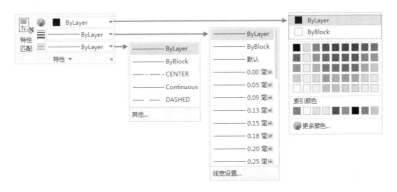

图 5-35

在默认设置下，对象的颜色、线宽、线型这3个特性被设置为 ByLayer（随图层），这意味着这些特性将与对象所在的图层保持一致。在这种情况下，绘制的对象将采用当前图层的特性。此外，通过3种特性的下拉列表，可以修改当前图层的这些特性。

2. 通过"特性"选项板编辑对象属性

"特性"面板能查看和修改的图形特性只有颜色、线型和线宽，"特性"选项板则能查看并修改更多的对象特性。在 AutoCAD 中打开对象的"特性"选项板有以下几种常用方法。

- 菜单栏：选中要查看特性的对象，然后执行"修改"|"特性"命令；也可先执行命令，再选择对象。
- 快捷键：选择要查看特性的对象，然后按快捷键 Ctrl+1。
- 命令行：选择要查看特性的对象，然后在命令行中输入 PROPERTIES、PR 或 CH 后按 Enter 键。

如果只选择了单个图形并执行了以上任意操作，那么将会打开该对象的"特性"选项板，如图 5-36 所示。可以对选项板中显示的图形信息进行修改。

从选项板中可以看出，它不仅列出了颜色、线宽、线型、打印样式、透明度等图形的常规属性，还包含了"三维效果"和"几何图形"两大属性列表。可以通过这些列表查看和修改图形的材质效果及几何属性。

如果同时选择了多个对象，弹出的选项板则会展示这些对象所共有的属性。对于那些具有不同特性的项目，选项板上会显示"多种"进行标注，如图 5-37 所示。"特性"选项板中包含了选项列表、文本框等项目，只需选择相应的选项或输入参数，即可轻松修改对象的特性。

图 5-36

图 5-37

5.4.2 匹配图形属性

特性匹配的功能与 Microsoft Office 软件中的"格式刷"类似，它允许将一个图形对象

（源对象）的特性完全"继承"给另一个（或一组）图形对象（目标对象），从而使这些目标对象的部分或全部特性与源对象保持一致。

执行"特性匹配"命令有以下常用方法。

- 菜单栏：执行"修改"|"特性匹配"命令。

- 功能区：单击"默认"选项卡中"特性"面板的"特性匹配"按钮，如图 5-38所示。

- 命令行：输入 MATCHPROP 或 MA。

执行上述任意操作，根据命令行的提示，单击选择源对象，十字光标变成格式刷形状，选择目标对象，可以立即修改其属性，选择目标对象后按 Enter 键，结束操作。

在执行命令的过程中输入 S 选择"设置"选项，弹出如图 5-39 所示的"特性设置"对话框，可以设置哪些特性允许匹配，哪些特性不允许匹配。

图 5-38

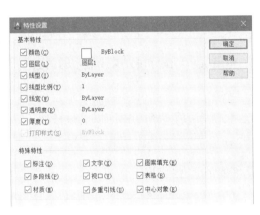

图 5-39

练习 5-6：特性匹配线型

利用特性匹配命令，可以随时更改图形的线型。本节将图形的虚线匹配为粗实线，操作过程如图 5-40 所示。

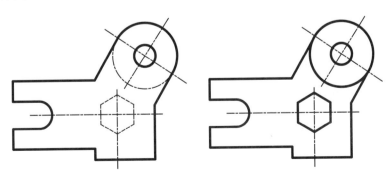

图 5-40

特性匹配线型的具体操作步骤如下。

01 单击快速访问栏中的"打开"按钮 🗁，打开"练习5-6：特性匹配图形.dwg"文件。

02 单击"默认"选项卡中"特性"面板的"特性匹配"按钮 🔃，选择粗实线为源对象。

03 当鼠标指针由方框转换为刷子时，表示源对象选择完成。单击六边形，可以将六边形的虚线转换为粗实线。

04 重复以上操作，继续进行特性匹配操作。

5.5　课后习题

5.5.1　理论题

1. 打开"图层特性管理器"选项板的快捷方式为（ ）。

A. LS　　　　　　　B. LA　　　　　　　C. LE　　　　　　　D. LT

2. 单击（ ）图标可以关闭选定的图层。

A. 💡　　　　　　　B. 💡　　　　　　　C. ☀　　　　　　　D. 🔓

3. 锁定图层后，该图层上的图形可以被（ ）。

A. 编辑　　　　　　B. 隐藏　　　　　　C. 查看并选中　　　　　　D. 直接删除

4. 删除图层的方法是（ ）。

A. 单击 🗏 图标　　　　　　　　　　B. 删除图层上所有的图形

C. 选中图层按 Enter 键　　　　　　　D. 选中图层按 Tab 键

5. 打开"特性"选项板的快捷键是（ ）。

A. Ctrl+2　　　　　　B. Ctrl+3　　　　　　C. Ctrl+4　　　　　　D. Ctrl+1

5.5.2　操作题

1. 创建如图 5-41 所示的图层。

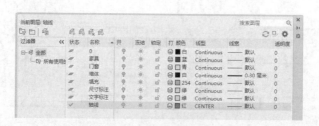

图 5-41

2. 执行绘图和编辑命令，在图层上绘制相应的图形，如在"轴线"图层上绘制轴线，如图 5-42 所示。

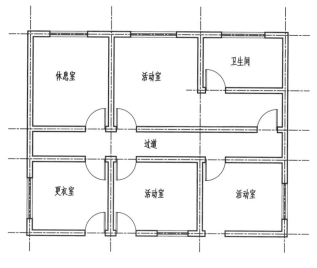

图 5-42

3. 选择图形，按快捷键 Ctlr+1 打开"特性"选项板，查看图形的属性，如图 5-43 所示。例如选择墙体，即可在选项板中查看墙体的信息，包括颜色、图层、线型以及线型比例等。

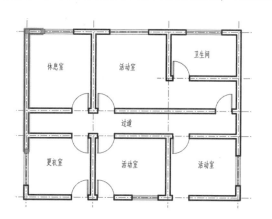 

图 5-43

第6章 图块

在绘制图形的过程中，若图形中包含大量相同或相似的内容，或者所绘图形与已有的图形文件相似，可以将这些需要重复绘制的图形创建为图块。同时，根据需求为这些图块添加属性，如指定图块的名称、用途以及设计者等相关信息。这样做的好处是，在需要时可以直接插入这些图块，从而显著提升绘图效率。

6.1 创建图块

图块是由多个对象组合而成的集合体，并拥有一个特定的名称。通过创建图块，可以将多个对象视为一个整体进行操作。在 AutoCAD 中，利用图块不仅能提高绘图效率、节省存储空间，还方便用户对图块进行修改和重新定义。

6.1.1 内部图块的创建和插入

内部图块是存储在图形文件内部的图块，只能在该文件中使用，而不能在其他图形文件中使用。执行"创建块"命令的方法如下。

- 功能区：在"默认"选项卡中，单击"块"面板中的"创建"按钮，如图 6-1 所示。
- 菜单栏：执行"绘图" | "块" | "创建"命令。
- 命令行：输入 BLOCK 或 B。

执行上述任意操作后，弹出"块定义"对话框，如图 6-2 所示。在该对话框中设置图块名称、图块对象、图块基点这 3 个主要要素即可创建图块。

图 6-1　　　　　　　　　　　　　　　　　　图 6-2

创建图块之前需要有图形源对象，才能使用 AutoCAD 创建图块。可以定义一个或多个图形对象为图块。

在本例中创建的电视机图块只存在于"创建电视内部图块 -OK.dwg"文件中，操作过程如图 6-3 所示。

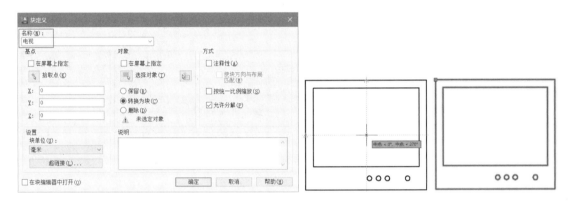

图 6-3

创建电视内部图块的具体操作步骤如下。

01 单击快速访问工具栏中的"新建"按钮，新建空白文档。

02 输入 REC，执行"矩形"命令，绘制长度值为 800、宽度值为 600 的矩形；输入 O，执行"偏移"命令，将矩形向内偏移 50；输入 S，执行"拉伸"命令，窗交选择外矩形的下侧边作为拉伸对象，向下拉伸 100。

03 输入 C，执行"圆"命令，输入合适的半径值，在矩形内绘制几个圆作为电视机按钮。

04 输入 B，执行"块定义"命令，弹出"块定义"对话框，在"名称"文本框中输入"电视"。

05 在"对象"选项区域单击"选择对象"按钮，在绘图区中选择整个图形，按空格键返回对话框。在"基点"选项区域单击"拾取点"按钮，指定图形中心点作为块的基点。

06 单击"确定"按钮，完成块的创建，此时图形成为一个整体。

6.1.2　外部图块

内部图块的使用范围仅限于其被创建的图形文件内。若其他文件也需要使用该图块，则需创建外部图块，即永久图块。外部图块不受当前图形的限制，可以在任意图形文件中被调用并插入。要创建外部图块，可以执行"写块"命令，该命令只能通过在命令行中输入 WBLOCK 或 W 来执行。执行此命令后会弹出"写块"对话框。

练习 6-2：使用"写块"命令创建电视机外部图块

本例创建的电视机图块，不仅存在于"练习 6-2：使用'写块'命令创建电视外部图块 -OK. dwg"中，还存在于指定的路径中，操作过程如图 6-4 所示。

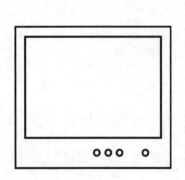

图 6-4

创建电视机外部图块的具体操作步骤如下。

01 单击快速访问工具栏中的"打开"按钮 📂，打开"练习 6-2 使用'写块'命令创建电视外部图块 .dwg"文件。

02 输入 W，执行"写块"命令，打开"写块"对话框，在"源"选项区域选中"块"单选按钮，然后在其右侧的下拉列表中选择"电视"图块。

03 指定保存路径。在"目标"选项区域，单击"文件名和路径"文本框右侧的▦按钮，在弹出的对话框中选择保存路径。

04 单击"确定"按钮，完成外部块的创建。

6.1.3 块属性

图块所包含的信息可以划分为两类：图形信息与非图形信息。其中，块属性便属于图块的非图形信息。以办公室工程设计中的办公桌图块定义为例，每个办公桌的编号、使用者等都属于块属性。需要注意的是，块属性必须与图块结合使用，它们会在图纸上以图块实例的标签或说明的形式展现。而孤立的属性是不具备实际意义的。

1. 创建块属性

在 AutoCAD 中添加块属性的操作主要分为 3 步。

01 定义块属性。

02 在定义图块时附加块属性。

03 在插入图块时输入属性值。

定义块属性必须在定义图块之前进行，定义块属性的方法如下。

- 功能区：单击"插入"选项卡中"属性"面板的"定义属性"按钮，如图 6-5 所示。
- 菜单栏：执行"绘图"|"块"|"定义属性"命令。
- 命令行：输入 ATTDEF 或 ATT。

图 6-5

执行上述任意操作后，弹出"属性定义"对话框，分别填写"标记""提示""默认"，再设置文字位置与对齐等属性，单击"确定"按钮，即可创建块属性。

2．修改属性定义

直接双击块属性，弹出"增强属性编辑器"对话框。在"属性"选项卡的列表中选择要修改的文字属性，然后在下面的"值"文本框中输入块中定义的标记和值属性。

下面通过一个实例来说明属性块的作用与含义。

练习 6-3：使用"定义属性"命令创建标高属性块

标高符号在图形中形状相似，仅数值不同，因此可以创建为属性块，在绘图时直接调用即可，具体的操作步骤如下。

01 打开"练习 6-3：使用'定义属性'命令创建标高属性块 .dwg"文件，如图 6-6 所示。

02 在"默认"选项卡中，单击"块"面板中的"定义属性"按钮，弹出"属性定义"对话框，并调整相应属性，如图 6-7 所示。

图 6-6

图 6-7

03 单击"确定"按钮，在水平线上合适位置放置属性定义，如图 6-8 所示。

04 输入 W，执行"写块"命令，弹出"块定义"对话框。在"名称"下拉列表中输入"标高"。单击"拾取点"按钮，拾取三角形的下角点作为基点。单击"选择对象"按钮，选择符号图形和属性定义，如图 6-9 所示。

图 6-8

图 6-9

05 单击"确定"按钮，弹出"编辑属性"对话框，更改标高值为 0.000，如图 6-10 所示。

06 单击"确定"按钮，标高符号创建完成，如图 6-11 所示。

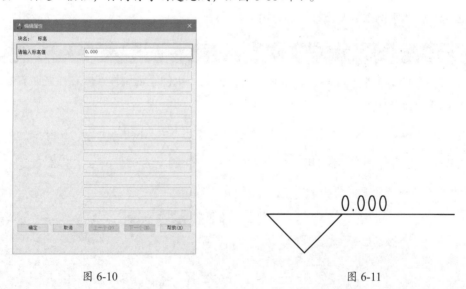

图 6-10

图 6-11

6.1.4 动态图块

在 AutoCAD 中，可以为普通图块增加动作，从而将其转变为动态图块。动态图块允许用户通过直接移动动态夹点来调整图块的大小和角度，从而避免频繁地输入参数或执行命令（如缩放、旋转、镜像等）。这种操作方式极大地简化了图块的操作过程。

创建动态图块包含两个主要步骤：首先，需要向图块中添加参数；其次，为这些参数添加相应的动作。要完成这些操作，必须使用"块编辑器"。块编辑器是一个专门的编辑区域，它提供了添加元素的工具，这些元素能使图块变为动态图块。

执行"块编辑器"命令的方法如下。

- 功能区：在"插入"选项卡中，单击"块"面板中的"块编辑器"按钮□。
- 菜单栏：执行"工具" | "块编辑器"命令。
- 命令行：输入 BEDIT 或 BE。

练习6-4：创建门动态图块

创建门动态图块，方便编辑图形，如旋转、移动、缩放等。具体的操作步骤如下。

01 打开"练习6-4：创建门动态图块.dwg"文件，图形中已经创建了一个门的普通块，如图6-12所示。

02 在命令行中输入 BE 并按 Enter 键，弹出"编辑块定义"对话框，选择"门"图块，如图6-13所示。

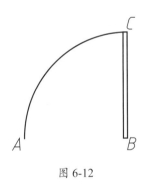

图 6-12

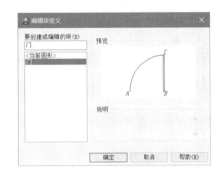

图 6-13

03 单击"确定"按钮，进入块编辑模式，弹出"块编辑器"选项卡，同时弹出"块编写"选项板，如图6-14所示。

04 为块添加线性参数。选择"块编写"选项板中的"参数"选项卡，单击"线性参数"按钮，为门的宽度添加线性参数，如图6-15所示。命令行提示如下。

```
命令：_bparameter 线性
指定起点或 [名称(N)/标签(L)/链(C)/说明(D)/基点(B)/选项板(P)/值集(V)]：
                        // 单击左下角的圆弧端点
指定端点：              // 单击右下角的矩形端点
指定标签位置：          // 向下移动十字光标，在合适位置放置线性参数标签
```

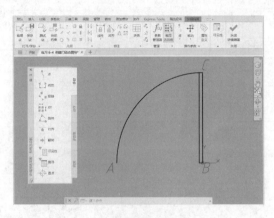

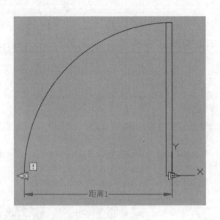

图 6-14   图 6-15

05 为线性参数添加动作。切换到"块编写"选项板中的"动作"选项卡，单击"缩放"按钮，为线性参数添加缩放动作，如图 6-16 所示。命令行提示如下。

命令：_bactiontool	
选择参数：	// 选择上一步添加的线性参数
指定动作的选择集	
选择对象：找到 1 个	
选择对象：找到 1 个，总计 2 个	// 依次选择门图块包含的全部轮廓线，包括一条圆弧和一个矩形
选择对象：	// 按 Enter 键结束选择，完成动作的创建

06 为块添加旋转参数。切换到"块编写"选项板中的"参数"选项卡，单击"旋转"按钮，添加一个旋转参数，如图 6-17 所示。命令行提示如下。

命令：_bparameter	
指定基点或 [名称 (N) / 标签 (L) / 链 (C) / 说明 (D) / 选项板 (P) / 值集 (V)]：	
	// 单击矩形左下角点作为旋转基点
指定参数半径：	// 单击矩形左上角点来定义参数半径
指定默认旋转角度或 [基准角度 (B)] <0>：90 ✓	// 设置默认旋转角度为 90°
指定标签位置：	// 指定参数标签位置，在合适位置单击放置标签

07 为旋转参数添加动作。切换到"块编写"选项板中的"动作"选项卡，单击"旋转"按钮，为旋转参数添加旋转动作，如图 6-18 所示。命令行提示如下。

命令：_bactiontool	
选择参数：	// 选择创建的角度参数
指定动作的选择集	

选择对象：找到 1 个	// 选择矩形作为动作对象
选择对象：	// 按 Enter 键结束选择，完成动作的创建

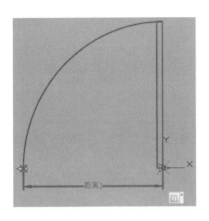

图 6-16

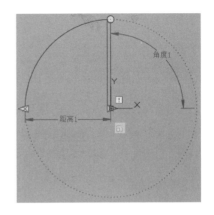

图 6-17

08 在"块编辑器"选项卡中，单击"打开／保存"面板中的"保存块"按钮，保存对块的编辑。单击"关闭块编辑器"按钮，返回绘图区。执行"插入"命令，插入门图块，选择块，显示 3 个夹点，如图 6-19 所示。

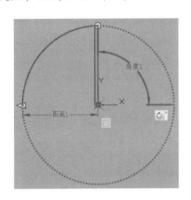

图 6-18

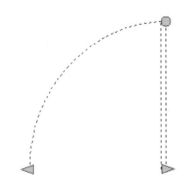

图 6-19

09 拖动三角形夹点可以修改门的大小，如图 6-20 所示。拖动圆形夹点可以修改门的打开角度，如图 6-21 所示。门符号动态图块创建完成。

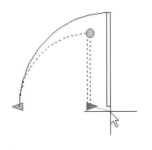

图 6-20

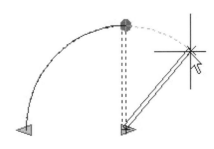

图 6-21

6.1.5　插入图块

图块定义完成后，即可插入与图块定义关联的图块实例了。执行"插入块"操作的方法如下。

- 功能区：单击"插入"选项卡中"注释"面板的"插入"按钮□，如图 6-22 所示。
- 菜单栏：执行"插入"｜"块"命令。
- 命令行：输入 INSERT 或 I。

单击"插入"按钮□，在弹出的列表中选择"最近使用的块"选项，弹出"块"面板，在其中选择要插入的图块，再返回绘图区指定基点即可。

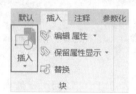

图 6-22

练习 6-5：使用"插入"命令插入螺钉图块

本节介绍在如图 6-23 所示的通孔图形中插入定义好的"螺钉"图块的方法。因为定义的螺钉图块直径为 10，该通孔的直径值仅为 6，因此图块应缩小至原来的 0.6 倍。具体的操作步骤如下。

01 打开"练习 6-5：使用'插入'命令插入螺钉图块 .dwg"文件，其中已经绘制好了通孔，如图 6-23 所示。

02 输入 I，执行"插入"命令，弹出"块"面板，选择"螺钉"图块，如图 6-24 所示。

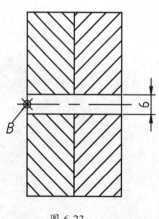

图 6-23

图 6-24

03 确定缩放比例。在缩放下拉列表中选择"统一比例"选项，并在右侧的文本框中输入 0.6，如图 6-25 所示。

04 指定 B 点为插入点，插入螺钉的结果如图 6-26 所示。

图 6-25

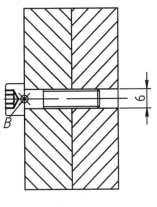

图 6-26

6.2 编辑块

图块在创建完成后还可以随时进行编辑，如重命名图块、分解图块、删除图块和重新定义图块等。

6.2.1 设置插入基点

在创建图块时，可以为图块设置一个插入基点，这样在插入图块时，就可以直接捕捉到这个基点进行插入。但是，如果在创建块时没有指定插入基点，系统在插入时默认会使用图形的坐标原点作为插入点，这可能会带来一些不便。为了避免这种情况，可以使用"基点"命令来为图块指定一个新的插入原点。

执行"基点"命令的方法如下。

- 功能区：在"默认"选项卡中，单击"块"面板中的"设置基点"按钮□。
- 菜单栏：执行"绘图"|"块"|"基点"命令。
- 命令行：输入 BASE。

执行上述任意操作后，可以根据命令行提示输入基点坐标或用十字光标直接在绘图区中指定。

6.2.2 重命名图块

创建图块后，有多种方法可以对其进行重命名。对于外部图块文件，可以直接在文件保存目录中对图块文件进行重命名操作。对于内部图块，则可以输入 RENAME 或 REN，执行"重命名"命令，更改图块的名称。

执行"重命名"命令的方法如下。

- 菜单栏：执行"格式"|"重命名"命令。
- 命令行：输入 RENAME 或 REN。

练习 6-6：重命名图块

如果已经定义了图块，觉得图块的名称不合适，可以通过如下操作步骤来重新定义。

01 单击快速访问工具栏中的"打开"按钮，打开"练习 6-6：重命名图块 .dwg"文件。

02 在命令行中输入 REN 按空格键，弹出"重命名"对话框，如图 6-27 所示。

03 在"重命名"对话框左侧的"命名对象"列表中选择"块"选项，在右侧的"项数"列表中选择"中式吊灯"图块。

04 在"旧名称"文本框中显示的是该块的旧名称，在"重命名为"按钮右侧的文本框中输入新名称"吊灯"。

05 单击"重命名为"按钮，完成重命名图块的操作，如图 6-28 所示。

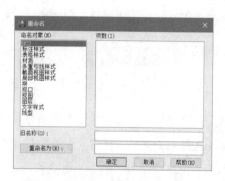

图 6-27

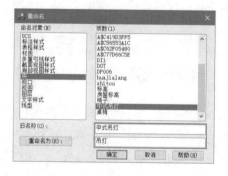

图 6-28

6.2.3 分解图块

由于插入的图块是一个整体，在需要对图块进行编辑时，必须先将其分解。执行"分解图块"命令的方法如下。

- 功能区：在"默认"选项卡中，单击"修改"面板中的"分解"按钮。
- 菜单栏：执行"修改"|"分解"命令。
- 命令行：输入 EXPLODE 或 X。

分解图块的操作相对简单。执行"分解"命令后，选择需要分解的图块，然后按 Enter 键即可。一旦图块被分解，其各个组成元素将变成独立的图形对象，之后即可单独对这些组成对象进行编辑操作。

练习 6-7：分解图块

如果要编辑图块，需要先将其分解。执行"分解"命令可以轻松分解图块，操作过程如图 6-29 所示。

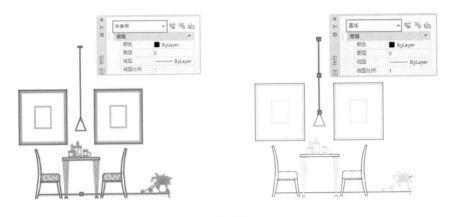

图 6-29

分解图块的具体操作步骤如下。

01 单击快速访问工具栏中的"打开"按钮，打开"练习 6-7：分解图块 .dwg"文件。

02 框选图形，显示图块的夹点，在"特性"面板中显示选中的图形为"块参照"，表示选中的图形是一个完整的图块。

03 在命令行中输入 X，按 Enter 键确认分解。

04 分解图块后，单击可以选择图形的局部，如直线段。

6.2.4　删除图块

如果图块是外部图块，可以直接在计算机中删除；如果图块是内部图块，则可以使用以下方法删除。

- 应用程序：单击"应用程序"按钮，在列表中选择"图形实用工具"中的"清理"选项。
- 命令行：输入 PURGE 或 PU。

6.2.5　重新定义图块

通过对图块的重定义，可以更新所有与之关联的块实例，实现自动修改，其方法与定义块的方法基本相同。具体的操作步骤如下。

01 执行"分解"命令，将当前图形中需要重新定义的图块分解为由单个元素组成的对象。

02 对分解后的图块组成对象进行编辑。完成编辑后，再重新执行"块定义"命令，在弹出的
"块定义"对话框的"名称"下拉列表中选择源图块的名称。

03 选择编辑后的图块并为图块指定插入基点
及单位，单击"确定"按钮，在打开的如图
6-30 所示的"块 - 重定义块"对话框中，单击
"重定义"按钮，完成图块的重定义。

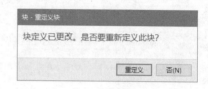

图 6-30

6.3 AutoCAD 设计中心

AutoCAD 设计中心与 Windows 资源管理器类似，允许用户访问图形、图块、图案填充等
各种内容。此外，还可以在图形文件之间进行复制和粘贴操作。这一功能极大地帮助了设计者
更好地管理外部参照、块参照以及线型等内容。通过使用 AutoCAD 设计中心，不仅可以简化绘
图流程，还能方便地共享资源。

6.3.1 设计中心选项板

打开"设计中心"选项板有以下方法。

- 快捷键：Ctrl+2。

- 功能区：在"视图"选项卡中，单击"选项板"中的"设计中心"按钮。

执行上述任意操作后，均可打开"设计中心"选项板，如图 6-31 所示。

图 6-31

6.3.2　设计中心查找功能

使用"设计中心"选项板的"查找"功能，可以在弹出的"搜索"对话框中快速查找图形、块特征、图层特征和尺寸样式等内容，将这些资源导入当前图形，辅助当前设计。单击"设计中心"选项板中的"搜索"按钮🔍，弹出"搜索"对话框，如图 6-32 所示。

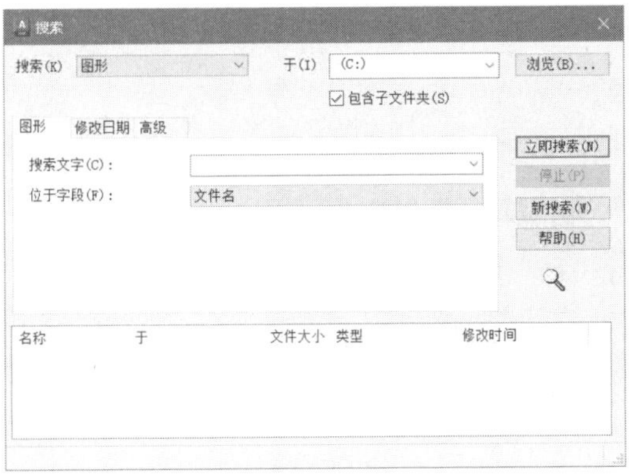

图 6-32

在"搜索"对话框中选择搜索对象所在的路径，然后在"搜索文字"中输入搜索对象的名称，在"位于字段"下拉列表中选择搜索类型，单击"立即搜索"按钮，执行搜索操作。另外，还可以选择其他选项卡设置不同的搜索条件。

切换至"修改日期"选项卡，选择图形文件创建或修改的日期范围。默认情况下不指定日期，需要在此之前指定图形修改日期。切换至"高级"选项卡，可以指定其他搜索参数。

6.3.3　使用"设计中心"选项板插入图形

使用"设计中心"选项板的最终目的是在当前视图中引入块、引用图像和外部参照，同时能够在不同视图之间复制块、图层、线型、文字样式、标注样式以及用户自定义的内容等。这意味着，根据所需插入的内容类型不同，采用的方法也会有所不同。

1. 插入块

通常情况下，执行插入块操作可根据设计需求确定插入方式。

- 自动换算比例插入块：选择此方法时，可以从"设计中心"选项板中选择要插入的块，并将其拖至绘图区域。当移至插入位置时，释放鼠标左键以完成插入块的操作。

- 常规插入块：在"设计中心"选项板中选择图块，按住鼠标左键，将图块拖至绘图区域后释放，此时将弹出快捷菜单。选择"插入块"选项，会弹出"插入块"对话框。在该对话框中，按照插入块的方法确定插入点、插入比例和旋转角度，以将该块插入当前图形中。

2．复制对象

若要在"设计中心"选项板中复制对象，首先展开相应的列表，然后选择块、图层或标注样式等，将其拖入当前视图中，即可复制图块或样式。如果按住鼠标右键将其拖入当前视图，系统将弹出快捷菜单，可以选择相应选项来执行操作。

3．以动态块形式插入

若要以动态块的形式在当前视图中插入外部文件，只需右击，并在弹出的快捷菜单中选择"块编辑器"选项，打开"块编辑器"窗口，可以通过该窗口将选中的图形创建为动态图块。

4．引入外部参照

从"设计中心"选项板中选择外部参照，按住鼠标右键将其拖至绘图区域后释放，在弹出的快捷菜单中选择"附加为外部参照"选项。弹出"外部参照"对话框，可以在其中设置插入点、插入比例和旋转角度。

练习6-8：插入沙发图块

利用"设计中心"选项板，可以将图块插入当前视图，但是要先把图块存储到计算机中指定的位置。具体的操作步骤如下。

01 单击快速访问工具栏中的"新建"按钮 ，新建空白文档。

02 按快捷键 Ctrl+2，打开"设计中心"选项板。

03 展开"文件夹列表"，在树状目录中选择 6 文件夹，文件夹中包含的所有图形文件显示在右侧的内容区，如图 6-33 所示。

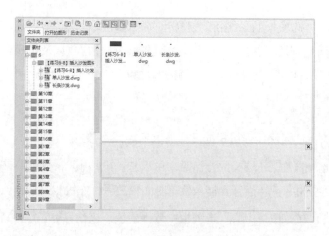

图 6-33

04 在内容区选择"长条沙发"图形并右击，弹出如图6-34所示的快捷菜单，选择"插入为块"

选项，弹出"插入"对话框，如图 6-35 所示。

图 6-34　　　　　　　　　　　　　　　　　　　图 6-35

05 单击"确定"按钮，将该图形布置到当前视图中，如图 6-36 所示。

06 在内容区选择"长条沙发"图形，将其拖至绘图区，根据命令行提示插入单人沙发，如图 6-37 所示。命令行提示如下。

```
命令：_INSERT 输入块名或 [?] <长条沙发>：
单位：毫米    转换：    1
指定插入点或 [基点(B)/比例(S)/X/Y/Z/旋转(R)]：                 //选择块的插入点
输入 X 比例因子，指定对角点，或 [角点(C)/XYZ(XYZ)] <1>：↙     //使用默认 X 比例因子
输入 Y 比例因子或 <使用 X 比例因子>：↙                      //使用默认 Y 比例因子
指定旋转角度 <0>：↙                                       //使用默认旋转角度
```

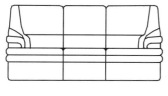
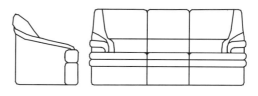

图 6-36　　　　　　　　　　　　　　　　　　　图 6-37

07 在命令行输入 M 并按 Enter 键，将已插入的"单人沙发"图块移至合适位置。再执行"镜像"命令，镜像复制一个与之对称的单人沙发，结果如图 6-38 所示。

08 在"设计中心"选项板的左侧，切换到"打开的图形"窗口，树状图中显示当前视图所包含的内容，选择块，在内容区中显示当前视图包含的两个图块，如图 6-39 所示。

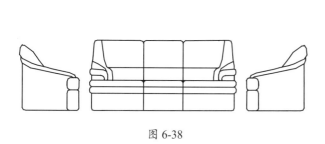

图 6-38　　　　　　　　　　　　　　　　　　　图 6-39

6.4 课后习题

6.4.1 理论题

1. "创建块"命令的工具按钮是（ ）。

A.    B. 　 C. 　 D. 　

2. 编辑属性块在（ ）中进行。

A. "属性定义"对话框 　　　　　　　　 B. "写块"对话框

C. "增强属性编辑器"对话框 　　　　　 D. "编辑块定义"对话框

3. "插入块"命令的快捷方式是（ ）。

A. C 　　　　　　 B. T 　　　　　 C. K 　　　　 D. I

4. 打开"设计中心"窗口的快捷键是（ ）。

A. Ctrl+2 　　　 B. Ctrl+3 　　　 C. Ctrl+4 　　　 D. Ctrl+5

5. 在"设计中心"窗口中选择图块，右击，在弹出的快捷菜单中选择（ ）选项，弹出"插入"对话框。

A. 图块 　　　 B. 插入为块 　　　 C. 创建 　　　 D. 属性块

6.4.2 操作题

1. 执行"创建块"命令，将如图 6-40 所示的组合餐桌创建为图块并存储在计算机中。

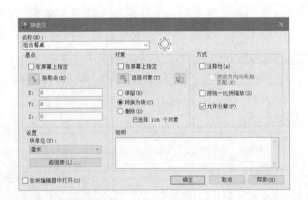

图 6-40

2. 执行"属性定义"命令，为熔断器添加属性文字，如图 6-41 所示。

图 6-41

3. 打开平面图，在"设计中心"窗体中选择图块，布置到平面图中，如图 6-42 所示。

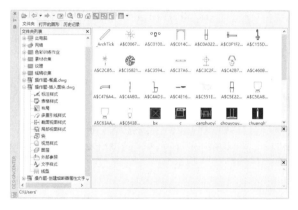

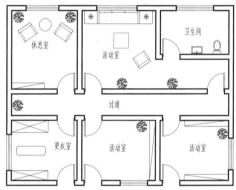

图 6-42

第 7 章　图形的输出和打印

当所有的设计和制图工作都已完成，接下来的步骤便是通过绘图仪或打印机将图形文件输出为图纸。本章将重点讨论 AutoCAD 出图过程中可能遇到的问题，其中包括模型空间与布局空间的转换、打印样式的选择以及打印比例的设置等关键内容。

7.1　模型空间与布局空间

模型空间和布局空间是两种功能各异的工作空间。通过单击绘图区域下方的标签页，可以在模型空间和布局空间之间进行切换。在一个打开的文件中，通常包含一个模型空间和两个默认的布局空间。此外，还可以根据需要创建更多的布局空间。

7.1.1　模型空间

当打开或新建一个图形文件时，系统默认会进入模型空间，如图 7-1 所示。模型空间是一个无限大的绘图区域，用户可以在其中创建二维或三维图形，并进行必要的尺寸标注和文字说明等操作。

模型空间所对应的窗口被称为"模型窗口"。在模型窗口中，十字光标覆盖整个绘图区域且始终保持激活状态，这为用户提供了便捷的绘图操作体验。此外，用户有权在模型窗口中创建多个不重复的平铺视口，从而能够展示图形的不同视图。举例来说，当绘制机械三维图形时，可以创建多个视口，以便从各个角度观察图形。若在某个视口内对图形进行了修改，其他视口中的图形内容也会同步更新，如图 7-2 所示。

图 7-1　　　　　　　　　　　　　　　　　图 7-2

7.1.2 布局空间

布局空间,也被称为"图纸空间",其主要用途是出图。在模型建立完成后,需要将模型打印到纸面上以形成图样。通过使用布局空间,可以方便地设置打印设备、纸张大小、比例尺和图样布局等各项参数。更重要的是,它还可以提供实际出图效果的预览,如图 7-3 所示。

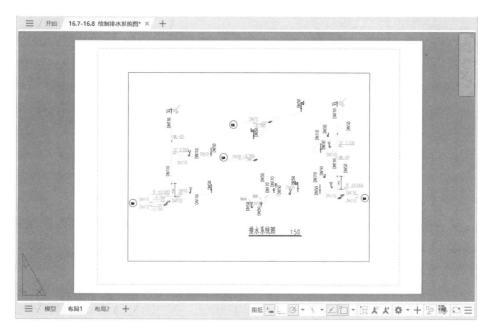

图 7-3

布局空间所对应的窗口被称为"布局窗口"。在同一个 AutoCAD 文档中,用户可以创建多个不同的布局图。通过单击工作区左下角的布局按钮,可以轻松地从模型窗口切换到各个布局窗口。当需要将多个视图放置在同一张图样上进行输出时,布局窗口提供了便捷的方式来控制图形的位置、输出比例等参数。

7.1.3 空间管理

通过右击绘图窗口下方的"模型"或"布局"选项卡,并在弹出的快捷菜单中选择相应的选项,用户可以对布局窗口执行删除、新建、重命名、移动、复制以及页面设置等操作,具体如图 7-4 所示。

1. 空间的切换

在"模型窗口"中完成图样绘制后,若准备进行打印,可以单击绘图区域左下角的布局空间标签,即"布局 1"和"布局 2",以进入布局空间。在此,用户可以对图样打印输出的布局效果进行详细设置。设置完成后,只需单击"模型"标签,如图 7-5 所示,即可轻松返回模型空间。

图 7-4　　　　　　　　　　　　　　　　图 7-5

练习 7-1：创建新布局

创建新的布局并将其重命名为合适的名称，整个操作过程如图 7-6 所示。这样做不仅便于快速浏览文件，还能帮助用户迅速定位到需要打印的图纸，例如立面图、平面图等，从而大大提高工作效率。

创建新布局的具体操作步骤如下。

01 单击快速访问工具栏中的"打开"按钮 ，打开"练习 7-1：创建新布局 .dwg"文件。

02 在"布局"选项卡中，单击"布局"面板中的"新建"按钮 ，输入新布局名称为"建筑立面图"。

03 完成布局的创建后，单击"建筑立面图"标签，切换至"建筑立面图"布局空间，结束操作。

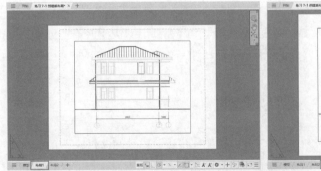

图 7-6

2．插入样板布局

在 AutoCAD 中，提供了多种样板布局供用户使用，其创建方法如下。

- 菜单栏：执行"插入"|"布局"|"来自样板的布局"命令，如图 7-7 所示。
- 功能区：在"布局"选项卡中，单击"布局"面板中的"从样板"按钮 ，如图 7-8 所示。

图 7-7

图 7-8

- 快捷方式：右击绘图窗口左下方的布局标签，在弹出的快捷菜单中选择"从样板" 选项。

执行上述任意操作后，将弹出"从文件选择样板"对话框，在其中选择需要的样板创建布局。

练习 7-2：插入样板布局

如果需要将图纸发送给国外的客户，可以尽量采用 AutoCAD 中自带的英制或公制模板，操作过程如图 7-9 所示。

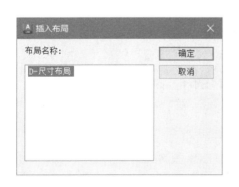

图 7-9

插入样板布局的具体操作步骤如下。

01 单击快速访问工具栏中的"新建"按钮🗋，新建空白文档。

02 在"布局"选项卡中，单击"布局"面板中的"从样板"按钮📃，弹出"从文件选择样板"对话框。

03 选择 Tutorial-iArch.dwt 选项，单击"打开"按钮，弹出"插入布局"对话框，在其中选择布局名称为"D-尺寸布局"后，单击"确定"按钮。

04 插入样板布局后，切换至新建的"D-尺寸布局"空间，结束操作。

练习 7-3：通过布局绘制室内设计图

通常情况下，绘图主要在模型空间中进行，但在布局空间中同样也可以进行图形的绘制和编辑。具体操作过程如图 7-10 所示。

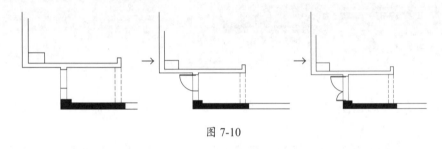

图 7-10

通过布局绘制室内设计图的具体操作步骤如下。

01 打开"练习 7-3：通过布局绘制室内设计图 .dwg"文件，切换到"平面图"布局空间。

02 在视口边框内双击，进入视口，滚动鼠标滚轮放大视图。在布局空间中绘制子母门。

03 输入 REC，设置尺寸参数为 710×30，绘制矩形；输入 A，绘制圆弧，表示门的开启方向。

04 重复上述操作，绘制尺寸为 420×30 的矩形，并绘制圆弧表示开启方向。

05 输入 E，删除门洞中的水平辅助线，结束绘制。

7.2 打印图形

AutoCAD 有两种打印图形的方式，模型打印与布局打印，即分别在模型空间与布局空间中打印输出图形。本节介绍具体的操作方法。

7.2.1 模型打印

在完成上述的所有设置后，即可开始打印出图了。执行"打印"命令的方法如下。

- 功能区：在"输出"选项卡中，单击"打印"面板中的"打印"按钮🖨。
- 菜单栏：执行"文件" | "打印"命令。

- 命令行：输入 PLOT。

- 快捷键：Ctrl+P。

在模型空间中，执行"打印"命令后，弹出"打印 - 模型"对话框，在其中进行出图前的最后设置，完成后直接打印图纸即可。

练习 7-4：打印地面平面图

本例将介绍如何从模型空间直接进行打印。首先，需要设置打印参数，然后进行打印操作，这样做是为了确保打印过程符合统一规范。可以参考此方法，根据自己的需求调整常用的打印设置。打印地面平面图的具体操作步骤如下。

01 单击快速访问工具栏中的"打开"按钮 📂，打开"练习 7-4：打印地面平面图"文件，如图 7-11 所示。

02 按快捷键 Ctrl+P，弹出"打印 - 模型"对话框，设置相应参数，如图 7-12 所示。

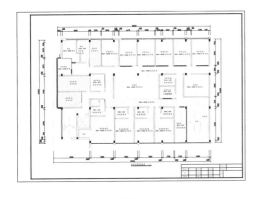

图 7-11

图 7-12

03 单击"预览"按钮，预览打印效果，如图 7-13 所示。

04 如果效果满意，右击，在弹出的快捷菜单中选择"打印"选项，弹出"浏览打印文件"对话框，如图 7-14 所示，设置保存路径，单击"保存"按钮，保存文件，完成模型打印的操作。

图 7-13

图 7-14

7.2.2 布局打印

在布局空间中，执行"打印"命令后，会弹出"打印 - 布局1"对话框。可以在"页面设置"选项组的"名称"下拉列表中选择已经创建的页面设置，从而避免重复设置。

布局打印分为"单比例打印"和"多比例打印"两种类型。单比例打印适用于一张图纸上多个图形的比例相同的情况，此时可以直接在模型空间内插入图框进行打印。而多比例打印则允许为不同的图形指定不同的比例来进行打印输出。

练习 7-5：单比例打印

单比例打印主要用于打印简单的图形。通过本例的详细介绍，熟悉如何在布局空间中创建新的布局、创建多个视口、调整视口的大小和位置、设置打印比例，以及如何进行图形的打印等操作。单比例打印的具体操作步骤如下。

01 打开"练习 7-5：单比例打印 .dwg"文件，如图 7-15 所示。

02 单击绘图区下方的"布局1"标签，进入布局1空间。单击"修改"面板中的"删除"按钮 ，将系统自动创建的视口删除。

03 将鼠标指针置于"布局1"标签上右击，在弹出的快捷菜单中选择"页面设置管理器"选项。

04 在弹出的"页面设置管理器"对话框中单击"新建"按钮，弹出"新建页面设置"对话框，设置新样式名称为"A3 图纸页面设置"。

05 单击"确定"按钮，打开"页面设置 -A3 图纸页面设置"对话框，设置参数如图 7-16 所示。

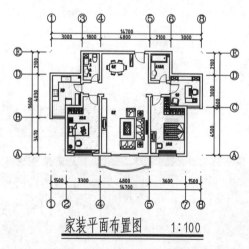

图 7-15

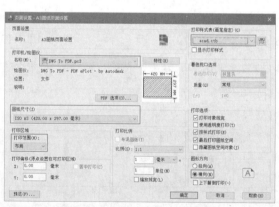

图 7-16

06 单击"确定"按钮，返回"页面设置管理器"对话框，单击"置为当前"按钮，将"A3 图纸页面设置"置为当前，最后单击"关闭"按钮关闭对话框返回绘图区。

07 单击"块"面板中的"插入块"按钮，插入"A3 图签"，并调整图框的位置，如图 7-17 所示。

08 新建 VPORTS 图层，设置为不可打印，并置为当前层，如图 7-18 所示。

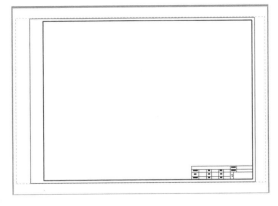

图 7-17

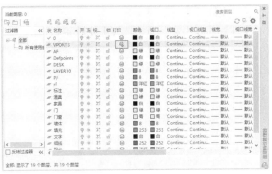

图 7-18

09 在命令行中输入 -VPORTS 并按 Enter 键，指定对角点，创建一个矩形视口，如图 7-19 所示。

10 在视口内双击，激活视口，调整出图比例为 1:100；在命令行中输入 PAN 并按 Enter 键，调整平面图在视口中的位置，如图 7-20 所示。

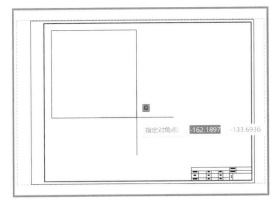

图 7-19

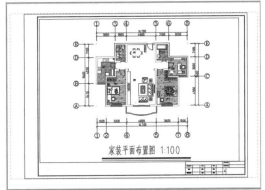

图 7-20

11 执行"文件"|"打印"命令，弹出"打印 – 布局 1"对话框，设置参数，如图 7-21 所示。

12 设置完成后，单击"预览"按钮，效果如图 7-22 所示。若效果满意，右击，在弹出的快捷菜单中选择"打印"选项，在"浏览打印文件"对话框中设置名称，单击"保存"按钮，打印输出图纸。

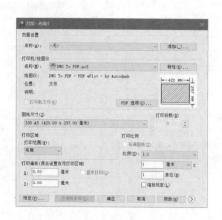

图 7-21

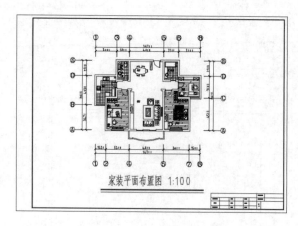

图 7-22

练习 7-6: 多比例打印

通过本例的介绍，熟悉布局空间的创建、多视口的创建、视口的调整、打印比例的设置、图形的打印等。多比例打印 的具体操作步骤如下。

01 打开"练习 7-6: 多比例打印 .dwg"文件，如图 7-23 所示。

02 单击绘图区下方的"布局 1"标签，进入布局 1 空间。单击"修改"面板中的"删除"按钮 ，将系统创建的视口删除。

03 将鼠标指针置于"布局 1"标签上，右击，在弹出的快捷菜单中选择"页面设置管理器"选项，弹出"页面设置管理器"对话框，参照前文讲述的方法，创建页面样式，如图 7-24 所示。

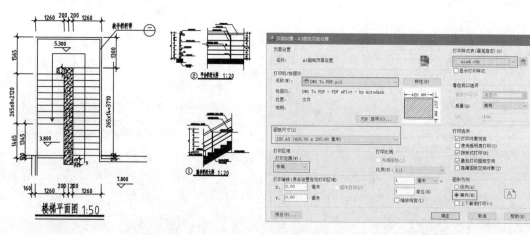

图 7-23

图 7-24

04 单击"块"面板中的"插入块"按钮 ，插入"A3 图签"，并调整图框的位置，如图 7-25 所示。

05 新建 VPORTS 图层，设置为"不可打印"，并置为当前层，如图 7-26 所示。

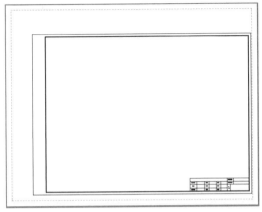

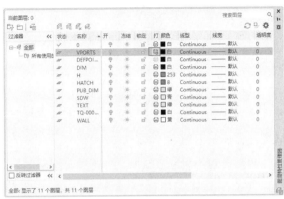

图 7-25

图 7-26

06 在命令行中输入 REC，配合"对象捕捉"功能，绘制 3 个矩形。在命令行中输入 -VPORTS 命令并按 Enter 键，将 3 个矩形转化为视口。

07 在其中一个视口内双击，激活视口，调整相应的出图比例。在命令行中输入 PAN 并按 Enter 键，调整图形的显示位置，如图 7-27 所示。

08 执行"文件"|"打印"命令，在弹出的"打印 - 布局 1"对话框中选择打印机并设置参数后，单击"预览"按钮，效果如图 7-28 所示。若不满意，可以返回继续调整参数，直到满意为止。单击"确定"按钮，在"浏览打印文件"对话框中设置名称，单击"保存"按钮进行打印输出。

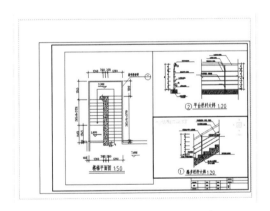

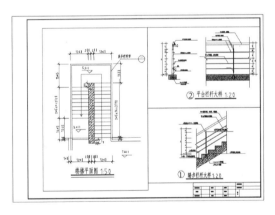

图 7-27

图 7-28

7.3 文件的输出

AutoCAD 提供了强大且便捷的绘图工具。在某些情况下，当使用 AutoCAD 完成绘图后，可能需要将绘图结果应用于其他程序。为了实现这一目标，需要将 AutoCAD 图形导出为通用格式的图像文件，例如 JPG、PDF 等。

7.3.1 输出为 DXF 文件

DXF 是 Autodesk 公司开发的 CAD 数据文件格式，旨在实现 AutoCAD 与其他软件之间的 CAD 数据交换。

DXF，即 Drawing Exchange File（图形交换文件），是一种基于 ASCII 的文本文件。它包含了对应 DWG 文件的全部信息，虽然这些信息并非以纯 ASCII 码形式存储，导致其可读性较差，但使用 DXF 文件生成图形的速度却非常快。值得注意的是，即使是同一版本的 DWG 文件，其数据也不可直接交换。为了解决这一问题，AutoCAD 引入了 DXF 文件类型，其内部数据以 ASCII 码形式存储。这样一来，不同类型的计算机就可以通过交换 DXF 文件来实现图形数据的交换。由于 DXF 文件具有良好的可读性，用户可以方便地对其进行修改和编程，从而实现从外部对图形进行编辑和修改的目的。

> **练习 7-7：输出 DXF 文件在其他建模软件中打开**

将 AutoCAD 图形输出为 DXF 文件后，就可以导入其他的建模软件，如 UG、Creo、草图大师等，操作过程如图 7-29 所示。DXF 文件适用于 AutoCAD 的二维草图输出。

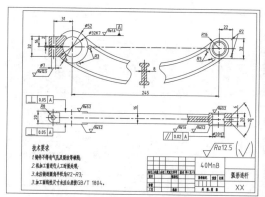
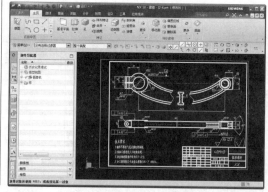

图 7-29

输出 DXF 文件的具体操作步骤如下。

01 打开要输出的"练习 7-7：输出 DXF 文件在其他建模软件中打开 .dwg"文件。

02 按快捷键 Ctrl+Shift+S，弹出"图形另存为"对话框，选择输出路径，自定义新的文件名，在"文件类型"下拉列表中选择"AutoCAD 2018 DXF（*.dxf）"选项。

03 在建模软件中导入生成的 DXF 文件，具体方法请见各软件有关资料，结束操作。

7.3.2 输出为 STL 文件

STL 文件是一种专用于平板印刷的文件格式，它能够将三维实体数据以三角形网格面的形式进行保存。这种文件格式常被用于转换 AutoCAD 创建的三维模型。近年来快速发展的 3D 打印技术就广泛采用了 STL 文件。除了 3D 打印，STL 文件还应用于通过逐层沉淀塑料、金属或复合材质来创建对象。通过这种方式生成的部分和模型通常被应用于如下多个领域。

- 可视化设计概念，识别设计问题。
- 创建产品实体模型、建筑模型和地形模型，测试外形、拟合和功能。
- 为真空成型法创建主文件。

练习 7-8：输出 STL 文件并用于 3D 打印

除了专业的三维建模，AutoCAD 2024 所提供的三维建模命令也可以使用户创建出自己想要的模型，并通过输出 STL 文件来进行 3D 打印。操作过程如图 7-30 所示。

图 7-30

输出 STL 文件的具体操作如下。

01 打开"练习 7-8：输出 STL 文件并用于 3D 打印 .dwg"文件，其中已经创建了三维模型。

02 单击"应用程序"按钮 **A**▾，在弹出的菜单中选择"输出"|"其他格式"选项。

03 弹出"输出数据"对话框，在文件类型下拉列表中选择"平板印刷（*.stl）"选项，单击"保存"按钮。

04 返回绘图界面，命令行提示选择实体或无间隙网络，手动将整个模型选中，然后按 Enter 键完成选择，即可在指定路径生成 STL 文件。该 STL 文件即可支持 3D 打印，具体方法请参阅 3D 打印的有关资料。

7.3.3　输出为 DWF 文件

为了能在互联网上展示 AutoCAD 图形，Autodesk 公司推出了一种新的文件格式，即 DWF（Drawing Web Format）。DWF 文件格式不仅支持图层、超链接、背景颜色、距离测量、线宽和比例等图形特性，还允许在不损失原始图形文件数据特性的情况下共享数据。用户可以先在 AutoCAD 中输出 DWF 文件，然后下载并安装 DWF Viewer 程序来查看这些文件。

练习 7-9：输出 DWF 文件加速设计图评审

为了能够与多方交流设计图纸，可以将图纸输出为 DWF 格式，具体的操作步骤如下。

01 打开"练习 7-9：输出 dwf 文件加速设计图评审 .dwg"文件，如图 7-31 所示。

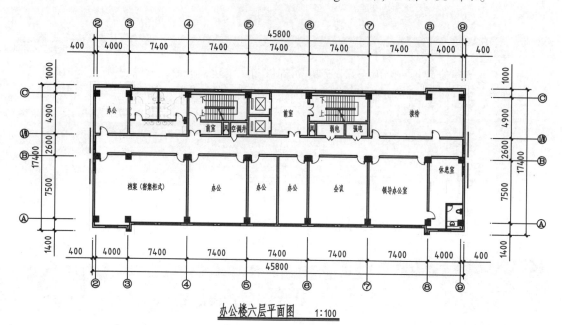

图 7-31

02 单击"应用程序"按钮 ，在弹出的菜单中选择"输出"|"DXF"选项，如图 7-32 所示。

03 弹出"另存为 DWF"对话框，选择输出路径，自定义新的文件名，单击"保存"按钮，即可输出 DWF 文件，如图 7-33 所示。

图 7-32

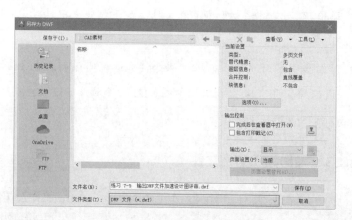

图 7-33

7.3.4　输出为 PDF 文件

PDF（Portable Document Format，便携式文档格式）是由 Adobe 公司开发的文件格式。PDF 文件基于 PostScript 语言图像模型，能在任何打印机上确保颜色的精确性和打印效果的准确性。也就是说，PDF 能够忠实地再现原稿中的每一个字符、颜色和图像。此外，PDF 文件格式与操作系统无关，在 Windows、UNIX 以及 macOS 等操作系统中均可通用。这些特点使 PDF 成为在互联网上进行电子文档发布和数字化信息传播的理想格式。因此，越来越多的电子图书、产品说明、公司文稿、网络资料以及电子邮件开始采用 PDF 格式。

练习 7-10：输出 PDF 文件供客户快速查阅

对于 AutoCAD 用户而言，掌握 PDF 文件的输出技能尤为重要。因为有些客户并非设计专业人士，他们的计算机中可能不会安装 AutoCAD 或简易的 Autodesk DWF Viewer 软件。这样，在设计图交流过程中可能会遇到很多麻烦。例如，直接通过截图的方式交流，但截图的分辨率通常较低；若输出为高分辨率的 JPEG 图形，又不便于添加批注等信息。为了解决这些问题，可以将 DWG 图形输出为 PDF 文件。这样做既能高清地还原 AutoCAD 图纸信息，又能方便地添加批注。更重要的是，PDF 文件普及度极高，可以在任何平台、任何系统上轻松打开。输出 PDF 文件的操作过程如图 7-34 所示。

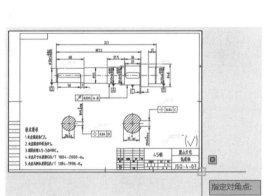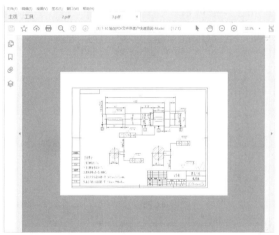

图 7-34

输出 PDF 文件的具体操作如下。

01 打开"练习 7-10：输出 PDF 文件供客户快速查阅 .dwg"文件，其中已经绘制了完整的图纸。

02 单击"应用程序"按钮 ▲▾，在弹出的菜单中选择"输出"|PDF 选项 。

03 弹出"另存为 PDF"对话框，在该对话框中指定输出路径、文件名，然后在"PDF 预设"下拉列表中选择 AutoCAD PDF（High Quality Print）选项，即"高品质打印"，也可以自行选择要输出 PDF 的品质。

04 在"输出"下拉列表中选择"窗口"选项，系统返回绘图界面，然后选择素材图形即可。

05 在"页面设置"下拉列表中选择"替代"选项，再单击下方的"页面设置替代"按钮，弹出"页面设置替代"对话框，在其中定义好打印样式和图纸尺寸等。

06 单击"确定"按钮返回"另存为 PDF"对话框，再单击"保存"按钮，即可输出 PDF 文件。

7.3.5 输出为高清图片文件

DWG 图纸允许用户将选定的对象输出为不同格式的图像文件，例如，使用 JPGOUT 命令可以导出 JPEG 图像文件，使用 BMPOUT 命令可以导出 BMP 位图图像文件，使用 TIFOUT 命令可以导出 TIF 图像文件，使用 WMFOUT 命令则可以导出 Windows 图元文件。然而，这些直接导出的图像通常分辨率较低，如果图形尺寸较大，可能无法满足印刷的质量要求。

不过，当学习了如何指定打印设备后，就可以通过调整图纸尺寸的方式来输出高分辨率的 JPEG 图片。下面，将通过一个具体的例子来详细介绍这一操作方法。

> 练习 7-11：输出高清图片文件

为方便传阅，将图纸输出为图片，不必下载安装 AutoCAD 软件也能观察出图效果，操作过程如图 7-35 所示。

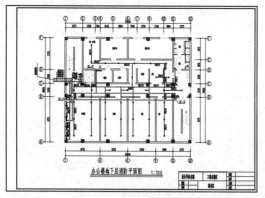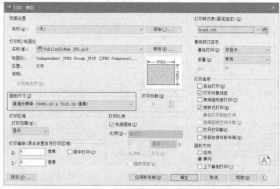

图 7-35

输出高清图片文件的具体操作步骤如下。

01 打开"练习 7-11：输出高清图片文件 .dwg"文件。

02 按快捷键 Ctrl+P，弹出"打印 - 模型"对话框。在"名称"下拉列表中选择打印机，本例要输出 JPEG 图片，选择 PublishToWeb JPG.pc3 打印机。

03 单击 PublishToWeb JPG.pc3 选项右侧的"特性"按钮，弹出"绘图仪配置编辑器"对话框，选择"用户定义图纸尺寸与校准"节点下的"自定义图纸尺寸"选项，然后单击右下方的"添加"按钮。

04 弹出"自定义图纸尺寸 - 开始"对话框，选择"创建新图纸"单选按钮，单击"下一步"按钮。

05 调整像素。跳转到"自定义图纸尺寸 - 介质边界"对话框，这里会提示当前图形的像素，可以酌情进行调整，本例修改宽度值为 9960，高度值为 7020。

06 单击"下一步"按钮，跳转到"自定义图纸尺寸 - 图纸尺寸名"对话框，在"名称"文本框中输入名称。

07 单击"下一步"按钮，再单击"完成"按钮，完成高清分辨率的设置。返回"绘图仪配置编辑器"对话框后单击"确定"按钮，再返回"打印 - 模型"对话框，在"图纸尺寸"下拉列表中选择刚才创建好的图纸尺寸。

08 单击"确定"按钮，设置文件名称及存储路径，稍后弹出"打印作业进度"对话框，显示打印进度，结束后到指定路径查看 JPEG 文件效果。

7.3.6　图纸的批量输出与打印

图纸的"批量输出"或"批量打印"一直是较常遇到的问题。以往，很多时候只能通过安装 AutoCAD 插件来完成这些操作，但这些插件的稳定性并不理想，使用效果也往往不尽如人意。

实际上，在 AutoCAD 中，可以利用"发布"功能来实现批量打印或输出的效果。最终的输出格式既可以是电子版文档，如 PDF、DWF，也可以是纸质文件。下面，将通过一个具体实例来详细说明这一操作过程。

> **练习 7-12：批量输出 PDF 文件**

PDF 格式的文件能够最大限度地满足使用需求，方便不同工作领域的用户浏览。将图纸以 PDF 格式批量输出的过程如图 7-36 所示。

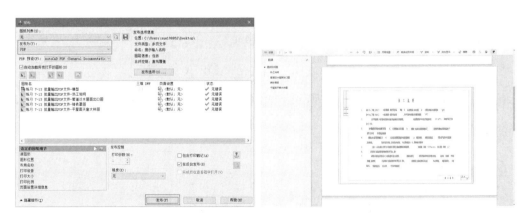

图 7-36

批量输出 PDF 文件的具体操作步骤如下。

01 打开"练习 7-13：批量输出 PDF 文件 .dwg"文件，其中已经绘制了 4 张图纸。

02 在状态栏中看到已经创建对应的 4 个布局，每个布局对应一张图纸。

03 单击"应用程序"按钮 A，在弹出的菜单中选择"打印"|"批处理打印"选项，弹出"发布"对话框，在"发布为"下拉列表中选择 PDF 选项，在"发布选项"中定义发布位置。

04 确认无误后，单击"发布"对话框中的"发布"按钮，弹出"指定 PDF 文件"对话框，在"文件名"文本框中输入发布后 PDF 文件的文件名，单击"选择"按钮即可发布。

05 如果是第一次进行 PDF 发布，会弹出"发布 - 保存图纸列表"对话框，单击"否"按钮即可。

06 此时 AutoCAD 弹出提示对话框，提示用户已经开始输出 PDF 文件。输出完成后在状态栏右下角出现气泡提示，PDF 文件输出完成。

07 打开输出后的 PDF 文件，在左侧目录可以看到其他图纸的名称。

7.4 课后习题

7.4.1 理论题

1. 当打开或新建一个图形文件时，系统将默认进入（　　）。

A. 布局空间　　　　　　B. 模型空间　　　　　　C. 三维空间　　　　　　D. 注释空间

2. 单击绘图区下面的（　　），可以在模型空间和布局空间切换。

A. 标签页　　　　B. 工具按钮　　　　C. 快捷菜单　　　　D. 选项按钮

3. 执行"打印"命令的快捷键是（　　）。

A. Ctrl+A　　　　B. Ctrl+C　　　　C. Ctrl+D　　　　D. Ctrl+P

4. 执行（　　）命令，可以打开 Plotters 对话框。

A. "打印"|"管理绘图仪"　　　　B. "文件"|"绘图仪管理器"

C. "编辑"|"管理绘图仪"　　　　D. "格式"|"绘图仪管理器"

5. 单击"应用程序"按钮 A，在列表中选择（　　）选项，在子菜单中显示文件的输出格式。

A. 输出　　　　B. 打印　　　　C. 保存　　　　D. 发布

7.4.2 操作题

1. 设置图形打印参数，将如图 7-37 所示的乔木种植图打印输出。

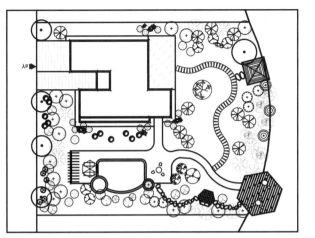

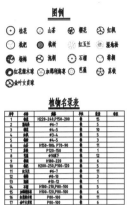

图 7-37

2. 将如图 7-38 所示的照明平面图输出为高清图片。

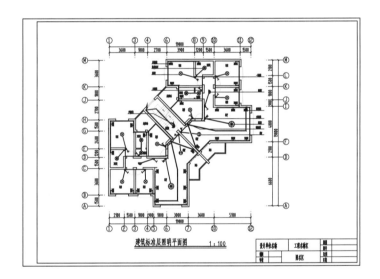

图 7-38

第2篇 三维设计

第 *8* 章 三维绘图基础

如今，三维设计已经变得越来越普遍。相比之下，传统的平面绘图显得不够直观和生动。为了解决这个问题，AutoCAD 从 2005 版本开始就提供了三维建模工具。到最新的 AutoCAD 2024 版本，这些三维建模工具的功能已经得到了很大的改进和完善，能够满足基本的设计需求。

本章将主要介绍三维建模的相关知识，包括三维建模空间、坐标系的使用、视图和视觉样式的调整等内容。这些知识将为后续章节中创建复杂模型奠定基础。

8.1 三维建模工作空间

AutoCAD 的三维建模工作空间是一个真正的三维环境，与草图和注释空间相比，它增加了一个 Z 轴方向上的维度。在三维建模功能区中，有多个选项卡，包括："常用""实体""曲面""网格""可视化""参数化""插入""注释""视图""管理"和"输出"等。每个选项卡下都配备了相应的功能面板，以便进行特定的操作。由于这个空间主要专注于实体建模，因此功能区特别提供了"建模""视觉样式""光源""材质"和"渲染"等面板。这些面板为用户在创建、观察三维图形，以及附着材质、创建动画和设置光源等操作方面提供了极大的便利。

进入三维模型空间的执行方法如下。

- 快速访问工具栏：单击快速访问工具栏中的"切换工作空间"列表，如图 8-1 所示，在该列表中选择"三维基础"或"三维建模"工作空间选项。
- 状态栏：在状态栏右侧单击"切换工作空间"按钮，展开如图 8-2 所示的菜单，选择"三维基础"或"三维建模"工作空间选项。

执行上述任意操作，都可进入三维模型空间。在"三维基础"或者"三维建模"空间中都可以创建、编辑、查看三维模型。本章在"三维建模"空间中创建和编辑模型。

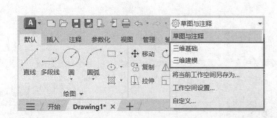

图 8-1

图 8-2

8.2　三维模型分类

AutoCAD 支持 3 种类型的三维模型——线框模型、表面模型和实体模型。每种模型都有各自的创建和编辑方法，以及不同的显示效果。

8.2.1　线框模型

线框模型是一种轮廓模型，仅描述三维对象的轮廓，主要包含描述对象的三维直线和曲线，但不具备面和体的特征。在 AutoCAD 中，可以通过在三维空间内绘制点、线和曲线的方式来创建线框模型。图 8-3 展示了线框模型的效果。

8.2.2　表面模型

表面模型是由零厚度的表面拼接而成的三维模型，它仅包含表面，没有内部填充。在 AutoCAD 中，表面模型主要分为曲面模型和网格模型两种。曲面模型是具有连续曲率的单一表面，而网格模型则是使用许多多边形网格来近似拟合曲面。表面模型非常适合用于构建不规则的曲面，例如模具、发动机叶片以及汽车表面等。在体育馆、博物馆等大型建筑的三维效果图中，屋顶、墙面等可以简化为曲面模型。对于网格模型来说，多边形网格越密集，所表示的曲面就越光滑。此外，由于表面模型具备面的特性，因此可以对其进行诸如计算面积、隐藏、着色、渲染以及求取两个表面交线等操作。图 8-4 展示了表面模型。

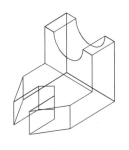

图 8-3

图 8-4

> **提示：**
> 线框模型虽然能以三维形式显示，但实际上它是由线条构成的，缺乏面和体的具体特征。因此，对于线框模型，无法执行诸如面积、体积、重心、转动惯量、惯性矩等计算。同时，线框模型也不支持着色、渲染等图形操作。

8.2.3　实体模型

实体模型包含边线、表面和厚度等属性，是最接近真实物体的三维模型。在 AutoCAD 中，实体模型不仅展现了线和面的特性，还具备了体的特征。这使不同的实体对象之间可以进行各种运算操作，进而构建出复杂的三维实体模型。此外，在 AutoCAD 中，可以直观地了解实体模型的各项特性，例如体积、重心、转动惯量和惯性矩等。同时，还可以对实体模型进行隐藏、剖切、装配干涉检查等操作。对于具有基本形状的实体，AutoCAD 还支持进行并集、交集、差集等布尔运算，以构建更为复杂的模型。图 8-5 展示了实体模型。

图 8-5

8.3　三维坐标系

AutoCAD 的三维坐标系由 3 个彼此垂直且通过同一点的坐标轴构成，这 3 个坐标轴分别被称为 X 轴、Y 轴和 Z 轴。它们的交点是坐标系的原点，即各个坐标轴的起点。从原点出发，沿坐标轴正方向的点使用正坐标值进行度量，而沿坐标轴负方向的点则使用负坐标值进行度量。因此，在三维空间中，任意一点的位置都可以通过其三维坐标（x,y,z）来唯一确定。

在 AutoCAD 2024 中，常用的两大坐标系是"世界坐标系"和"用户坐标系"。其中，"世界坐标系"是系统默认的二维图形坐标系，其原点和坐标轴方向都是固定不变的。对于二维图形的绘制，世界坐标系通常能够满足需求。然而，在进行三维建模时，由于需要频繁地定位对象，使用固定不变的坐标系会显得非常不便。因此，在三维建模过程中，通常会使用"用户坐标系"。这是一个由用户自定义的坐标系，可以在建模过程中灵活创建，以满足各种定位需求。

8.3.1　定义 UCS

UCS（用户坐标系）不仅表示了当前坐标系的坐标轴方向和坐标原点位置，还表示了相对于当前 UCS 的 XY 平面的视图方向。在三维建模环境中，UCS 尤为重要，因为它允许用户根据不同的指定方位来精确地创建和定位模型特征。

管理 UCS 主要有如下方法。

- 功能区：在"常用"选项卡中单击"坐标"面板工具按钮，如图 8-6 所示。

- 菜单栏：执行"工具"|"新建 UCS"子菜单中的命令，如图 8-7 所示。

- 命令行：输入 UCS。

图 8-6   图 8-7

8.3.2 动态 UCS

动态 UCS 可以在创建对象时使 UCS 的 XY 平面自动与实体模型上的平面临时对齐。

执行动态 UCS 命令的方法如下。

- 状态栏：单击状态栏中的"动态 UCS"按钮 ⌐。

- 快捷键：F6。

使用绘图命令时，可以通过在面的一条边上移动指针对齐 UCS，而无须使用 UCS 命令。结束该命令后，UCS 将恢复到上一个位置和方向。使用动态 UCS 绘图的过程如图 8-8 所示。

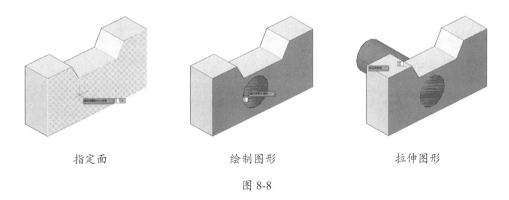

指定面   绘制图形   拉伸图形

图 8-8

8.3.3 管理 UCS

与图块、参照图形等参考对象一样，UCS 也可以进行管理。

在命令行输入 UCSMAN 并按 Enter 键，弹出如图 8-9 所示的 UCS 对话框。该对话框包含多项功能，如 UCS 命名、UCS 正交、显示方式设置以及应用范围设置等。

当切换到"命名 UCS"选项卡时，如果单击"置为当前"按钮，可以将选定的坐标系设置为当前工作坐标系。单击"详细信息"按钮，则会弹出一个新的对话框，显示当前使用和已命名的 UCS 的详细信息，如图 8-10 所示。

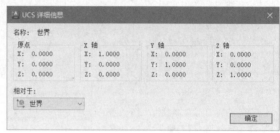

图 8-9   图 8-10

"正交 UCS"选项卡用于将 UCS 设置为正交模式。用户可以在"相对于"下拉列表中选定用于定义 UCS 正交模式的坐标系。同时，也可以在"当前 UCS：UCS"列表中选择某个正交模式，并将其设置为当前工作坐标系，如图 8-11 所示。

单击"设置"选项卡，可以通过"UCS 图标设置"和"UCS 设置"选项组来设置 UCS 图标的显示形式、应用范围等特性，如图 8-12 所示。

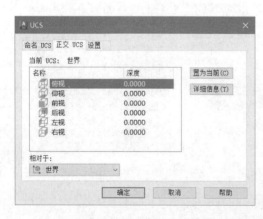

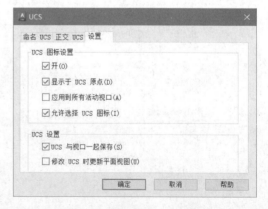

图 8-11   图 8-12

练习 8-1：创建新的用户坐标系

与其他建模软件（如 UG、SolidWorks、犀牛）不同，AutoCAD 中并没有专门的"基准面"和"基准轴"命令，取而代之的是灵活的 UCS（用户坐标系）。在 AutoCAD 中新建的 UCS 可以实现与其他软件中的"基准面"和"基准轴"类似的效果。操作过程如图 8-13 所示。

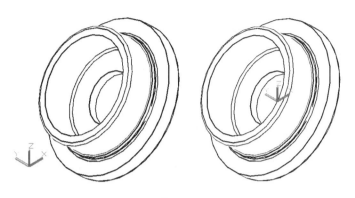

图 8-13

创建新的用户坐标系的具体操作步骤如下。

01 单击快速访问工具栏中的"打开"按钮，打开"练习 8-1：创建新的用户坐标系 .dwg"文件。

02 在"常用"选项卡中，单击"坐标"面板中的"原点"按钮。当命令行提示指定 UCS 原点时，捕捉到圆心并单击，即可创建一个以圆心为原点的新用户坐标系。

8.4　观察三维模型

为了能从不同角度观察和验证三维效果模型，AutoCAD 提供了视图变换工具。视图变换是指在模型所在的空间坐标系保持不变的情况下，通过改变观察视点来得到模型的不同视图。

由于视图是二维的，因此它们能够在工作区内显示。在这个比喻中，视点就像相机的镜头，而观察的对象则是相机对准拍摄的目标点。视点和目标点的连线形成了视线，拍摄出的照片即为我们所看到的视图。因为从不同角度拍摄的照片会有所不同，所以从不同视点观察到的视图也会有所不同。

8.4.1　视图控制器

AutoCAD 提供了 6 个基本视点，分别是俯视、仰视、右视、左视、前视和后视，以及四个特殊视点，包括西南等轴测、东南等轴测、东北等轴测和西北等轴测。在绘图区的右上角，当单击 ViewCube 的面时，如图 8-14 所示，可以方便地切换到各个基本视图，例如左视图或右视图。

当单击 ViewCube 的角点时，如图 8-15 所示，可以轻松切换到特殊视点视图，如西南等轴测视图或东南等轴测视图。这样的设计使用户能够灵活地从不同角度观察和呈现三维模型。

图 8-14

图 8-15

执行"视图"|"三维视图"命令，或者单击视图工具栏中相应的按钮，可以切换视图。

从 6 个基本视点来观察图形确实非常方便。这 6 个基本视点的视线方向分别与 X、Y、Z 三坐标轴之一平行，并且与 XY、XZ、YZ 三个坐标平面之一正交。因此，相对应的 6 个基本视图实际上是将三维模型投影到 XY、XZ、YZ 平面上的二维图形。通过这种方式，三维模型被转换成了二维模型。在这些基本视图上编辑模型，就像是在绘制二维图形一样直观和简便。

此外，切换到西南等轴测、东南等轴测、东北等轴测和西北等轴测这 4 个特殊视图，可以获得具有立体感的显示效果。在各个视图之间进行切换的方法主要包括以下几种。

- 菜单栏：执行"视图"|"三维视图"子菜单中的命令。
- 功能区：在"常用"选项卡中，展开"视图"面板中的"恢复视图"下拉列表，选择所需的视图选项。
- 视图控件：单击绘图区左上角的视图控件，在弹出的菜单中选择所需的模型视图选项。

练习 8-2：调整视图方向

通过 AutoCAD 自带的视图工具，可以很方便地将模型视图调整至标准方向。操作过程如图 8-16 所示。

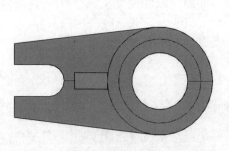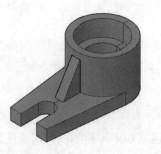

图 8-16

调整视图方向的具体操作步骤如下。

01 单击快速访问工具栏中的"打开"按钮，打开"练习 8-2：调整视图方向 .dwg"文件。

02 在"常用"选项卡中，展开"视图"面板中的"恢复视图"下拉列表，选择"西南等轴测"选项，转换至西南等轴测视图。

8.4.2　视觉样式

视觉样式是用于控制视口中三维模型的边缘显示和着色效果的工具。当对三维模型应用了某种视觉样式或更改了其他相关设置后，即可在视口中即时查看到这些视觉效果的变化。

在各个视觉样式之间进行切换的方法主要有以下几种。

- 菜单栏：在"视图"|"视觉样式"子菜单中选择所需的视觉样式，如图 8-17 所示。
- 功能区：在"常用"选项卡中，展开"视图"面板中的"视觉样式"下拉列表，如图 8-18 所示，选择所需的视觉样式选项。
- 视觉样式控件：单击绘图区左上角的视觉样式控件，在弹出的菜单中选择所需的视觉样式选项，如图 8-19 所示。

图 8-17

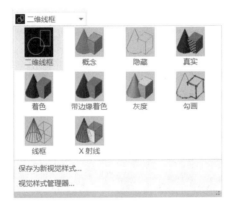

图 8-18

图 8-19

选择任意视觉样式，即可将视图切换至对应的效果。AutoCAD 2024 中有以下几种视觉样式。

- 二维线框：此模式在三维空间中以线框的形式展示模型，其中光栅和 OLE 对象、线型和线宽均清晰可见。默认情况下，它会显示模型的所有轮廓线，如图 8-20 所示。
- 概念：在此模式下，模型会进行平滑着色，虽然显示效果可能缺乏真实感，但它使查看模型的细节变得更为方便，如图 8-21 所示。
- 隐藏：也称为三维隐藏，该模式使用三维线框来表示对象，并会隐藏对象背面的线。这种显示方式使观察模型变得更为容易和清晰，如图 8-22 所示。
- 真实：在此模式下，使用平滑着色来显示对象，并会展示已附着到对象上的材质。这种显示方法能够呈现出三维模型的真实感，如图 8-23 所示。

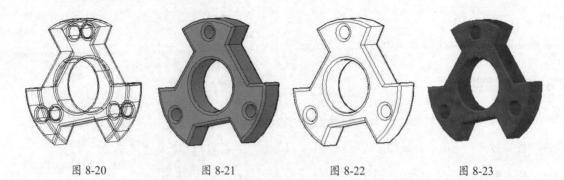

| 图 8-20 | 图 8-21 | 图 8-22 | 图 8-23 |

- 着色：此模式与"真实"模式相似，不显示对象的轮廓线，仅使用平滑着色来展示对象，如图 8-24 所示。

- 带边缘着色：该模式类似"着色"模式，但在对象的表面轮廓线上以暗色线条进行显示，增强了模型的三维感，如图 8-25 所示。

- 灰度：在此模式下，对象使用平滑着色和单色灰度来显示，并且会显示可见的轮廓线，如图 8-26 所示。

- 勾画：该模式通过使用线延伸和抖动边缘来模拟手绘效果的对象显示，仅显示对象的可见轮廓线，如图 8-27 所示。

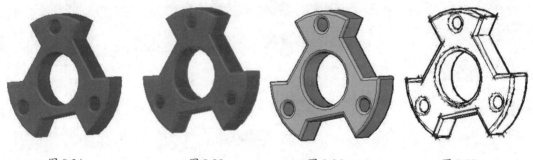

| 图 8-24 | 图 8-25 | 图 8-26 | 图 8-27 |

- 线框：即三维线框模式，它通过直线和曲线来表示对象的边界。在此模式下，所有的边和线都是可见的。但需要注意的是，在显示复杂的三维模型时，这种显示方式可能会使结构变得难以分辨。此外，在此模式下，坐标系会变成一个着色的三维 UCS 图标。如果系统变量 COMPASS 设置为 1，那么三维指北针将会出现，以便更好地进行方向定位，如图 8-28 所示。

- X 射线：此模式采用局部透视的方式来显示对象，这意味着即使是不可见的边也会以褪色的形式显示出来，从而提供了一种独特的视觉效果，使用户可以看到模型内部的结构，如图 8-29 所示。

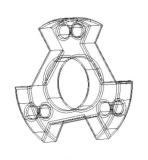

图 8-28   图 8-29

练习8-3：切换视觉样式与视点

AutoCAD 提供了多种视觉样式，选择对应的选项，即可快速切换至所需的样式。操作过程如图 8-30 所示。

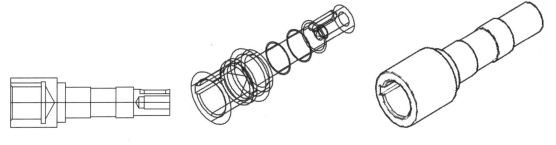

图 8-30

切换视觉样式与视点的具体操作步骤如下。

01 单击快速访问工具栏中的"打开"按钮，打开"练习 8-3：切换视觉样式与视点 .dwg"文件。

02 在"常用"选项卡中，展开"视图"面板中的"恢复视图"下拉列表，选择"西南等轴测"选项，转换至西南等轴测视图。

03 在"常用"选项卡的"视图"面板中展开"视觉样式"下拉列表，选择"勾画"选项，结束操作。

8.4.3　管理视觉样式

在实际建模过程中，除了可以应用 10 种默认视觉样式，还可以通过"视觉样式管理器"选项板进一步控制边线的显示、面的显示、背景的显示，以及材质的贴图和纹理，甚至调整模型的显示精度等多种特性。

"视觉样式管理器"提供了一个集中的平台，用于对各种视觉样式进行细致的调整。要打开这个管理器，可以采用以下两种方法。

- 菜单栏：执行"视图"|"视觉样式"|"视觉样式管理器"命令。
- 命令行：输入 VISUALSTYLES。

通过以上任意方法打开"视觉样式管理器"选项板。

"图形中可用视觉样式"列表中展示了图形中可用的视觉样式样例图像。当选定某个视觉样式时，该样式会被黄色边框高亮显示，同时其名称会出现在选项板的顶部。在"视觉样式管理器"的下半部分，可以集中管理该视觉样式的面设置、环境设置和边设置等参数。

在"视觉样式管理器"选项板中，工具条提供了一系列实用的工具按钮。可以利用这些工具来创建新的视觉样式、将选定的视觉样式快速应用于当前视口、将选定的视觉样式便捷地输出到工具选项板，以及删除不再需要的视觉样式。

若希望创建自定义的视觉样式，可以先从"图形中的可用视觉样式"列表中选择一个选项作为基础，然后根据个人需求在参数栏中设置相应的参数，从而实现个性化的视觉样式定制。

即便是相同的视觉样式，如果参数设置不同，显示效果也不一样。本例通过调整模型的光源质量来演示具体的操作方法，如图 8-31 所示。

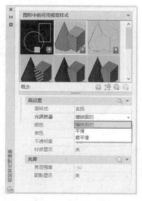

图 8-31

调整视觉样式的具体操作步骤如下。

01 单击快速访问工具栏中的"打开"按钮 ，打开"练习 8-4：调整视觉样式"文件。

02 执行"视图"|"视觉样式"|"视觉样式管理器"命令，弹出"视觉样式管理器"对话框，单击"面设置"选项组中的"光源质量"下拉列表，选择"镶嵌面的"选项，结束操作。

8.4.4 三维视图的平移、旋转与缩放

利用"三维平移"工具，可以轻松地将图形所在的图纸随着鼠标指针的移动而移动，实现

图形的灵活定位。同时，"三维缩放"工具则允许改变图纸的整体比例，这样既可以放大图形以更细致地观察其细节，也可以缩小图形以更全面地观察其整体布局。这两项操作都可以通过"三维建模"工作空间"视图"选项卡中的"导航"面板快速执行，如图 8-32 所示。

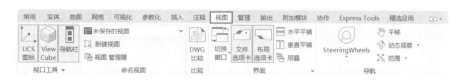

图 8-32

1．三维平移对象

三维平移有以下操作方法。

- 功能区：在"视图"选项卡中，单击"导航"面板中的"平移"按钮🖐，此时绘图区中的鼠标指针呈🖐状，按住鼠标左键并沿任意方向拖动，窗口内的图形将随鼠标指针在同一方向上移动。

- 鼠标操作：按住鼠标中键进行拖动。

2．三维旋转对象

三维旋转有以下操作方法。

- 功能区：在"视图"选项卡中激活"导航"面板，然后执行"导航"面板中的"动态观察"或"自由动态观察"命令，即可进行旋转。

- 鼠标操作：按住 Shift 键和鼠标中键移动图形对象。

3．三维缩放对象

三维缩放有以下几种操作方法。

- 功能区：在"视图"选项卡中，单击"导航"面板中的"范围"按钮⟲，根据实际需要在弹出的菜单中选择一种方式进行缩放即可。

- 鼠标操作：滚动鼠标滚轮。

单击"导航"面板中的"缩放"按钮⟲后，命令行提示如下。

```
命令：'_zoom
指定窗口的角点，输入比例因子 (nX 或 nXP)，或者
[ 全部 (A) / 中心 (C) / 动态 (D) / 范围 (E) / 上一个 (P) / 比例 (S) / 窗口 (W) / 对象 (O)] <实时 >:
_e 正在重生成模型。
```

此时也可以直接单击"缩放"按钮⟲后的下拉按钮，选择对应的工具进行缩放。

8.4.5 三维动态观察

AutoCAD 提供了一个交互式的三维动态观察器功能，此功能允许在当前视口中创建一个可交互的三维视图。用户可以利用鼠标实时地控制并修改这个视图，从而获得多种不同的观察角度和效果。借助三维动态观察器，既可以全面地查看整个图形，也能够聚焦于模型中的任意特定对象。

要快速启动三维动态观察功能，可以通过单击"视图"选项卡中的"导航"面板工具按钮来实现，具体操作如图 8-33 所示。

1．受约束的动态观察

利用"动态观察"工具，可以对视图中的图形进行有约束的动态观察。这意味着在水平、垂直或对角线方向上拖动对象时，都能进行动态的观察。在观察过程中，视图的目标位置始终保持不变，而相机的位置（即观察点）会围绕这个目标进行移动。默认情况下，观察点的移动会受到约束，只能沿着世界坐标系的 XY 平面或 Z 轴进行移动。

在"视图"选项卡中，单击"导航"面板中的"动态观察"按钮 🔄，此时绘图区鼠标指针呈 🔄 状。按住鼠标左键并拖动可以对视图进行受约束的三维动态观察，如图 8-34 所示。

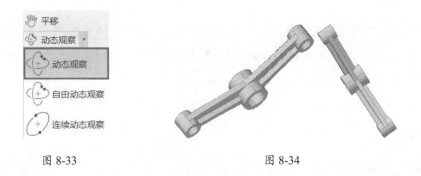

图 8-33　　　　　　　　　　　　　　图 8-34

2．自由动态观察

"自由动态观察"工具可以对视图中的图形进行任意角度的动态观察。在"视图"选项卡中，单击"导航"面板中的"自由动态观察"按钮 🔄，此时在绘图区显示一个导航球，如图8-35 所示，分别介绍如下。

- 指针在弧线球内移动：当在弧线球内移动鼠标指针进行图形的动态观察时，鼠标指针将变成 🔄 状，此时观察点可以在水平、垂直以及对角线等任意方向上移动任意角度，即可以对观察对象做全方位的动态观察，如图 8-36 所示。

- 指针在弧线球外移动：当鼠标指针在弧线外部移动时，鼠标指针呈 ◯ 状，此时移动鼠标指针，图形将围绕着一条穿过弧线球球心且与屏幕正交的轴（即弧线球中间的绿色圆心 ●）旋转，如图 8-37 所示。

图 8-35　　　　　　　　　　　　　图 8-36

- 指针在左右侧小圆内移动：当鼠标指针置于导航球顶部或者底部的小圆上时，鼠标指针呈⊕状，按住鼠标左键并上下拖动，将使视图围绕着通过导航球中心的水平轴旋转。当鼠标指针置于导航球左侧或者右侧的小圆时，鼠标指针呈-⊙-状，按住鼠标左键并左右移拖动，将使视图围绕着通过导航球中心的垂直轴旋转，如图 8-38 所示。

图 8-37　　　　　　　　　　　　　图 8-38

3．连续动态观察

利用"连续动态观察"工具可以使观察对象围绕指定的旋转轴做匀速旋转运动。在"视图"选项卡中，单击"导航"面板的"连续动态观察"按钮 ，此时在绘图区鼠标指针呈 状，按住鼠标左键并拖动，使对象沿移动方向开始移动。释放鼠标左键后，对象将在指定的方向上继续移动。鼠标指针移动的速度决定了对象的旋转速度。

8.4.6　设置视点

视点指观察图形的方向。在三维工作空间中，通过在不同的位置设置视点，可以在不同方位观察模型的投影效果，方便了解模型的外形特征。

在三维环境中，默认的视点为（0,0,1），即从（0,0,1）点向（0,0,0）点观察模型，即视图中的俯视方向。要重新设置视点，在 AutoCAD 2024 中有以下方法。

- 菜单栏：执行"视图"|"三维视图"|"视点"命令。
- 命令行：输入 VPOINT

执行"视点"命令，命令行提示"指定视点""旋转"和"显示坐标球和三轴架"3 种视点设置方式。

1. 指定视点

指定视点是指选择某一点作为视点方向，接着将这一点与坐标原点连接，所形成的连线方向即作为观察方向。绘图区会显示沿着这个观察方向上的投影效果，如图 8-39 所示。

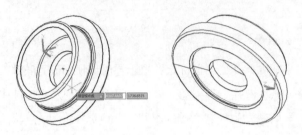

图 8-39

此外，对于不同的标准投影视图，其对应的视点、角度及夹角各不相同，并且是唯一的，见表 8-1。

表 8-1 标准投影方向对应的视点、角度及夹角

标准投影方向	视点	在 XY 平面上的角度	和 XY 平面的夹角
俯视	0,0,1	270°	90°
仰视	0,0,–1	270°	-90°
左视	–1,0,0	180°	0°
右视	1,0,0	0°	0°
主视	0,–1,0	270°	0°
后视	0,1,0	90°	0°
西南等轴测	–1,–1,1	225°	45°
东南等轴测	1,–1,1	315°	45°
东北等轴测	1,1,1	45°	45°
西北等轴测	–1,1,1	135°	45°

提示:
设置视点时输入的视点坐标是相对于世界坐标系而言的。以创建一个法兰为例，假设世界坐标系如图 8-40所示，当前的UCS（用户坐标系）则如图8-41所示。如果输入视点坐标为（0,0,1），那么视图的方向将会如图8-42所示。从这个示例中可以看出，所设置的视点方向是以世界坐标系为参照的，与当前的UCS并无直接关联。

图 8-40

图 8-41

图 8-42

2. 旋转

设置两个角度指定新的方向，第一个角是在 XY 平面中与 X 轴的夹角，第二个角是与 XY 平面的夹角，位于 XY 平面的上方或下方。

练习 8-5：旋转视点

旋转视点也是一种常用的三维模型观察方法，尤其是图形具有较复杂的内腔或内部特征时。操作过程如图 8-43 所示。

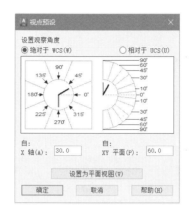

图 8-43

旋转视点的具体操作步骤如下。

01 单击快速访问工具栏中的"打开"按钮 📂，打开"练习 8-5：旋转视点 .dwg"文件。

02 在命令行中输入 VPOINT 按 Enter 键，弹出"视点预设"对话框，设置角度参数。

03 单击"确定"按钮，完成旋转视点的操作。

3. 显示坐标球和三轴架

默认状态下，执行"视图"|"三维视图"|"视点"命令，在绘图区显示坐标球和三轴架。通过移动鼠标指针，可以调整三轴架的不同方位，同时改变视点方向。图 8-44 所示为鼠标指针在 A 点时图形的投影。

三轴架的 3 个轴分别代表 X、Y 和 Z 轴的正方向。当鼠标指针在坐标球的范围内移动时，三维坐标系通过绕 Z 轴旋转可调整 X、Y 轴的方向。坐标球中心及两个同心圆可定义视点和目标点连线与 X、Y、Z 平面的角度。

提示：
坐标球的维度表示方式如下：中心点代表北极（0,0,1），这相当于视点位于 Z 轴的正方向上；内环则代表赤道（n,n,0）；而整个外环代表南极（0,0,-1）。当鼠标指针移至内环时，意味着视点位于球体的上半部分；而当鼠标指针位于内环和外环之间时，表示视点处于球体的下半部分。随着鼠标指针在坐标球上的移动，三轴架也会相应发生变化，同时视点位置也会持续改变。

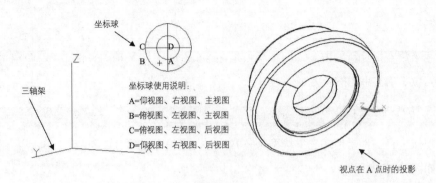

图 8-44

8.4.7 使用视点切换平面视图

单击"设置为平面视图（V）"按钮，可以将坐标系设置为平面视图（XY 平面）。具体操作如图 8-45 所示。

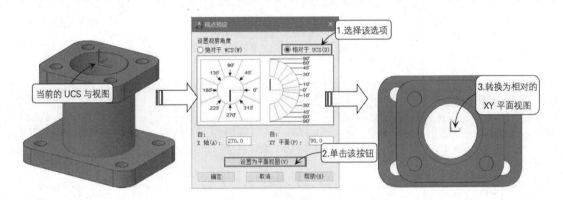

图 8-45

选中"绝对于 WCS"单选按钮，会将视图调整至世界坐标系中的 XY 平面，与用户指定的 UCS 无关，如图 8-46 所示。

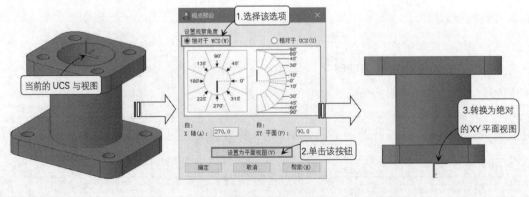

图 8-46

8.4.8 ViewCube（视角立方）

在"三维建模"工作空间中，使用 ViewCube 工具可切换各种正交或轴测视图模式，即可切换 6 种正交视图、8 种正等轴测视图和 8 种斜等轴测视图，以及其他视图方向，可以根据需要快速调整模型的视点。

ViewCube 工具中显示了非常直观的 3D 导航立方体，单击该工具图标的各个位置将显示不同的视图效果，如图 8-47 所示。

该工具图标的显示方式可根据需要进行必要的修改。用户可以右击立方体并在弹出的快捷菜单中选择"ViewCube 设置"选项，此时会弹出"ViewCube 设置"对话框，如图 8-48 所示。

图 8-47

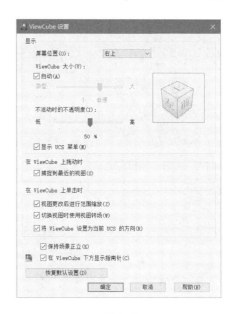

图 8-48

在"ViewCube 设置"对话框中，可以设置参数值以控制立方体的显示方式和行为。此外，还可以在该对话框中调整立方体的默认位置、尺寸以及透明度。

另外，当右击 ViewCube 工具时，可以通过弹出的快捷菜单选择三维图形的投影样式。模型的投影模式主要分为"平行"投影和"透视"投影两种模式。

- 平行：通过平行光源照射物体得到的投影，能够准确地展现模型的实际形状和结构，具体效果如图 8-49 所示。

- 透视：可以更直观地表现模型的真实投影情况，赋予模型强烈的立体感。透视投影视图的效果取决于理论相机与目标点之间的距离。当距离较小时，投影效果会更加明显；反之，距离较大时，投影效果则相对较弱，具体效果如图 8-50 所示。

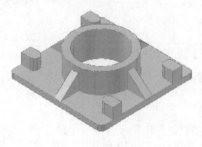 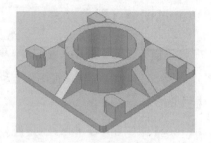

图 8-49 图 8-50

8.4.9 设置视距和回旋角度

利用三维导航中的"调整视距"工具以及回旋工具，可以以绘图区的中心点为基准点进行缩放操作，或者选择观察对象作为目标点，使观察点围绕该目标点进行回旋运动。

1．调整观察视距

在命令行中输入 3DDISTANCE（调整视距）并按 Enter 键，此时按住鼠标左键并在垂直方向上向屏幕的顶部拖动，鼠标指针变为🔍⁺状，可使相机推近对象，从而使对象显示得更大；按住鼠标左键并在垂直方向上向屏幕底部拖动时，鼠标指针变为🔍⁻状，可使相机远离对象，使对象显示得更小，如图 8-51 所示。

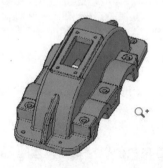 

图 8-51

2．调整回旋角度

在命令行中输入 3DSWIVEL（回旋）并按 Enter 键，此时鼠标指针呈🖑状，按住鼠标左键并任意拖动，此时观察对象将随鼠标指针的移动做反向的回旋运动。

8.4.10 漫游和飞行

在命令行中输入 3DWALK（漫游）或 3DFLY（飞行）并按 Enter 键，激活"漫游"或"飞行"工具。此时打开"定位器"选项板，设置位置指示器和目标指示器的具体位置，用来调整观察窗口中视图的观察方位，如图 8-52 所示。

将鼠标指针移至"定位器"选项板中的位置指示器上，此时鼠标指针呈 状，单击并拖动，即可调整绘图区中视图的方位。在"常规"选项组中设置指示器和目标指示器的颜色、大小以及位置等参数。

在命令行中输入 WALKFLYSETTINGS（漫游和飞行）并按 Enter 键，弹出"漫游和飞行设置"对话框，如图 8-53 所示。在该对话框中对漫游或飞行的步长以及每秒步数等参数进行设置。

图 8-52

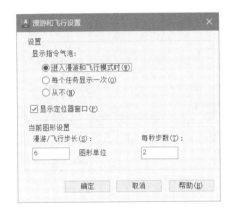

图 8-53

设置好漫游和飞行的所有参数之后，便可以利用键盘和鼠标与图形进行交互，实现在图形中的漫游和飞行。具体操作如下：使用键盘上的 4 个箭头键（↑ ↓ ← →）或者 W、A、S、D 键来进行向上、向下、向左以及向右的移动。同时，按 F 键可以在漫游模式和飞行模式之间进行切换。如果想要指定查看的方向，只需沿着期望查看的方向拖动鼠标指针即可实现。

8.4.11　控制盘辅助操作

控制盘，也被称为 SteeringWheels，是一个追踪悬停在绘图窗口上的光标的菜单。通过这个菜单，可以从一个统一的界面中方便地访问二维和三维导航工具。要选择控制盘，可以执行"视图"|SteeringWheels 命令，从而打开导航控制盘，具体界面如图 8-54 所示。

控制盘上分布着多个按钮，每个按钮都对应一个特定的导航工具。用户可以通过单击这些按钮，或者单击并拖动悬停在按钮上的光标来激活相应的导航工具。此外，如果右击导航控制盘，会弹出如图 8-55 所示的快捷菜单。这个快捷菜单中展示了 3 种不同的控制盘，每种控制盘都有其独特的导航方式，下面将分别进行介绍。

图 8-54

图 8-55

- 查看对象控制盘（如图 8-56 所示）：此控制盘将模型置于中心位置，并定义了一个中心点。通过使用"动态观察"工具栏中的工具，可以轻松地缩放和动态观察模型。

- 巡视建筑控制盘（如图 8-57 所示）：这个控制盘允许用户通过移动模型视图（移近、推远或环视），以及改变模型视图的标高来导航模型，提供了一种身临其境的浏览方式。

- 全导航控制盘（如图 8-54 所示）：该控制盘不仅将模型置于中心位置并定义轴心点，而且提供了丰富的导航功能。用户可以执行漫游和环视、更改视图标高、进行动态观察、平移以及缩放模型等多种操作，为三维模型的全方位查看和编辑提供了极大的便利。

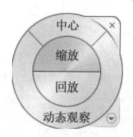

图 8-56

图 8-57

　　单击控制盘中的任意按钮，都会触发对应的导航操作。在连续进行多次导航操作之后，可以单击"回放"按钮，或者在"回放"按钮上拖动鼠标指针，以查看历史编辑记录。此外，选择特定窗口可以放大显示该窗口内的图形，如图 8-58 所示。

　　除此之外，用户还可以根据个人需求对滚轮的参数值进行设置，从而自定义导航滚轮的外观和行为。要实现这一点，可以右击导航控制盘，在弹出的快捷菜单中选择"SteeringWheels设置"选项，弹出"SteeringWheels 设置"对话框，如图 8-59 所示。在这个对话框中，设置导航控制盘中的各项参数。

图 8-58

图 8-59

8.5 **课后习题**

8.5.1　理论题

1. 三维模型不包括（ ）。

A. 线框模型　　　　　　　B. 概念模型　　　　　　C. 表面模型　　　　　　D. 实体模型

2. 选择"视图"选项卡，在（ ）面板中管理 UCS 坐标系。

A. 命名视图　　　　　　　B. 视口工具　　　　　　C. 坐标　　　　　　　　D. 选项板

3. 切换模型视觉样式的方法为（ ）。

A. 执行"编辑"|"视觉样式"命令

B. 在"视图"选项卡中，在"视觉样式"面板中展开"视觉样式"下拉列表，选择需要的样式

C. 选择模型，右击，在弹出的快捷菜单中选择需要的样式

D. 执行"修改"|"视觉样式"命令

4. 打开"ViewCube 设置"对话框的方法为（ ）。

A. 双击 ViewCube　　　　B. 选择 ViewCube 按 Enter 键

C. 在 ViewCube 上右击，在弹出的快捷菜单中选择"ViewCube 设置"选项

D. 选择 ViewCube 按空格键

5. 调出 SteeringWheels（控制盘）的方法为（ ）。

A. 在绘图区空白区域双击　　　　　B. 执行"工具"|SteeringWheels 命令

C. 执行"视图"|SteeringWheels 命令

D. 在 ViewCube 上右击，在弹出的快捷菜单中选择 SteeringWheels 选项

8.5.2 操作题

1. 利用所学的方法，切换至"三维建模"工作空间，如图 8-60 所示为工作界面。

图 8-60

2. 打开模型，单击绘图区左上角的"视觉样式"控件[二维线框]，在列表中选择样式，观察模型显示效果，如图 8-61 所示。

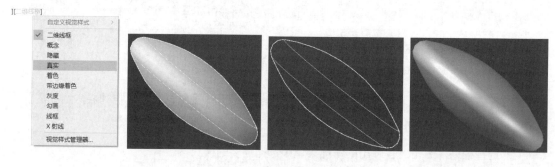

图 8-61

3. 打开模型，利用 ViewCube 切换视角，从多个角度观察模型，如图 8-62 所示。

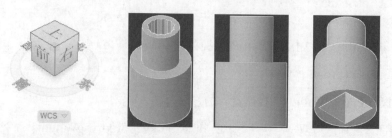

图 8-62

第 **9** 章　创建三维实体和曲面

AutoCAD 的三维建模功能非常强大，它不仅能直接创建长方体、圆柱体、球体等基本的三维实体模型，还允许先绘制二维图形，然后通过拉伸、旋转、放样、扫掠等高级操作，将这些二维图形转换成三维模型。本章将深入探讨 AutoCAD 在创建三维实体和曲面模型方面的各种方法和技巧，帮助读者充分利用这款软件的强大功能。

9.1 创建基本实体

基本实体，如长方体、楔体、球体等，是构成三维实体模型的基础元素。在 AutoCAD 中，可以通过多种方式创建这些基本实体，通常是通过"三维建模"空间中的"建模"面板上的命令来实现。

9.1.1　创建长方体

长方体由长、宽、高 3 个尺寸参数定义，这使在 AutoCAD 中可以创建出各种方形基础结构，如零件的底座、支撑板、建筑墙体以及家具等。在 AutoCAD 2024 中，执行"长方体"命令有以下几种方式。

- 功能区：在"常用"选项卡中，单击"建模"面板中的"长方体"按钮 。
- 菜单栏：执行"绘图"|"建模"|"长方体"命令。
- 命令行：输入 BOX。

通过以上任意方法执行该命令，命令行都会出现如下提示。

> 指定第一个角点 [中心（C）]：

此时可以根据提示利用两种方法绘制"长方体"。

练习 9-1：绘制长方体

执行"长方体"命令后，通过设置相关参数，即可创建长方体模型。此外，还可以结合其他编辑命令，以获得特定样式的模型。本节将介绍如何结合"抽壳"命令来创建长方体，具体的操作过程如图 9-1 所示。

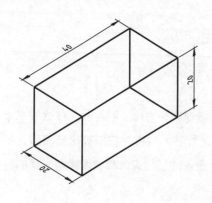
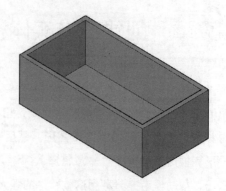

图 9-1

结合"抽壳"命令创建长方体的具体操作步骤如下。

01 单击快速访问工具栏中的"新建"按钮，建立一个新的空白文档。

02 在"常用"选项卡中，单击"建模"面板中的"长方体"按钮，选择"中心（C）"选项，指定中心为 0,0,0；选择"长度（L）"选项，指定长度值为 40，宽度值为 20，高度值为 20，绘制一个长方体。

03 单击"功能区"中"实体编辑"面板的"抽壳"按钮，选择顶面为删除的面，设置抽壳距离值为 2，即可创建一个长方体箱体。

9.1.2 创建圆柱体

在 AutoCAD 中，创建的圆柱体是以圆形面或圆作为截面形状，并沿着这个截面的法线方向进行拉伸所形成的三维实体。这种实体常被用于绘制各类轴类零件、建筑图形中的各种立柱等具有特征性的对象。

执行"圆柱体"命令有如下几种常用方法。

- 菜单栏：执行"绘图"｜"建模"｜"圆柱体"命令。
- 功能区：在"常用"选项卡中，单击"建模"面板的"圆柱体"按钮。
- 命令行：输入 CYLINDER。

执行"圆柱体"命令后，命令行提示如下。

> 指定底面的中心点或 [三点 (3P) / 两点 (2P) / 切点、切点、半径 (T) / 椭圆 (E)]：

根据命令行提示选择一种创建方法即可绘制圆柱体。

练习 9-2：绘制圆柱体

执行"圆柱体"命令后，需要设置中心点、半径 / 直径以及高度等参数值，以便在指定位置创建圆柱体。整个绘制过程如图 9-2 所示。

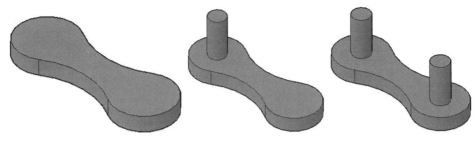

图 9-2

绘制圆柱体的具体操作步骤如下。

01 单击快速访问工具栏中的"打开"按钮📂，打开"练习 9-2：绘制圆柱体 .dwg"文件。

02 在"常用"选项卡中，单击"建模"面板中的"圆柱体"按钮🛢，捕捉到圆心为中心点，输入圆柱体底面半径值为 7，圆柱体高度值为 30，绘制一个圆柱体。

03 重复以上操作，绘制另一边的圆柱体，即可完成连接板的绘制。

9.1.3　创建圆锥体

"圆锥体"是指以圆形或椭圆形为底面，沿着底面的法线方向，并按照一定的锥度向上或向下拉伸而形成的三维实体。通过使用"圆锥体"命令，可以创建圆锥和平截面圆锥这两种类型的实体。

1. 创建常规圆锥体

在 AutoCAD 2024 中执行"圆锥体"命令的方法如下。

- 菜单栏：执行"绘图"｜"建模"｜"圆锥体"命令。
- 功能区：在"常用"选项卡中，单击"建模"面板的"圆锥体"按钮△。
- 命令行：输入 CONE。

执行"圆锥体"命令后，在绘图区指定一点为底面圆心，并分别指定底面半径值或直径值，最后指定圆锥高度值，即可获得圆锥体，如图 9-3 所示。

2. 创建平截面圆锥体

平截面圆锥体，也被称为"圆台体"，可以看作是由一个平行于圆锥底面的平面截取圆锥而得到的实体，这个平面与底面的距离小于锥体的高度。

当执行"圆锥体"命令并指定底面圆心及半径值后，命令行会提示"指定高度或 [两点 (2P)/ 轴端点 (A)/ 顶面半径 (T)] < 默认值 >:"。此时，选择"顶面半径"选项，并输入顶面半径值，接着指定平截面圆锥体的高度，即可完成"平截面圆锥"的创建，效果如图 9-4 所示。

图 9-3 图 9-4

练习 9-3：绘制圆锥组合体

通过将圆锥体与其他图形进行组合，可以创建出新的模型。本节将介绍如何创建一个圆锥体，并将其与已有的图形进行组合，具体的绘制过程如图 9-5 所示。

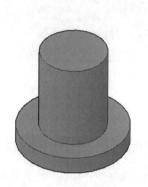

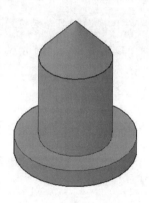

图 9-5

绘制圆锥组合体的具体操作步骤如下。

01 单击快速访问工具栏中的"打开"按钮 📂，打开"练习 9-3：绘制圆锥体 .dwg"文件。

02 在"常用"选项卡中，单击"建模"面板中的"圆锥体"按钮 △，指定圆锥体的底面中心，输入圆锥体底面半径值为 6，圆锥体高度值为 7，绘制一个圆锥体。

03 执行"对齐"命令，将圆锥体移至圆柱顶面，结束绘制。

9.1.4 创建球体

在三维空间中，"球体"是由一个点（即球心）出发，到所有与该点距离相等的点所构成的实体。这种形状在机械、建筑等领域的制图中有着广泛的应用，例如用于创建挡位控制杆、建筑物的球形屋顶等。

执行"球体"命令的方法如下。

- 菜单栏：执行"绘图"｜"建模"｜"球体"命令。

- 功能区：在"常用"选项卡中，单击"建模"面板中的"球体"按钮○。

- 命令行：输入 SPHERE。

执行"球体"命令后，命令行提示如下。

指定中心点或 [三点 (3P) / 两点 (2P) / 切点、切点、半径 (T)]：

在此情况下，可以直接捕捉一个点作为球心，然后指定球体的半径值或直径值，从而得到球体效果。此外，根据命令行的提示，还可以采用以下 3 种方法来创建球体："三点"法、"两点"法以及"切点、切点、半径"法。这些具体的创建方法与在二维图形中创建"圆"的相关方法类似。

練习 9-4：绘制球体

绘制球体的过程相对简单，只需指定球体的中心点和直径值即可完成。同时，也可以根据命令行的提示，输入相应的选项来进行建模。整个绘制球体的过程如图 9-6 所示。

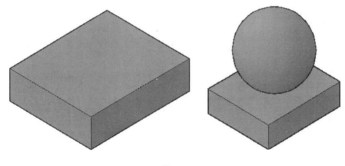

图 9-6

绘制球体的具体操作步骤如下。

01 单击快速访问工具栏中的"打开"按钮□，打开"练习 9-4：绘制球体 .dwg"文件。

02 在"常用"选项卡中，单击"建模"面板中的"球体"按钮○，选择"两点（2P）"选项，指定绘制球体的方法；捕捉到长方体上表面的中心，输入球体直径值为 120，在底板上绘制一个球体。

9.1.5　创建楔体

"楔体"可以被视为一个以矩形为底面，其中一边沿着法线方向拉伸而形成的具有楔形特征的实体。这种实体常被用于填充物体之间的间隙，例如在安装设备时，用于调整设备的高度和水平度的楔体和楔木。

执行"楔体"命令的方法如下。

- 功能区：在"常用"选项卡中，单击"建模"面板中的"楔体"按钮◣。
- 菜单栏：执行"绘图"｜"建模"｜"楔体"命令。
- 命令行：输入 WEDGE 或 WE。

执行以上任意一种方法均可创建楔体，创建"楔体"的方法同长方体的方法类似，命令行提示如下。

命令：_wedge	// 执行"楔体"命令
指定第一个角点或 [中心 (C)]：	// 指定楔体底面第一个角点
指定其他角点或 [立方体 (C) / 长度 (L)]：	// 指定楔体底面另一个角点
指定高度或 [两点 (2P)]：	// 指定楔体高度并完成绘制

练习 9-5：绘制楔体

楔体经常被用作辅助构件，创建方法也很简单。根据命令行的提示，依次指定角点、长 / 宽 / 高值即可。绘制楔体的过程如图 9-7 所示。

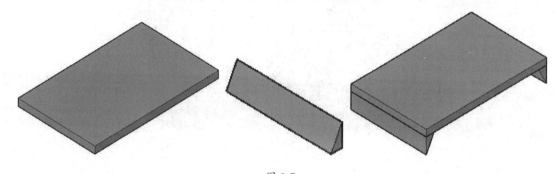

图 9-7

绘制楔体的具体操作步骤如下。

01 单击快速访问工具栏中的"打开"按钮▷，打开"练习 9-5：绘制楔体 .dwg"文件。

02 在"常用"选项卡中，单击"建模"面板中的"楔体"按钮◣，指定底面矩形的第一个角点，选择"长度（L）"选项，指定长度值为 5，宽度值为 50，高度值为 10，即可绘制一个楔体。

03 重复以上操作绘制另一个楔体，执行"对齐"命令将两个楔体移至合适位置，完成绘制。

9.1.6　创建圆环体

"圆环体"可以看作由一个圆环（环形）绕其中心轴线旋转所形成的三维实体，该中心轴线即是圆环体的中心线；圆环的内半径和外半径分别形成了圆环体内外表面的半径；圆环的宽度则决定了圆环体的厚度。

执行"圆环体"命令有如下几种常用方法。

- 菜单栏：执行"绘图" | "建模" | "圆环体"命令。

- 功能区：在"常用"选项卡中，单击"建模"面板中的"圆环体"按钮◎。

- 命令行：输入 TORUS。

执行"圆环体"命令后，首先确定圆环体的位置和半径，然后确定圆环圆管的半径即可完成创建，命令行提示如下。

```
命令：_torus                                    // 执行"圆环"命令
指定中心点或 [三点(3P)/两点(2P)/切点、切点、半径(T)]：  // 在绘图区合适位置拾取一点
指定半径或 [直径(D)] <50.0000>：15 ✓            // 输入圆环体半径值
指定圆管半径或 [两点(2P)/直径(D)]：3 ✓          // 输入圆管截面半径值
```

练习9-6：绘制圆环体

创建圆环需要指定两个半径值。只有多加练习才能理解两个数值的区别，得到满意的模型。绘制圆环体的过程如图 9-8 所示。

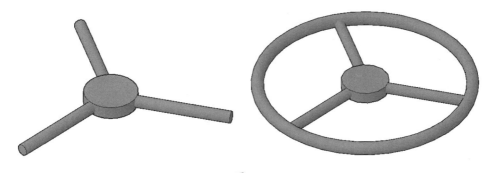

图 9-8

绘制圆环体的具体操作步骤如下。

01 单击快速访问工具栏中的"打开"按钮 ，打开"练习 9-6：绘制圆环 .dwg"文件。

02 在"常用"选项卡中，单击"建模"面板中的"圆环体"按钮◎，捕捉圆心，输入半径值为 45，圆管半径值为 2.5，绘制一个圆环体。

9.1.7　创建棱锥体

"棱锥体"可以看作是以一个多边形面为底面，其余各面是由有一个公共顶点的、具有三角形特征的面所构成的实体。

执行"棱锥体"命令有如下几种常用方法。

- 菜单栏：执行"绘图" | "建模" | "棱锥体"命令。

- 功能区：在"常用"选项卡中，单击"建模"面板中的"棱锥体"按钮◇。

- 命令行：输入 PYRAMID。

使用以上任意方法可以通过参数的调整创建多种类型的棱锥体和平截面棱锥体。其绘制方法与绘制圆锥体类似，绘制结果如图 9-9 和图 9-10 所示。

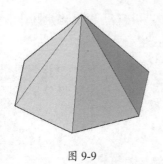
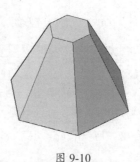

图 9-9   图 9-10

提示：
在利用"棱锥体"命令创建棱锥体时，所指定的边数必须是3～32中的整数。

9.2   由二维对象生成三维实体

在 AutoCAD 中，几何形状简单的模型通常可以由各种基本实体组合而成。然而，对于截面形状和空间结构复杂的模型，使用基本实体往往难以或无法创建。因此，AutoCAD 提供了另一种实体创建方法，可以在二维轮廓的基础上，通过拉伸、旋转、放样、扫掠等操作来生成三维实体。

9.2.1   拉伸

"拉伸"命令能够将二维图形沿着其所在平面的法线方向进行扫描，从而生成三维实体。这些二维图形包括多段线、多边形、矩形、圆、椭圆、闭合的样条曲线、圆环以及面域等多种类型。"拉伸"命令在创建某一方向上截面保持不变的实体时特别有用，例如机械领域的齿轮、轴套、垫圈等部件，以及建筑制图中的楼梯栏杆、管道、异形装饰等各式物体。

执行"拉伸"命令的方法如下。

- 功能区：在"常用"选项卡中，单击"建模"面板中的"拉伸"按钮 ▣。
- 菜单栏：执行"绘图"|"建模"|"拉伸"命令。
- 命令行：输入 EXTRUDE 或 EXT。

执行"拉伸"命令后，可以使用两种拉伸二维轮廓的方法：一种是指定拉伸的倾斜角度和高度，生成直线方向的常规拉伸体；另一种是指定拉伸路径，可以选择多段线或圆弧，路径可以闭合，也可以不闭合。

执行"拉伸"命令后，选中要拉伸的二维图形，命令行提示如下。

> 指定拉伸的高度或 [方向 (D) / 路径 (P) / 倾斜角 (T) / 表达式 (E)] <2.0000>: 2

提示：
当指定拉伸角度时，其取值范围为-90～90，正值表示从基准对象逐渐变细，负值表示从基准对象逐渐变粗。默认情况下，角度值为0，表示在与二维对象所在的平面垂直的方向上进行拉伸。

练习 9-7：绘制门把手

创建门把手模型需要综合运用"矩形""圆角""拉伸""差集"等命令，本节介绍建模方法。

01 单击快速访问工具栏中的"新建"按钮，建立一个新的空白文档。

02 将工作空间切换到"三维建模"，在"常用"选项卡中，单击"绘图"面板中的"矩形"按钮，绘制一个长度值为10、宽度值为5的矩形。然后单击"修改"面板中的"圆角"按钮，在矩形边角创建半径值为1的圆角。然后绘制两个半径值为0.5的圆，其圆心到最近边的距离值为1.2，截面轮廓效果如图9-11所示。

03 切换到"东南等轴测"视图，将图形转换为面域，并利用"差集"命令由矩形面域减去两个圆的面域，然后单击"建模"面板中的"拉伸"按钮，设置拉伸高度值为1.5，效果如图9-12所示。命令行提示如下。

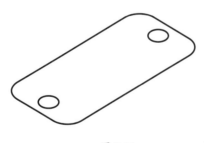

图 9-11

图 9-12

```
命令：_extrude                                      // 执行"拉伸"命令
当前线框密度： ISOLINES=4，闭合轮廓创建模式 = 实体
选择要拉伸的对象或 [ 模式 (MO)]: _MO 闭合轮廓创建模式 [ 实体 (SO) / 曲面 (SU)] < 实体 >: _
SO
选择要拉伸的对象或 [ 模式 (MO)]: 找到 1 个        // 选择面域
指定拉伸的高度或 [ 方向 (D) / 路径 (P) / 倾斜角 (T) / 表达式 (E)]: 1.5↙
                                                   // 输入拉伸高度值
```

04 单击"绘图"面板中的"圆"按钮，绘制两个半径值为0.7的圆，位置如图9-13所示。

05 单击"建模"面板中的"拉伸"按钮，选择上一步绘制的两个圆，设置向下拉伸高度值为0.2。单击实体编辑中的"差集"按钮 ⬚ ，在底座中减去两圆柱实体，效果如图9-14所示。

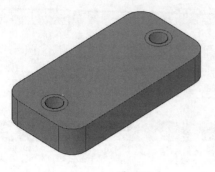
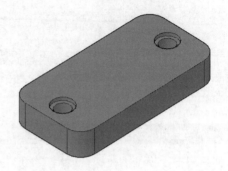

图 9-13   图 9-14

06 单击"绘图"面板中的"矩形"按钮，绘制一个边长值为2的正方形，在边角处创建半径值为0.5的圆角，效果如图9-15所示。

07 单击"建模"面板中的"拉伸"按钮 ⬚ ，拉伸上一步绘制的正方形，设置拉伸高度值为1，效果如图9-16所示。

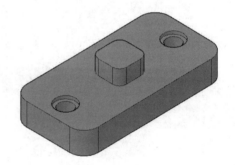

图 9-15   图 9-16

08 单击"绘图"面板中的"椭圆"按钮，绘制如图9-17所示的长轴值为2、短轴值为1的椭圆。

09 在椭圆和正方体的交点绘制一个高度值为3、长度值为10、圆角半径值为1的路径，效果如图9-18所示。

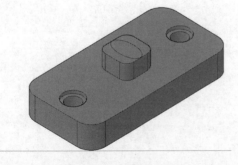
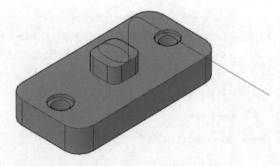

图 9-17   图 9-18

10 单击"建模"面板中的"拉伸"按钮▊，选择椭圆，选择"路径（P）"选项，再选择绘制的路径，拉伸椭圆，通过以上操作步骤即可完成门把手的绘制，效果如图 9-19 所示。

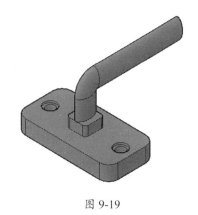

图 9-19

9.2.2　旋转

旋转操作是将二维对象绕着指定的旋转轴旋转一定角度，从而形成三维的模型实体。这种方法特别适用于制作如带轮、法兰盘和轴类等具有回旋特性的零件。可用于旋转的二维对象包括封闭的多段线、多边形、圆、椭圆、封闭的样条曲线、圆环以及其他封闭路径。需要注意的是，三维对象、包含在块中的对象，以及存在交叉或干涉的多段线均无法进行旋转操作。此外，每次旋转操作只能针对一个对象进行。

在 AutoCAD 2024 中执行该命令的方法如下。

- 功能区：在"常用"选项卡中，单击"建模"面板中的"旋转"按钮▊。
- 菜单栏：执行"绘图"｜"建模"｜"旋转"命令。
- 命令行：输入 REVOLVE 或 REV。

通过以上任意方法执行"旋转"命令，选择旋转对象，将其旋转360°。命令行提示如下。

```
命令：REVOLVE ↙
选择要旋转的对象：找到 1 个                    // 选取素材面域为旋转对象
选择要旋转的对象：                            // 按 Enter 键
指定轴起点或根据以下选项之一定义轴 [ 对象 (O)/X/Y/Z ] <对象 >：
                                           // 选择直线上端点为轴起点
指定轴端点：                                  // 选择直线下端点为轴端点
指定旋转角度或 [ 起点角度 (ST)] <360>：          // 按 Enter 键
```

练习 9-8：绘制花盆

利用"旋转"命令创建花盆模型并不复杂，但是要先绘制花盆轮廓线。轮廓线的样式决定花盆的最终效果。绘制花盆的过程如图 9-20 所示。

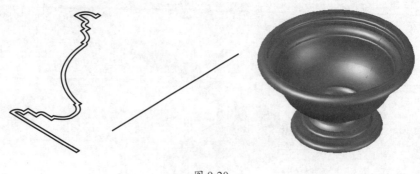

图 9-20

绘制花盆的具体操作步骤如下。

01 单击快速访问工具栏中的"打开"按钮📂，打开"练习 9-8：绘制花盆 .dwg"文件。

02 单击"建模"面板中的"旋转"按钮🍩，选择"实体（SO）"选项，选中花盆的所有轮廓线，指定旋转轴的起点和端点，系统默认为旋转一周，按 Enter 键，旋转对象，完成花盆的绘制。

9.2.3 放样

"放样"是指将横截面沿着指定的路径或方向进行扫描，从而生成的三维实体。横截面是具有放样实体截面特性的二维对象。在使用"放样"命令时，必须指定两个或两个以上的横截面来创建放样实体。

执行"放样"命令的方法如下。

- 功能区: 在"常用"选项卡中，单击"建模"面板中的"放样"按钮🍥。
- 菜单栏: 执行"绘图"｜"建模"｜"放样"命令。
- 命令行: 输入 LOFT。

执行"放样"命令后，根据命令行的提示，依次选择截面图形，然后定义放样选项，即可创建放样图形，命令行提示如下。

```
命令：_loft                    // 执行"放样"命令
当前线框密度： ISOLINES=4，闭合轮廓创建模式 = 实体
按放样次序选择横截面或 [点(PO)/合并多条边(J)/模式(MO)]：_MO 闭合轮廓创建模式 [实体
(SO)/曲面(SU)] <实体>：_SO
按放样次序选择横截面或 [点(PO)/合并多条边(J)/模式(MO)]：找到 1 个
                   // 选取横截面1
按放样次序选择横截面或 [点(PO)/合并多条边(J)/模式(MO)]：找到 1 个，总计 2 个
                   // 选取横截面2
按放样次序选择横截面或 [点(PO)/合并多条边(J)/模式(MO)]：找到 1 个，总计 3 个
```

> // 选取横截面 3
>
> 按放样次序选择横截面或 ［点 (PO) / 合并多条边 (J) / 模式 (MO)］：找到 1 个，总计 4 个
>
> // 选取横截面 4
>
> 选中了 4 个横截面
>
> 输入选项 ［导向 (G) / 路径 (P) / 仅横截面 (C) / 设置 (S) / 连续性 (CO) / 凸度幅值 (B)］：P↙
>
> // 选择路径方式
>
> 选择路径轮廓：　　　　　　　　// 选择路径 5

练习 9-9：绘制花瓶

在利用"放样"工具创建花瓶模型前，需要先创建截面。截面的大小、位置都会影响花瓶的最终效果。绘制花瓶的过程如图 9-21 所示。

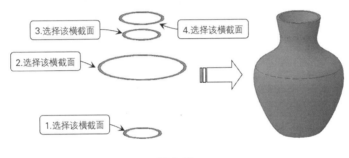

图 9-21

提示：

在创建较为复杂的放样实体时，可以通过指定导向曲线来控制点如何与相应的横截面进行匹配，这样可以有效防止在生成的实体或曲面中出现褶皱等缺陷。

绘制花瓶的具体操作步骤如下。

01 单击快速访问工具栏中的"打开"按钮📂，打开"练习 9-9：绘制花瓶 .dwg"文件。

02 单击"常用"选项卡"建模"面板中的"放样"按钮🝆，选择"模式（MO）"选项，依次选择 4 个横截面，再选择"仅横截面（C）"选项，放样生成花瓶，结束绘制。

9.2.4　扫掠

使用"扫掠"命令，可以将扫掠对象沿开放或闭合的二维或三维路径进行运动扫描，从而创建出实体或曲面。

执行"扫掠"命令有的方法如下。

- 菜单栏：执行"绘图"｜"建模"｜"扫掠"命令。

- 功能区：在"常用"选项卡中，单击"建模"面板中的"扫掠"按钮🖻。

- 命令行：输入 SWEEP。

执行"扫掠"命令后，按命令行提示选择扫掠截面与扫掠路径即可。

练习 9-10：绘制连接管

"扫掠"工具的使用方法与"放样"工具大同小异，需要先绘制截面与扫掠路径。执行"扫掠"命令，依次拾取截面与路径来创建模型，过程如图 9-22 所示。

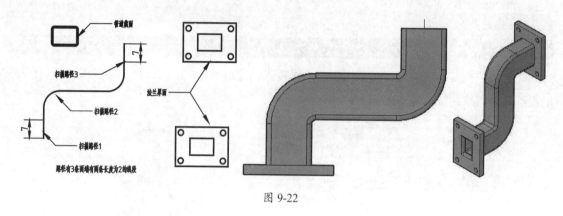

图 9-22

绘制连接管的具体操作步骤如下。

01 单击快速访问工具栏中的"打开"按钮 📂，打开"练习 9-10：绘制连接管 .dwg"文件。

02 单击建模工具栏中的"扫掠"按钮 🗂，选取管道的截面图形，再选择中间的扫掠路径，完成管道的绘制。

03 创建法兰，再次单击"建模"工具栏中的"扫掠"按钮 🗂，选择法兰截面图形，选择"路径 1"作为扫描路径，完成一端连接法兰的绘制。

04 重复以上操作，绘制另一端的连接法兰，结束绘制。

9.3 创建三维曲面

曲面是没有厚度和质量特性的壳状对象，但曲面模型仍然可以被隐藏、着色以及渲染。在 AutoCAD 中，所有关于曲面的创建和编辑命令都被整合在功能区的"曲面"选项卡中。

"创建"面板集合了多种创建曲面的方法，如图 9-23 所示。其中，拉伸、放样、扫掠和旋转等生成方式与创建三维实体的操作相似，因此不再赘述。接下来，将对其他创建和编辑命令进行详细介绍。

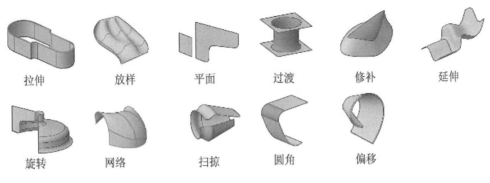

图 9-23

9.3.1　创建三维面

三维空间中的表面被称为"三维面"，这种面没有厚度和质量属性。通过"三维面"命令创建的面，其各个顶点可以具有不同的 Z 轴坐标。然而，构成每个面的顶点数量最多不能超过 4 个。如果这 4 个顶点处于同一平面上，那么，消隐命令会视该面为非透明的，并可以将其消隐。相反，如果这 4 个顶点不共面，消隐命令将对该面无效。

执行"三维面"命令的方法如下。

- 菜单栏：执行"绘图"|"建模"|"网格"|"三维面"命令。
- 命令行：输入 3DFACE。

执行"三维面"命令后，直接在绘图区中任意指定 4 点，即可创建曲面，操作过程如图 9-24 所示。

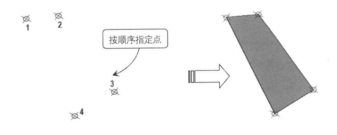

图 9-24

9.3.2　创建平面曲面

平面曲面是基于平面内某一封闭轮廓而创建的曲面。在 AutoCAD 中，既可以通过指定角点的方式来创建矩形的平面曲面，也可以通过指定对象的方式，来创建具有复杂边界形状的平面曲面。

执行"平面曲面"命令有以下几种方法。

- 功能区：在"曲面"选项卡中，单击"创建"面板中的"平面"按钮 。
- 菜单栏：执行"绘图"|"建模"|"曲面"|"平面"命令。
- 命令行：输入 PLANESURF。

平面曲面的创建方法有"指定点"与"对象"两种，前者类似绘制矩形，后者则像创建面域。根据命令行提示，指定角点或选择封闭区域即可创建平面曲面，效果如图 9-25 所示。

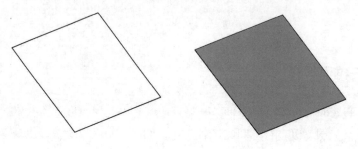

图 9-25

平面曲面可以通过"特性"选项板设置 U 素线和 V 素线来控制，效果如图 9-26 和图 9-27 所示。

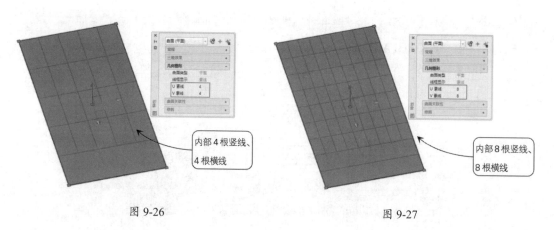

图 9-26   图 9-27

9.3.3 创建网络曲面

"网络曲面"命令可以在 U 方向和 V 方向（包括曲面和实体边子对象）的几条曲线之间的空间中创建曲面，是曲面建模常用的方法之一。

执行"网络曲面"命令有以下几种方法。

- 功能区：在"曲面"选项卡中，单击"创建"面板中的"网络"按钮 。
- 菜单栏：执行"绘图"|"建模"|"曲面"|"网络"命令。

- 命令行：输入 SURFNETWORK。

执行"网络"命令后，根据命令行提示，先选择第一个方向上的曲线或曲面边，按 Enter 键确认，再选择第二个方向上的曲线或曲面边，即可创建网格曲面。

在创建鼠标曲面之前，首先需绘制相应的曲线。随后，基于这些曲线生成鼠标曲面。整个操作过程如图 9-28 所示。若需修改鼠标曲面的显示效果，应先对曲线进行修改，然后再进行建模操作。

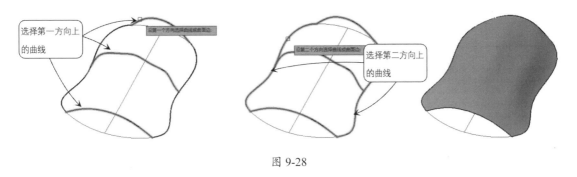

图 9-28

创建鼠标曲面的具体操作步骤如下。

01 单击快速访问工具栏中的"打开"按钮，打开"练习 9-11：创建鼠标曲面 .dwg"文件。

02 在"曲面"选项卡中，单击"创建"面板中的"网络"按钮，选择横向的 3 根样条曲线为第一方向曲线。

03 选择完毕后按 Enter 键确认，然后根据命令行提示选择左右两侧的样条曲线为第二方向曲线，完成操作。

9.3.4　创建过渡曲面

在两个已有曲面之间所创建的、保持连续性的曲面被称为"过渡曲面"。当需要将两个曲面进行融合时，必须指定曲面的连续性以及凸度幅值。

执行"过渡"命令有以下几种方法。

- 功能区：在"曲面"选项卡中，单击"创建"面板中的"过渡"按钮。
- 菜单栏：执行"绘图"|"建模"|"曲面"|"过渡"命令。
- 命令行：输入 SURFBLEND。

执行"过渡"命令后，根据命令行提示，依次选择要过渡的曲面上的边，然后按 Enter 键即可创建过渡曲面，操作如图 9-29 所示。

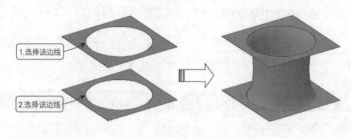

图 9-29

9.3.5　创建修补曲面

修补曲面是指在创建新曲面或进行封口操作时，通过闭合现有曲面的开放边来实现。此外，还可以通过添加其他闭环曲线来约束和引导修补曲面的形状。

执行"修补"命令有以下几种方法。

- 功能区：在"曲面"选项卡中，单击"创建"面板中的"修补"按钮 。
- 菜单栏：执行"绘图"|"建模"|"曲面"|"修补"命令。
- 命令行：输入 SURFPATCH。

执行"修补"命令后，根据命令行提示，选择现有曲面上的边线，即可创建修补曲面。选择要修补的边线后，命令行出现如下提示。

> 按 Enter 键接受修补曲面或 [连续性(CON)/凸度幅值(B)/导向(G)]:

此时可以根据提示利用"连续性(CON)""凸度幅值(B)""导向(G)"3 种方式调整修补曲面的形式。"连续性(CON)"和"凸度幅值(B)"选项在之前已经介绍过，这里不再赘述；"导向(G)"选项可以通过指定线、点的方式来定义修补曲面的生成形状，还可以通过调整曲线或点的方式来进行编辑，类似修改样条曲线。

练习 9-12：修补鼠标曲面

在"练习 9-11"案例中，鼠标曲面前方仍留有开口，在本例中就可以通过"修补"命令来进行封口，操作过程如图 9-30 所示。

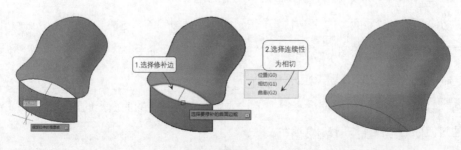

图 9-30

修补鼠标曲面的具体操作步骤如下。

01 打开"练习 9-12：修补鼠标曲面 .dwg"文件。

02 在"曲面"选项卡中，单击"创建"面板中的"拉伸"按钮 ，选择鼠标曲面前方开口的弧线进行拉伸，拉伸任意距离。

03 在"曲面"选项卡中，单击"创建"面板中的"修补"按钮 ，选择鼠标曲面开口边与上一步拉伸面的边线作为修补边，然后按 Enter 键，选择连续性为 G1，即可创建修补面。

9.3.6 创建偏移曲面

"偏移"曲面可以创建与原始曲面平行的曲面，在创建过程中需要指定偏移距离。

执行"偏移"命令有以下几种方法。

- 功能区：在"曲面"选项卡中，单击"创建"面板中的"偏移"按钮 。
- 菜单栏：执行"绘图"|"建模"|"曲面"|"偏移"命令。
- 命令行：输入 SURFOFFSET。

执行"偏移"命令后，直接选择要进行偏移的面，然后输入偏移距离，即可创建偏移曲面，效果如图 9-31 所示。

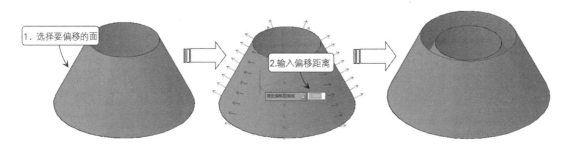

图 9-31

9.4　创建网格曲面

网格是通过离散的多边形来表示实体的表面。与实体模型相似，网格模型也可以进行隐藏、着色和渲染。然而，网格模型还具备一些实体模型所没有的编辑方式，例如锐化、分割以及增加平滑度等。

创建网格的方法有多种多样，既可以使用基本网格图元来创建规则的网格，也可以通过二维或三维的轮廓线来生成更为复杂的网格。在 AutoCAD 中，所有关于网格的命令都被集中在"网格"选项卡中。

9.4.1 创建基本体网格

AutoCAD 2024 提供了创建基本体网格的命令，如长方体、圆锥体、球体以及圆环体等。执行"网格图元"命令有以下几种方法。

- 功能区：在"网格"选项卡的"图元"面板中选择要创建的图元类型。

- 菜单栏：在"绘图"｜"建模"｜"网格"｜"图元"子菜单中选择要创建的图元类型。

- 命令行：输入 MESH。

各种基本体网格的操作方法不同，接下来对各网格图元进行逐一讲解。

1．创建网格长方体

在绘制网格长方体时，其底面会与当前的 UCS（用户坐标系）的 XY 平面保持平行。同时，长方体的初始位置的长、宽、高将分别与当前 UCS 的 X、Y、Z 轴相平行。当指定长方体的长、宽、高时，正值意味着向相应坐标轴的正方向延伸，而负值则表示向相应坐标轴的负方向延伸。最后，需要指定长方体表面绕 Z 轴的旋转角度，以此来确定其最终的空间位置，所创建的网格长方体如图 9-32 所示。

2．创建网格圆锥体

如果绘制圆锥体，可以创建底面为圆形或椭圆的网格圆锥体，如图 9-33 所示。若指定了顶面半径，则还可以创建出网格圆台，如图 9-34 所示。

默认情况下，网格圆锥体的底面会位于当前 UCS 的 XY 平面上，而圆锥体的轴线则与 Z 轴保持平行。若选择"椭圆"选项，可以创建一个底面为椭圆的圆锥体。通过"顶面半径"选项，则可以创建出一个倾斜至椭圆面或平面的圆台。若选择"切点、切点、半径（T）"选项，可以创建一个底面与两个对象相切的网格圆锥或圆台。新创建的圆锥体会被放置在尽可能接近指定切点的位置，这主要取决于所指定的半径距离。

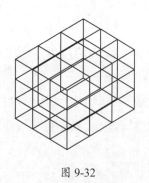

图 9-32　　　　　　　　图 9-33　　　　　　　　图 9-34

3．创建网格圆柱体

如果选择绘制圆柱体，可以创建底面为圆形或椭圆的网格圆柱体，如图 9-35 所示。绘制网格圆柱体的过程与绘制网格圆锥体类似，即首先指定底面的形状，然后指定高度。

4．创建网格棱锥体

默认情况下，可以创建最多具有 32 个侧面的网格棱锥体，如图 9-36 所示。

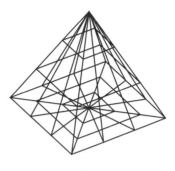

图 9-35　　　　　　　　　　　　　　　图 9-36

5．创建网格球体

网格球体是由梯形网格面和三角形网格面共同拼接而成的网格对象，如图 9-37 所示。若从球心开始创建，网格球体的中心轴将会与当前 UCS 的 Z 轴保持平行。网格球体有多种创建方式，包括通过指定中心点、三点、两点，或者采用相切、相切、半径的方法来创建网格球体。

6．创建网格楔体

网格楔体可以被视为一个网格长方体沿其对角面被剖切出的半个部分，如图 9-38 所示。因此，其绘制方式与网格长方体大致相同。在默认情况下，楔体的底面会与当前 UCS 的 XY 平面保持平行，而楔体的高度方向则与 Z 轴平行。

7．绘制网格圆环体

网格圆环体如图 9-39 所示，它具有两个关键的半径值：一个是圆管半径，另一个是圆环半径。其中，圆环半径指的是圆环体的圆心到圆管圆心的距离。在默认情况下，圆环体会与当前 UCS 的 XY 平面保持平行，并且被该平面所平分。

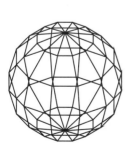

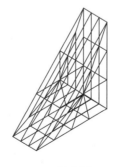

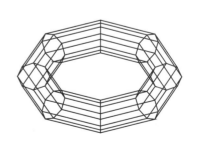

图 9-37　　　　　　　　　　　图 9-38　　　　　　　　　　　图 9-39

9.4.2 创建旋转网格

使用"旋转网格"命令可以将曲线或轮廓绕指定的旋转轴旋转一定的角度，从而创建旋转网格。旋转轴可以是直线，也可以是开放的二维或三维多段线。

执行"旋转网格"命令有以下几种方法。

- 功能区：在"网格"选项卡中，单击"图元"面板中的"旋转曲面"按钮 。
- 菜单栏：执行"绘图"|"建模"|"网格"|"旋转网格"命令。
- 命令行：输入 REVSURF。

"旋转网格"命令与"旋转"命令相同，先选择要旋转的轮廓，然后再指定旋转轴，输入旋转角度即可，如图 9-40 所示。

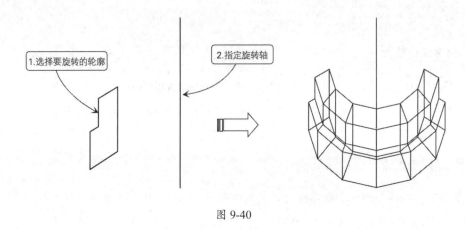

图 9-40

9.4.3 创建直纹网格

直纹网格是以空间中的两条曲线为边界，通过直线连接而创建出的网格。这些边界曲线可以是直线、圆、圆弧、椭圆、椭圆弧、二维多段线、三维多段线以及样条曲线。

执行"直纹网格"命令有以下几种方法。

- 功能区：在"网格"选项卡中，单击"图元"面板中的"直纹曲面"按钮 。
- 菜单栏：执行"绘图"|"建模"|"网格"|"直纹网格"命令。
- 命令行：输入 RULESURF。

除了使用点作为直纹网格的边界，直纹网格的两个边界必须同时处于开放或闭合状态。在执行"直纹网格"命令时，由于选择曲线的点的不同，所绘制的直线可能会出现交叉或平行两种情况，分别如图 9-41 和图 9-42 所示。

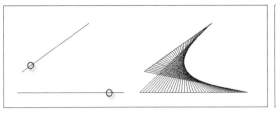

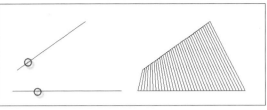

图 9-41　　　　　　　　　　　　　　　　图 9-42

9.4.4　创建平移网格

使用"平移网格"命令，可以将平面轮廓沿着指定的方向进行平移，从而绘制出平移网格。这里所指的平移轮廓可以是直线、圆、圆弧、椭圆、椭圆弧、二维多段线、三维多段线以及样条曲线等。

执行"平移网格"命令有以下几种方法。

- 功能区：在"网格"选项卡中，单击"图元"面板中的"平移曲面"按钮。
- 菜单栏：执行"绘图"|"建模"|"网格"|"平移网格"命令。
- 命令行：TABSURF。

在执行"平移网格"命令后，根据系统提示，首先需要选择轮廓，接着选择用作方向矢量的图形，这样即可创建平移网格，如图 9-43 所示。此处需要特别注意的是，轮廓必须是单一的图形，不能是面域等复杂图形。

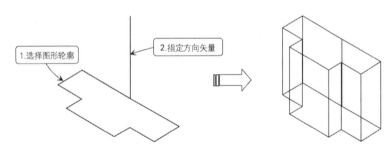

图 9-43

9.4.5　创建边界网格

使用"边界网格"命令，可以通过 4 条首尾相连的边来创建一个三维的多边形网格。

执行"边界网格"命令有以下几种方法。

- 功能区：在"网格"选项卡中，单击"图元"面板中的"边界曲面"按钮。
- 菜单栏：执行"绘图"|"建模"|"网格"|"边界网格"命令。

- 命令行：输入 EDGESURF。

在创建边界曲面时，需要依次选定 4 条边界。这些边界可以是圆弧、直线、多段线、样条曲线或椭圆弧，但必须形成一个闭合的环形，并且这些边界线必须共享端点。边界网格的创建效果如图 9-44 所示。

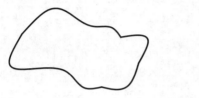
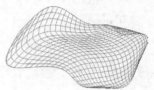

图 9-44

9.4.6　转换网格

在 AutoCAD 2024 中，除了能够将实体或曲面模型转换为网格，还提供了将网格转换为实体或曲面模型的功能。这些转换网格的命令都集中在"网格"选项卡的"转换网格"面板中，如图 9-45 所示。

当单击"平滑优化"按钮右侧的三角形图标时，会弹出一个列表，其中显示了不同的优化类型，如图 9-46 所示。用户需要先从该列表中选择一种优化类型，然后单击"转换为实体"按钮或"转换为曲面"按钮。最后，通过选择要转换的网格对象，即可完成网格的转换操作。

图 9-45　　　　　　　　　　　　　　图 9-46

如图 9-47 所示的网格模型，在选择不同的优化类型后，其转换效果分别如图 9-48 和图 9-49 所示。

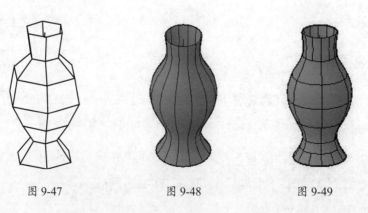

图 9-47　　　　　　　图 9-48　　　　　　　图 9-49

9.5　三维实体生成二维视图

比较复杂的实体可以通过先绘制三维模型再转换为二维图形的方式来绘制，这种方法能够减少工作量，并提高绘图速度与精度。在 AutoCAD 2024 中，可以采用以下两种方法将三维实体模型转换成三视图。

首先，可以执行 VPORTS 命令或 MVIEW 命令，在布局空间中创建多个二维视口。接着，在每个视口中，利用 SOLPROF 命令分别生成实体模型的轮廓线，从而创建零件的三视图。

另一种方法是，首先执行 SOLVIEW 命令，在布局中创建代表实体模型各个二维视图的视口。然后，执行 SOLDRAW 命令，可以在每个视口中分别生成实体模型的轮廓线，进而完成三视图的创建。

9.5.1　使用"视口"对话框创建视口

执行 VPORTS 命令，可以弹出"视口"对话框，在模型空间和布局空间创建视口。

打开"视口"对话框的方式有以下几种。

- 面板：在"三维基础"空间中，单击"可视化"选项卡中"模型视口"面板的"命名"按钮📇。
- 菜单栏：执行"视图"|"视口"|"新建视口"命令。
- 命令行：输入 VPORTS。

执行上述任意操作，弹出如图 9-50 所示的"视口"对话框。通过该对话框，可以进行设置视口的数量、命名视口和选择视口的形式等操作。

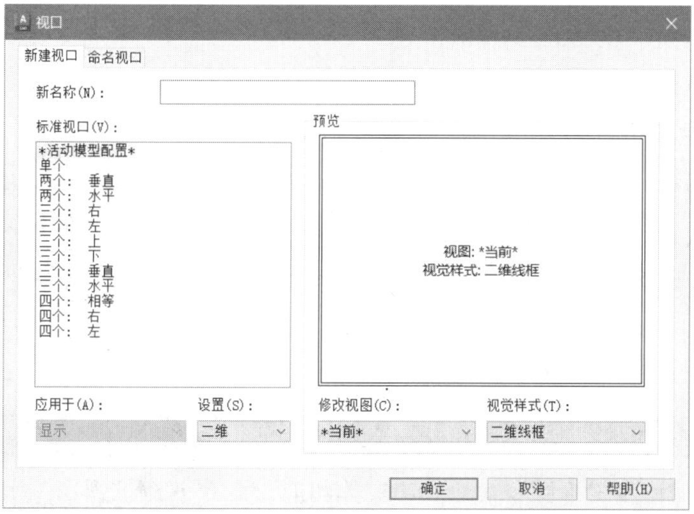

图 9-50

9.5.2 使用"视图"命令创建布局多视图

使用"视图"命令，AutoCAD 可以自动为三维实体生成正交视图，并创建相应的图层和布局视口。其中，SOLVIEW 和 SOLDRAW 命令不仅用于生成视图，还会为每个视图创建特定的图层来放置可见线和隐藏线（如视图名称 -VIS、视图名称 -HID 以及视图名称 -HAT 图层），同时还会创建一个图层（视图名称 -DIM）用于放置在各个视口中都可见的标注。

执行"视图"命令有以下几种方法。

- 菜单栏："绘图" | "建模" | "设置" | "视图"命令。
- 命令行：输入 SOLVIEW。

在模型空间中，执行"视图"命令后，系统自动转换到布局空间，并提示用户选择创建浮动视口的形式。命令行提示如下。

```
命令：_solview
输入选项 [UCS(U) / 正交 (O) / 辅助 (A) / 截面 (S)]:
```

9.5.3 使用"实体图形"命令创建实体图形

"实体图形"命令可以在执行"视图"命令之后使用，用于创建实体的轮廓或填充图案。

执行"图形"命令有以下几种方法。

- 功能区：在"三维建模"空间中，单击"常用"选项卡中"建模"面板的"实体图形"按钮。
- 菜单栏：执行"绘图" | "建模" | "设置" | "图形"命令。
- 命令行：输入 SOLDRAW。

执行上述任意操作后，命令行提示如下。

```
命令：SOLDRAW ↙
选择要绘图的视口 ...
选择对象：
```

命令行提示"选择对象"时，需要选择由 SOLDRAW 命令生成的视口。若所选视口是利用"UCS（U）""正交（O）""辅助（A）"等选项创建的投影视图，则在该视口中将自动生成实体的轮廓线。若所选视口是通过 SOLDRAW 命令的"截面（S）"选项创建的，则系统将自动生成剖视图，并自动填充剖面线。

练习 9-13：使用"视图"和"实体图形"命令创建三视图

本节介绍如何使用"视图"命令和"实体图形"命令创建三视图，操作过程如图 9-51 所示。

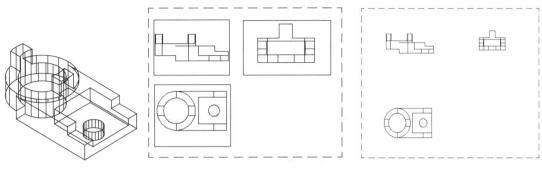

图 9-51

> **提示:**
> 使用SOLVIEW命令创建的视图，默认是俯视图。

创建三视图的具体操作步骤如下。

01 打开"练习 9-13：使用'视图'和'实体图形'命令创建三视图 .dwg"文件，其中已创建好一个模型。

02 在绘图区中单击"布局 1"标签，进入布局空间，选中系统自动创建的视口边线，按 Delete 键将其删除。

03 执行"绘图"|"建模"|"设置"|"视图"命令，选择"UCS（U）"和"世界（W）"选项，输入视图比例值为 0.3；选择视图布局中左上角适当的一点单击并按 Enter 键，分别指定视口两个对角点，确定视口范围，输入视图名称为"主视图"。

04 采用同样的方法，分别创建左视图和俯视图。

05 执行"绘图"|"建模"|"设置"|"图形"命令，在布局空间中选择视口边线，即可生成轮廓图。

06 进入模型空间，将实体隐藏或删除。

07 返回"布局 1"空间，选中 3 个视口的边线，然后将其切换至 Default 图层，再将该图层关闭，即可隐藏视口边线，结束操作。

9.5.4　使用"实体轮廓"命令创建二维轮廓线

"实体轮廓"命令可以在三维实体的基础上创建其轮廓，这与"实体图形"命令有所不同。"实体图形"命令仅限于对通过"视图"命令创建的视图生成轮廓，而"实体轮廓"命令则更为灵活，不仅可以对"视图"命令创建的视图生成轮廓，还能对其他方法创建的图形生成轮廓。但需注意，使用"实体轮廓"命令时，必须在模型空间中进行，通常可以通过 MSPACE 命令来激活模型空间。

执行"实体轮廓"命令的方式有以下几种。

- 功能区: 在"三维建模"空间中, 单击"常用"选项卡中"建模"面板的"实体轮廓"按钮 ▣。

- 菜单栏: 执行"绘图"|"建模"|"设置"|"轮廓"命令。

- 命令行: 输入 SOLPROF。

练习9-14: 使用"视口"和"实体轮廓"创建三视图

本节介绍如何使用"视口"命令和"实体轮廓"命令创建三视图, 操作过程如图 9-52 所示。

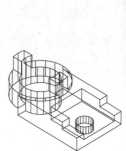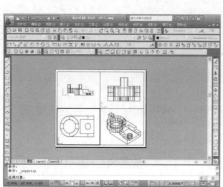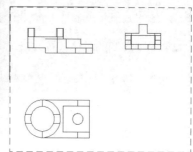

图 9-52

提示:
视口的边线可设置为单独的图层, 将其隐藏后可以清晰地显示三视图的绘制效果。

创建三视图的具体操作步骤如下。

01 打开"练习9-14: 使用'视口'和'实体轮廓'创建三视图 .dwg"文件, 其中已创建好一个模型。

02 在绘图区中单击"布局1"标签, 进入布局空间。然后在"布局1"标签上, 右击, 在弹出的快捷菜单中选择"页面设置管理器"选项, 弹出"页面设置管理器"对话框。

03 单击"修改"按钮, 弹出"页面设置"对话框, 在"图纸尺寸"下拉列表中选择 ISO A4 (210.00×297.00 毫米) 选项, 其余参数保存默认。

04 单击"确定"按钮, 返回"页面设置管理器"对话框, 单击"关闭"按钮完成修改布局页面的操作。

05 在布局空间中选中系统自动创建的视口 (即外围的黑色边线), 按 Delete 键将其删除。

06 将视图显示模式设置为"二维线框"模式。执行"视图"|"视口"|"四个视口"命令, 创建满布页面的 4 个视口。

07 在命令行中输入 MSPACE，或者直接双击视口，将布局空间转换为模型空间。

08 分别激活各视口，执行"视图"|"三维视图"子菜单中的命令，将各视口视图分别按对应的位置关系，转换为前视、俯视、左视和等轴测视图。

09 在命令行中输入 SOLPROF，选择各视口的二维图，将二维图转换为轮廓。

10 选中 4 个视口的边线，然后将其切换至 Default 图层，再将该图层关闭，即可隐藏视口边线。

11 选择右下角的三维视口，选中该视口中的实体，按 Delete 键删除，完成操作。

9.5.5　使用"创建视图"面板创建三视图

"创建视图"面板位于布局选项卡中，此面板包含的命令可以在布局空间中调用并放置三维实体的基础视图。随后，可以根据这些基础视图生成三视图、剖视图以及三维模型图。重要的是，要使用"创建视图"面板的功能，必须处于布局空间。

本节介绍如何使用"创建视图"命令创建三视图，操作过程如图 9-53 所示。

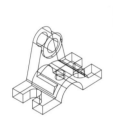

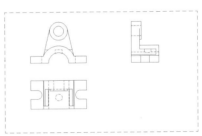

图 9-53

创建三视图的具体操作步骤如下。

01 打开"练习 9-15：使用'创建视图'命令创建三视图 .dwg"文件，其中已创建好一个模型。

02 在绘图区中单击"布局 1"标签，进入布局空间，选中系统自动创建的视口，按 Delete 键将其删除。

03 在"布局"选项卡中"创建视图"面板的"基点"下拉菜单中单击"从模型空间"按钮，根据命令行的提示，创建基础视图。

04 单击"投影"按钮，分别创建左视图和俯视图，完成操作。

9.5.6　三维实体创建剖视图

除了基本的三视图，还可以基于三维模型轻松创建全剖视图、半剖视图、旋转剖视图以及局部放大视图等其他二维视图。接下来，将通过 3 个实例来详细讲解这一过程。

练习 9-16：创建全剖视图

本节介绍快速创建零件全剖视图的方法，绘制过程如图 9-54 所示。

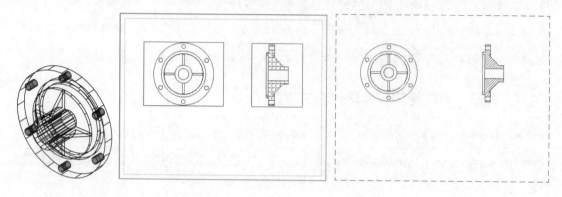

图 9-54

创建全剖视图的操作步骤如下。

01 打开"练习 9-16：创建全剖视图 .dwg"文件，其中包括已创建了一个模型。

02 在绘图区中单击"布局 1"标签，进入布局空间，选中系统自动创建的视口，按 Delete 键将其删除，如图 9-54 所示。

03 在命令行中输入 HPSCALE，设置剖面线的填充比例值为 0.5，使线的密度更大。

04 执行"绘图"|"建模"|"设置"|"视图"命令，依次选择 UCS(U) 和"世界 (W)"选项，输入视图比例值为 0.4，按 Enter 键确认。指定对角点确定视口范围，输入视图名称为"主视图"，在布局空间中绘制主视图。

05 执行"绘图"|"建模"|"设置"|"视图"命令，选择"截面 (S)"选项，指定剪切平面的两个点。移动鼠标指针指定查看剖面图的方向，输入视图比例值为 0.4。指定对角点确定视口范围，输入视图名称为"剖视图"。

06 在命令行中输入 SOLDRAW，将所绘制的两个视图转换成轮廓线。

07 修改填充图案的类型为 ANSI31，隐藏视口线框图层，结束绘制。

练习 9-17：创建半剖视图

本节讲解创建半剖视图的方法，操作过程如图 9-55 所示。

具体操作步骤如下。

01 打开"练习 9-17：创建半剖视图 .dwg"文件，其中已创建好一个模型。

02 设置页面。在绘图区中单击"布局 1"标签，进入布局空间。然后在"布局 1"标签上右击，在弹出的快捷菜单中选择"页面设置管理器"选项，弹出"页面设置管理器"对话框。

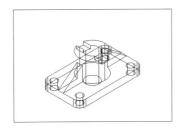  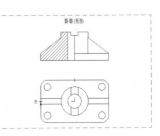

图 9-55

03 在"页面设置管理器"对话框中单击"修改"按钮，弹出"页面设置 - 布局 1"对话框，选择图纸尺寸为 ISO A4（297.00 × 210.00mm），其他设置保持默认，单击"确定"按钮，返回"页面设置管理器"对话框，单击"关闭"按钮，完成页面设置。

04 在布局空间中，选择系统默认的视口，按 Delete 键将其删除。

05 切换至三维建模空间。单击"布局"标签，进入"布局"选项卡。单击"创建视图"面板中"基点"按钮，选择"从模型空间"选项。

06 在布局空间中的合适位置，指定基础视图的位置，创建主视图。

07 单击"创建视图"面板中的"截面"按钮，根据命令行的提示，创建剖视图。

08 单击绘图区左下角的"新建布局"按钮 ＋，新建"布局 2"空间，采用相同的方法创建俯视图。

09 单击"创建视图"面板中的"截面"按钮，在弹出的列表中选择"半剖"选项，根据命令行的提示，创建半剖视图，完成操作。

练习 9-18：创建局部放大图

本节介绍创建局部放大图的方法，操作过程如图 9-56 所示。

创建局部放大图的具体操作步骤如下。

01 打开"练习 9-18：创建局部放大图 .dwg"文件，其中已创建好一个模型。

02 在绘图区左下角单击""布局 1 标签，进入布局空间。在"布局 1"标签上右击，在弹出的快捷菜单中选择"页面设置管理器"选项，弹出"页面设置管理器"对话框。

03 单击"页面设置管理器"对话框中的"修改"按钮，弹出"页面设置 - 布局 1"对话框，选择尺寸为 ISO A4（210.00 × 297.00mm）的图纸，其他设置保持默认，单击"确定"按钮，返回"页面设置管理器"对话框，单击"关闭"按钮，完成设置。

04 在布局空间中，选择自动生成的视口，按 Delete 键将其删除。

05 切换至三维建模空间。单击"布局"选项卡，即可看到布局空间的各工作按钮。

06 单击"创建视图"面板中的"基点"按钮 ▣，选择"从模型空间"选项，根据命令行的提示创建主视图。

07 单击"创建视图"面板中的"局部"按钮 ▣，在弹出的列表中选择"圆形"选项，根据命令行的提示，创建圆形的局部放大图。

08 单击"创建视图"面板中的"局部"按钮 ▣，在弹出的列表中选择"矩形"选项，创建矩形的局部放大图，结束绘制。

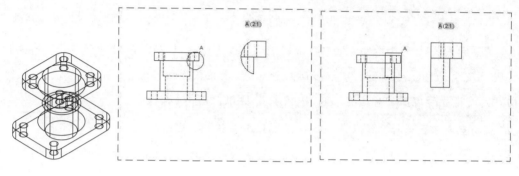

图 9-56

9.6 课后习题

9.6.1 理论题

1. 执行"长方体"命令的快捷键是（　）。

A. EL　　　B. DE　　　　　C. BOX　　　　　D. REC

2. "拉伸"命令的工具按钮是（　）。

A. ▣　　　B. ▣　　　C. ▣　　　D. ▣

3. 在（　）选项卡中集中了创建三维曲面的工具。

A. 常用　　B. 实体　　　C. 曲面　　　D. 网格

4. 单击（　）按钮可以创建网格圆锥体。

A. ▲　　　　B. ▲　　　C. ▣　　　D. ▲

5. 新建视口在（　）对话框中完成。

A. 新建视口　　　　　　B. 视口

C. 视口设置　　　　　　D. 视口检查

9.6.2 操作题

1. 执行"长方体"命令，创建长方体搭建桌子模型，如图 9-57 所示。

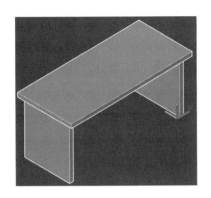

图 9-57

2. 执行"创建视口"命令，选择视口的配置样式，并在各视口中从不同的视点观察模型，如图 9-58 所示。

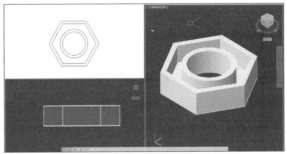

图 9-58

3. 单击"图元"面板中的"旋转曲面"按钮 ，根据命令行的提示创建旋转曲面模型，如图 9-59 所示。

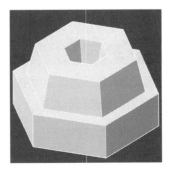

图 9-59

第 *10* 章　编辑三维模型

就像二维图形一样，三维实体同样可以进行移动、旋转、缩放等操作，从而构建出更为复杂的三维实体模型。在三维建模中，可以依据将二维转换为三维的基本思路，通过利用 UCS（用户坐标系）变换，结合平移、复制、镜像、旋转等基本编辑指令，来对三维实体进行所需的修改。

10.1　布尔运算

AutoCAD 的"布尔运算"功能在建模过程中起着重要作用，尤其在创建机械零件三维模型时应用更为广泛。这一功能被用来确定多个形体（无论是曲面还是实体）之间的组合关系，通过它，可以将多个形体组合成一个整体，从而得到如孔、槽、凸台和齿轮等特殊造型。在三维建模中，"布尔运算"主要涉及"并集""差集"和"交集"3 种基本运算方式。

10.1.1　并集运算

"并集"运算是将两个或两个以上的实体（或面域）对象组合成一个全新的对象。在执行并集运算后，原本各自独立的实体在相互重合的部分会连接在一起，从而形成一个完整的、统一的实体。

进行"并集"运算有如下几种方法。

- 功能区：在"常用"选项卡中，单击"实体编辑"面板中的"并集"按钮 ￼。
- 菜单栏：执行"修改"｜"实体编辑"｜"并集"命令。
- 命令行：输入 UNION 或 UNI。

执行"并集"命令后，在绘图区选中所要合并的对象，按 Enter 键或右击，即可执行"并集"命令。

练习 10-1：通过并集创建红桃心

有时候，仅依赖前面章节所介绍的命令可能无法构建出令人满意的模型，因此还需要借助布尔运算来辅助创建，例如本例中的桃心模型。其操作过程如图 10-1 所示。

通过并集创建桃心的具体操作步骤如下。

01 单击快速访问工具栏中的"打开"按钮 ￼，打开"练习 10-1：通过并集创建红桃心 .dwg"文件。

图 10-1

02 单击"实体编辑"面板中的"并集"按钮■，依次选择左右两个椭圆，然后右击完成并集运算。

10.1.2 差集运算

"差集"运算是指将一个对象减去与另一个对象的重叠部分，从而形成新的组合对象。与并集操作不同，差集运算中，首先选择的对象是被剪切对象，随后选择的则是用来进行剪切的对象。

进行"差集"运算有如下几种方法。

- 功能区：在"常用"选项卡中，单击"实体编辑"面板中的"差集"按钮■。
- 菜单栏：执行"修改" | "实体编辑" | "差集"命令。
- 命令行：输入 SUBTRACT 或 SU。

执行"差集"命令后，在绘图区选择被剪切的对象，按 Enter 键或右击，然后选择要剪切的对象，按 Enter 键或右击，即可执行"差集"命令。

> **提示：**
> 在进行差集运算时，若第二个对象完全被第一个对象包含，则差集运算的结果将是第一个对象减去第二个对象的全部；而如果第二个对象仅有部分区域与第一个对象重叠，差集运算的结果将是第一个对象减去两者的重叠部分。

练习 10-2：通过差集创建通孔

在机械零件中常有孔、洞等，如果要创建这样的三维模型，就可以通过"差集"命令来进行，操作过程如图 10-2 所示。

图 10-2

通过"差集"运算创建通孔的具体操作步骤如下。

01 单击快速访问工具栏中的"打开"按钮 ⬜，打开"练习 10-2：通过差集创建通孔 .dwg"文件。

02 单击"实体编辑"面板中的"差集"按钮 🔲，选择大圆柱体为被剪切的对象，按 Enter 键或右击完成选择，然后选择与大圆柱相交的小圆柱体为要剪切的对象，按 Enter 键或右击即可执行差集命令。

03 重复以上操作，继续进行差集运算，完成图形绘制。

10.1.3　交集运算

在三维建模过程中，进行"交集"运算可以获取两个相交实体的共同部分，进而生成一个新的实体。这种运算是差集运算的逆过程。在 AutoCAD 2024 中，进行"交集"运算可以采用以下几种方法。

- 功能区：在"常用"选项卡中，单击"实体编辑"面板中的"交集"按钮 🔲。
- 菜单栏：执行"修改" | "实体编辑" | "交集"命令。
- 命令行：输入 INTERSECT 或 IN。

执行"交集"命令，然后在绘图区选择具有公共部分的两个对象，按 Enter 键或右击即可完成相交操作。

练习 10-3：通过交集创建飞盘

建模的过程不仅需要掌握软件提供的命令，更讲究技巧与方法的应用。本例中的飞盘模型便是一个很好的例证。如果不采用先创建球体再进行交集运算的方法，而是仅依赖常规的建模手段，往往会大幅度增加建模的难度。整个创建过程如图 10-3 所示，通过"交集"创建飞盘的具体操作步骤如下。

图 10-3

01 单击快速访问工具栏中的"打开"按钮 ⬜，打开"练习 10-3：通过交集创建飞盘 .dwg"文件。

02 单击"实体编辑"面板中的"交集"按钮 🔲，依次选择具有公共部分的两个球体，按 Enter 键执行相交操作。

03 在"实体"选项卡中，单击"实体编辑"面板中的"圆角边"按钮，选择边线创建圆角，结束操作。

10.1.4　编辑实体历史记录

利用布尔运算命令对实体进行编辑后，原始实体会消失，且新生成的实体特征位置是固定的，这使后续修改变得相当困难。例如，使用差集运算在实体上创建孔后，孔的大小和位置只能通过偏移面或移动面来调整。同样地，将两个实体进行并集操作后，它们的相对位置就无法再更改了。然而，AutoCAD 提供的实体历史记录功能可以有效地解决这一问题。

在使用实体历史记录进行编辑之前，必须保存这些记录。保存方法是先选中实体，然后右击，在弹出的快捷菜单中选择"查看实体特性"选项。在"实体历史记录"选项组中，选择需要记录的历史即可，如图 10-4 所示。

上述保存历史记录的方法需要逐个选择实体并进行特征设置，相对烦琐，适用于记录个别实体。若要在全局范围内记录实体历史，可以在"实体"选项卡中，单击"图元"面板上的"实体历史记录"按钮来实现这一功能。命令行提示如下。

```
命令: _solidhist
输入 SOLIDHIST 的新值 <0>: 1↙
```

将 SOLIDHIST 的新值设为 1，即可开启实体历史记录功能，此后创建的所有实体都将被记录历史。

在开启了实体历史记录功能后，对实体进行布尔操作，系统会保存实体的原始几何形状信息。当在图 10-4 所示的面板中设置了显示历史记录后，实体的历史将以线框的形式展现出来，如图 10-5 所示。

图 10-4

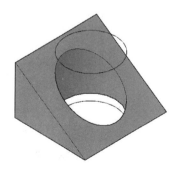

图 10-5

练习 10-4：修改联轴器

在其他建模软件，如 NX、SolidWorks 等的工作界面中，通常会有类似"特征树"的组件，如图 10-6 所示。这个"特征树"会记录模型创建过程中使用的所有命令和参数，从而非常方便地对模型进行修改。虽然 AutoCAD 没有类似的"特征树"，但可以利用本节所学的编辑实体历史记录功能，实现回溯历史和修改模型的目的。修改联轴器的具体操作步骤如下。

01 打开"练习 10-4：修改联轴器 .dwg"文件，如图 10-7 所示。

图 10-6

图 10-7

02 在"常用"选项卡中，单击"坐标"面板中的"原点"按钮，然后捕捉到圆柱顶面的圆心，放置原点，如图 10-8 所示。

03 单击绘图区左上角的视图控件，将视图调整为俯视图，然后在 XY 平面内绘制一个矩形轮廓，如图 10-9 所示。

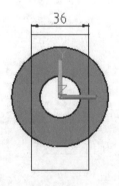

图 10-8

图 10-9

04 单击"建模"面板中的"拉伸"按钮，选择矩形为拉伸的对象，拉伸方向指向圆柱体内部，输入拉伸高度值为 14，创建的拉伸实体如图 10-10 所示。

05 单击拉伸创建的长方体并右击，在弹出的快捷菜单中选择"特性"选项，弹出该实体的特性选项板。在该选项板中，将"历史记录"修改为"记录"，并显示历史记录，如图10-11所示。

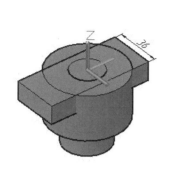

图 10-10　　　　　　　　　　　　　　　　　　　图 10-11

06 单击"实体编辑"面板中的"差集"按钮，从圆柱体中减去长方体，结果如图10-12所示，以线框显示的即为长方体的历史记录。

07 按住 Ctrl 键然后选择线框长方体，该历史记录呈夹点显示状态，将长方体两个顶点夹点合并，修改为三棱柱的形状，拖动夹点适当调整三角形形状，结果如图10-13所示。

08 选择圆柱体，用步骤05的方法打开实体的特性选项板，将"显示历史记录"选项修改为"否"，隐藏历史记录，最终结果如图10-14所示。

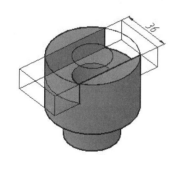　　　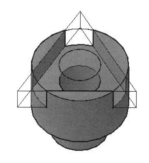　　　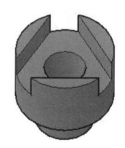

图 10-12　　　　　　　　　　图 10-13　　　　　　　　　　图 10-14

10.2　三维实体的编辑

在对三维实体进行编辑时，不仅可以对实体上的单个表面和边线进行编辑操作，还可以对整个实体进行编辑。

10.2.1　干涉检查

在装配过程中，模型与模型之间经常会出现干涉现象。因此，在执行两个或多个模型的装配时，必须进行干涉检查，以便及时调整模型的尺寸和相对位置，确保装配的准确性和效果。

执行"干涉检查"命令有如下几种方法。

- 功能区：在"常用"选项卡中，单击"实体编辑"面板中的"干涉"按钮■。
- 菜单栏：执行"修改"|"三维操作"|"干涉检查"命令。
- 命令行：输入 INTERFERE。

执行"干涉检查"命令后，需要在绘图区选择要检查的实体模型，并按 Enter 键完成选择。随后，选择要进行干涉检查的另一个模型，并再次按 Enter 键，即可查看检查结果。

在显示干涉检查结果的同时，系统会弹出"干涉检查"对话框。在此对话框中，可以设置模型之间的显示方式。若选择"关闭时删除已创建的干涉对象"复选框，并在之后单击"关闭"按钮，系统将删除已创建的干涉对象。

练习 10-5：干涉检查装配体

在 AutoCAD 中，可以通过执行"干涉检查"命令来判断两个零件之间的配合关系，方便绘图员及时修改错误，操作过程如图 10-15 所示。

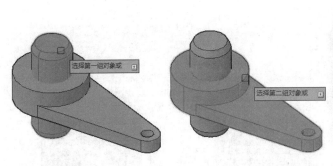

图 10-15

干涉检查装配体的具体操作步骤如下。

01 单击快速访问工具栏中的"打开"按钮📂，打开"练习 10-5：干涉检查 .dwg"文件，其中已经创建销轴和连接杆模型。

02 单击"实体编辑"面板中的"干涉"按钮■，选择销轴为第一组对象，选择连接杆为第二组对象，按 Enter 键弹出"干涉检查"对话框。

03 红色高亮显示的地方即为超差部分，单击"关闭"按钮即可完成干涉检查。

10.2.2 剖切

在绘图过程中，为了清晰地展现实体内部的结构特征，可以运用剖切工具。该工具可以假想一个与指定对象相交的平面或曲面，进而将该实体进行剖切，生成新的对象。定义剖切平面的方式有多种，例如通过指定点、选择已有的曲面或平面对象等。

执行"剖切"命令有如下几种方法。

- 功能区：在"常用"选项卡中，单击"实体编辑"面板中的"剖切"按钮。
- 菜单栏：执行"修改"|"三维操作"|"剖切"命令。
- 命令行：输入 SLICE 或 SL。

通过以上任意方法启动"剖切"命令后，选择要进行剖切的对象。接下来，按照命令行的提示定义剖切面。可以选择一个已有的平面对象，例如曲面、圆、椭圆、圆弧、椭圆弧、二维样条曲面或二维多段线等，也可以选择通过坐标系定义的平面，如 XY、YZ、ZX 平面。最后，选择保留剖切实体的一个侧面或同时保留两侧，从而完成实体的剖切操作。

在剖切过程中，确定剖切面的方式有多种，包括指定切面的起点、选择平面对象、曲面、Z轴、视图、XY、YZ、ZX 平面或通过三点定义等。这些方法都相对简单。下面，将以平面对象为例，详细介绍"剖切"命令的使用方法。

练习 10-6：绘制平面对象剖切实体

通过绘制辅助平面的方式来剖切实体是一种常用的方法。剖切对象不仅可以是平面，还可以是曲面，这使我们能够创建出多种剖切图形。当需要剖切实体时，可以先创建一个辅助的平面或曲面，然后再利用这一方法进行剖切。整个操作过程如图 10-16 所示。

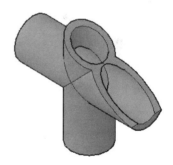

图 10-16

绘制平面对象剖切实体的具体操作如下。

01 单击快速访问工具栏中的"打开"按钮，打开"练习 10-6：剖切素材 .dwg"文件。

02 绘制平面作为剖切平面。

03 单击"实体编辑"面板中的"剖切"按钮，选择四通管实体为剖切对象，右击结束选择；选择"平面对象（O）"选项，单击选择平面，选择需要保留的一侧，通过以上操作即可完成实体的剖切。

10.2.3 加厚

在三维建模环境中，可以通过加厚处理，将网格曲面、平面曲面或截面曲面等多种类型的曲面转换成具有一定厚度的三维实体。

执行"加厚"命令有如下几种方法。

- 功能区：在"实体"选项卡中，单击"实体编辑"面板中的"加厚"按钮 ⬛。
- 菜单栏：执行"修改"｜"三维操作"｜"加厚"命令。
- 命令行：输入 THICKEN。

执行"加厚"命令，在绘图区选择曲面，然后右击或按 Enter 键，在命令行中输入厚度值并按 Enter 键确认，即可完成加厚操作。

练习 10-7：加厚花瓶

在实际生活中，花瓶通常具有肉眼可观的厚度。然而，初次建模得到的花瓶模型往往薄如纸片，显得不够真实。为了增加模型的真实性，可以执行"加厚"命令，为模型赋予一定的厚度。图 10-17 展示了这一操作过程。

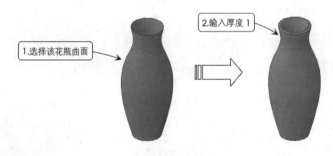

图 10-17

加厚花瓶曲面的具体操作步骤如下。

01 单击快速访问工具栏中的"打开"按钮 ⬛，打开"练习 10-7：加厚花瓶 .dwg"文件。

02 在"实体"选项卡中，单击"实体编辑"面板中的"加厚"按钮 ⬛，选择花瓶曲面，然后输入厚度值为 1 即可完成操作。

10.2.4 抽壳

通过执行"抽壳"命令，可以为实体赋予一个指定的厚度，从而形成一个中空的薄层。此外，该操作还允许选择性地排除某些特定面，使其不被包含在壳层之内。在执行此操作时，如果指定正值，抽壳过程将从实体的外部开始；若指定负值，则抽壳将从实体内部进行。

执行"抽壳"命令有如下几种方法。

- 功能区：在“实体”选项卡中，单击“实体编辑”面板中的“抽壳”按钮。
- 菜单栏：执行“修改”｜“实体编辑”｜“抽壳”命令。
- 命令行：输入 SOLIDEDIT。

执行“抽壳”命令后，可以根据需求选择两种方式进行操作：保留所有面执行抽壳操作以创建一个中空实体，或者删除单个或多个面后执行抽壳操作。下面分别介绍这两种方法。

1. 删除抽壳面

这种方法是通过移除某些面来形成一个带有内孔的三维实体。首先执行“抽壳”命令，在绘图区域选择实体对象。接着，选择想要删除的单个或多个表面，然后右击。之后输入抽壳的偏移距离值，并按 Enter 键，即可完成抽壳操作。操作效果如图 10-18 所示。

2. 保留抽壳面

与删除面的抽壳操作不同，这种方法在选择抽壳对象后，直接按 Enter 键或右击，而不需要选择删除任何面。接下来输入抽壳距离值，从而得到一个中空的抽壳效果，如图 10-19 所示。

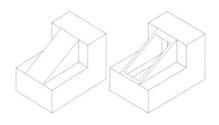 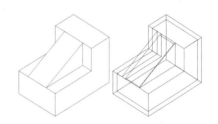

图 10-18　　　　　　　　　　　　　　　　图 10-19

练习 10-8：绘制方槽壳体

通过灵活运用“抽壳”命令，并结合其他建模操作，可以创建出许多看似复杂，但实际上并不难以实现的模型。整个操作过程如图 10-20 所示。

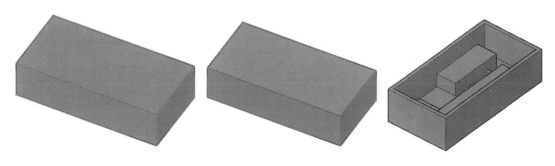

图 10-20

绘制方槽壳体的具体操作步骤如下。

01 单击快速访问工具栏中的"打开"按钮 🗁，打开"练习 10-8：绘制方槽壳体 .dwg"文件。

02 在"常用"选项卡中，单击"修改"面板中的"三维旋转"按钮 ⊕，将图形旋转 180°。

03 单击"实体编辑"面板中的"抽壳"按钮 🔳，选择要抽壳的对象，接着选择要删除的面，右击结束选择；输入抽壳偏移距离值为 2，按 Enter 键完成操作。

10.2.5　创建倒角和圆角

"倒角"和"圆角"工具不仅可以编辑二维图形，同样能对三维图形添加倒角和圆角效果。

1. 三维倒角

在建模过程中，为各类零件创建倒角，这样不仅可以方便安装，还能有效防止零件之间或零件与安装人员之间发生擦伤或划伤。

执行"倒角"命令有如下几种方法。

- 功能区：在"实体"选项卡中，单击"实体编辑"面板中的"倒角边"按钮 🔩。
- 菜单栏：执行"修改"｜"实体编辑"｜"倒角边"命令。
- 命令行：输入 CHAMFEREDGE。

执行"倒角边"命令，然后根据命令行提示，在绘图区域内选择需要添加倒角的基面。按 Enter 键后，分别指定倒角的距离，接着选择要添加倒角的边线。最后，按 Enter 键即可成功创建三维倒角。

练习 10-9：为模型添加倒角

创建三维模型后，依次选择边为其添加倒角。不同的倒角距离，得到的倒角效果不同。操作过程如图 10-21 所示。

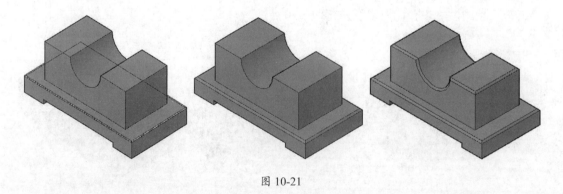

图 10-21

为模型添加倒角的具体操作步骤如下。

01 单击快速访问工具栏中的"打开"按钮 🗁，打开"练习 10-9：为模型添加倒角 .dwg"文件。

02 在"实体"选项卡中，单击"实体编辑"面板中的"倒角边"按钮，选择需要倒角的边，右击结束选择，输入 d 设置倒角距离值均为 2，按 Enter 键结束。

03 重复操作，继续对其他边执行倒角。

2．三维圆角

在三维模型中，圆角主要用在回转零件的轴肩处，以防止轴肩应力集中，在长时间的运转中断裂。

执行"圆角"命令有如下几种方法。

- 功能区：在"实体"选项卡中，单击"实体编辑"面板中的"圆角边"按钮。
- 菜单栏：执行"修改"｜"实体编辑"｜"圆角边"命令。
- 命令行：输入 FILLETEDGE。

执行"圆角边"命令后，在绘图区域内选择要进行圆角的边线，并输入圆角的半径值，然后按 Enter 键。此时命令行会出现"选择边或 [链（C）/ 环（L）/ 半径（R）]："的提示。如果选择"链"选项，可以连续选择多个边线进行圆角操作。若选择"半径"选项，则可以为不同的边线设置不同的圆角半径。最后，按 Enter 键即可完成三维圆角的创建。

练习 10-10：为模型添加圆角

有些模型需要保持棱角分明，而有些模型则通过添加圆角边来更好地展现其设计效果。执行"圆角边"命令时，可以通过设置半径值来对选中的边线进行圆角处理。操作过程如图 10-22 所示。

图 10-22

为模型添加圆角的具体操作步骤如下。

01 单击快速访问工具栏中的"打开"按钮，打开"练习 10-10：对模型倒圆角 .dwg"文件。

02 单击"实体编辑"面板中的"圆角边"按钮，选择要添加圆角的边，右击结束选择；输入 R 选择"半径（R）"选项，输入半径值为 5，按 Enter 键结束操作。

03 继续重复以上操作，在其他位置创建圆角。

10.3 操作三维对象

三维操作指的是对实体进行诸如移动、旋转、对齐等改变其位置的操作，还包括镜像、阵列等用于快速创建相同实体副本的命令。在装配实体时，这些三维操作的使用非常频繁。例如，在将螺栓装配到螺孔中的过程中，可能需要先旋转螺栓以确保其轴线与螺孔平行，然后通过移动操作将其准确地定位到螺孔中。接着，通过执行阵列操作，可以快速地在多个位置创建螺栓的副本。

10.3.1 三维移动

"三维移动"命令允许将实体按照指定的距离进行移动，从而改变对象在空间中的位置。通过使用"三维移动"工具，可以轻松地将实体沿着 X 轴、Y 轴、Z 轴或其他任意方向移动，也可以将其沿着直线、平面或任意两点之间进行移动，以确保实体能够准确地定位到所需的空间位置。

执行"三维移动"命令有如下几种方法。

- 功能区：在"常用"选项卡中，单击"修改"面板中的"三维移动"按钮 🖎，如图 10-23 所示。
- 菜单栏：执行"修改"｜"三维操作"｜"三维移动"命令。
- 命令行：输入 3DMOVE。

执行"三维移动"命令后，选择要移动的对象，绘图区将显示坐标系，如图 10-24 所示。

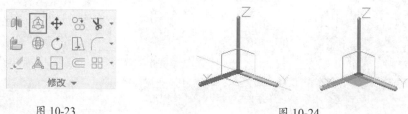

图 10-23　　　　　　　　　　　图 10-24

单击选择坐标轴的某一轴后，移动十字光标，此时选定的实体会沿着该轴移动。如果将十字光标停留在两轴交汇处的平面上（该平面用于确定一个特定的移动方向），直到该平面变为黄色，然后选择这个平面，移动十字光标时，实体的移动将会被约束在这个平面上。

练习 10-11：三维移动

通过执行"三维移动"命令调整模型位置的操作过程如图 10-25 所示。

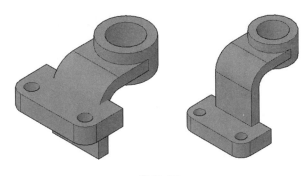

图 10-25

三维移动的具体操作步骤如下。

01 单击快速访问工具栏中的"打开"按钮，打开"练习 10-11：三维移动 .dwg"文件。

02 单击"修改"面板中的"三维移动"按钮，选择要移动的底座实体，右击完成选择，然后在移动小控件上选择 Z 轴为约束方向；将底座移至合适位置，然后单击，结束操作。

10.3.2　三维旋转

利用"三维旋转"工具，可以将三维对象和其子对象沿着指定的旋转轴（包括 X 轴、Y 轴、Z 轴）进行自由旋转操作。

执行"三维旋转"命令有如下几种方法。

- 功能区：在"常用"选项卡中，单击"修改"面板中的"三维旋转"按钮。

- 菜单栏：执行"修改"｜"三维操作"｜"三维旋转"命令。

- 命令行：输入 3DROTATE。

执行"三维旋转"命令后，会进入"三维旋转"模式。在此模式下，选择需要旋转的对象，此时绘图区域会出现 3 个圆环，分别用红色代表 X 轴、绿色代表 Y 轴、蓝色代表 Z 轴。接下来，指定一个点作为旋转的基点。在指定了旋转基点之后，选择夹点工具上的圆环来确定旋转轴。然后，可以直接输入旋转的角度值来对实体进行旋转，或者选择屏幕上的任意位置作为新的旋转基点，再输入角度值来完成三维实体的旋转操作。

练习 10-12：三维旋转

与"三维移动"命令相同，"三维旋转"命令同样可以使用二维环境中的"旋转"命令来完成。操作过程如图 10-26 所示。

三维旋转的具体操作步骤如下。

01 单击快速访问工具栏中的"打开"按钮，打开"练习 10-12：三维旋转 .dwg"文件。

02 单击"修改"面板中的"三维旋转"按钮，选择连接板和圆柱体为旋转的对象，右击完成对象选择。然后选择圆柱中心为基点，选择Z轴为旋转轴，输入旋转角度值为180，完成操作。

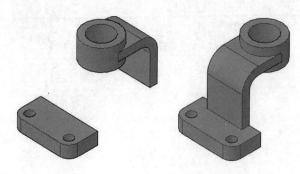

图 10-26

10.3.3　三维缩放

通过使用"三维缩放"小控件，可以轻松地沿着特定的轴或平面调整选定对象及其子对象的大小，同时也可以选择对所有对象进行统一的大小调整。

执行"三维缩放"命令有如下几种方法。

- 功能区：在"常用"选项卡中，单击"修改"面板中的"三维缩放"按钮 ，如图 10-27 所示。

- 工具栏：单击"建模"工具栏中的"三维旋转"按钮。

- 命令行：输入 3DSCALE。

执行"三维缩放"命令后，会进入"三维缩放"模式。在此模式下，选择需要缩放的对象，此时绘图区域会出现如图 10-28 所示的缩放小控件。接着，在绘图区域中指定一个点作为缩放的基点，然后移动十字光标即可进行缩放操作。

图 10-27

图 10-28

10.3.4　三维镜像

使用"三维镜像"工具，可以通过镜像平面创建与原始三维对象完全相同的对象副本。这个镜像平面可以是与 UCS 平行的平面，也可以是由三点确定的任意平面。

执行"三维镜像"命令有如下几种方法。

- 功能区：在"常用"选项卡中，单击"修改"面板中的"三维镜像"按钮。

- 菜单栏：执行"修改"｜"三维操作"｜"三维镜像"命令。

- 命令行：输入 MIRROR3D。

执行"三维镜像"命令后，会进入"三维镜像"模式。在绘图区域内选择需要镜像的实体，然后按 Enter 键或右击。接着，根据命令行提示选择镜像平面，可以根据需要指定 3 个点来确定这个镜像平面。最后，确定是否要删除源对象，并右击或按 Enter 键来获得实体的镜像副本。

练习 10-13：三维镜像

如果要镜像复制的对象只限于 XY 平面，那么"三维镜像"命令同样可以用二维工作空间的"镜像"命令替代。操作过程如图 10-29 所示。

图 10-29

三维镜像的具体操作步骤如下。

01 单击快速访问工具栏中的"打开"按钮，打开"练习 10-13：三维镜像 .dwg"文件。

02 在"常用"选项卡中，单击"坐标"面板中的"Z 轴矢量"按钮，先捕捉大圆的圆心位置，定义坐标原点，然后捕捉 270° 极轴方向，定义 Z 轴方向，完成创建坐标系的操作。

03 单击"修改"面板中的"三维镜像"按钮，选择连杆臂为镜像对象，输入 YZ 选择"YZ 平面（YZ）"选项，按 Enter 键，默认 YZ 平面上的点为（0,0,0）；按 Enter 键或空格键，系统默认为不删除源对象。

04 执行上述操作后，镜像生成另一侧的连杆。

10.3.5　三维对齐

使用"三维对齐"工具，可以通过指定一对、两对或三对原点和目标点，来实现对象的移动、旋转、倾斜或缩放，以使其与选定对象对齐。

执行"三维对齐"命令有如下几种方法。

- 功能区：在"常用"选项卡中，单击"修改"面板中的"三维对齐"按钮。

- 菜单栏：执行"修改"｜"三维操作"｜"三维对齐"命令。

- 命令行：输入 ALIGN 或 AL。

1. 一对点对齐对象

这种对齐方式是通过指定一对源点和目标点来实现实体对齐的。当只选择一对源点和目标点时，所选的实体对象将在二维或三维空间中沿着从源点 a 到目标点 b 的直线路径进行移动，如图 10-30 所示。

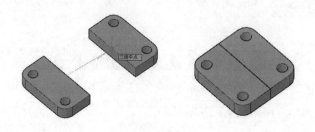

图 10-30

2. 两对点对齐对象

这种对齐方式是通过指定两对源点和目标点来实现实体对齐的。当选择两对源点和目标点时，可以在二维或三维空间中对选定的对象进行移动、旋转和缩放，以便使其与其他对象对齐，如图 10-31 所示。

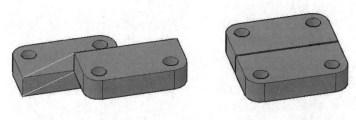

图 10-31

3. 三对点对齐对象

这种对齐方式是通过指定 3 对源点和目标点来实现实体对齐的。当选择 3 对源点和目标点时，可以在绘图区域内连续捕捉 3 对源点和目标点，从而实现对对象的对齐，效果如图 10-32 所示。

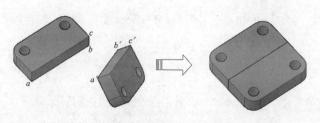

图 10-32

　　通过执行"三维对齐"命令，可以实现零部件的三维装配，这也是在 AutoCAD 中创建三维装配体时常用的命令之一。三维对齐装配螺钉的具体操作步骤如下。

01 单击快速访问工具栏中的"打开"按钮 📂，打开"练习 10-14：三维对齐装配螺钉 .dwg"文件，如图 10-33 所示。

02 单击"修改"面板中的"三维对齐"按钮 🔧，选择螺栓为要对齐的对象，右击结束对象选择；在螺栓上指定 3 点确定源平面，即如图 10-34 所示的 A、B、C 三点，指定目标平面和方向，在底座上指定 3 个点确定目标平面，即如图 10-35 所示的 A、B、C 三点，完成三维对齐操作。通过以上操作完成对螺栓的三维移动，效果如图 10-36 所示。

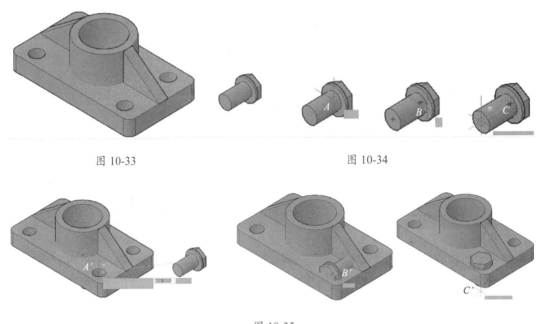

图 10-33　　　　　　　　　　　　　　　　　　图 10-34

图 10-35

03 复制螺栓实体，重复以上操作完成所有螺栓的位置装配，如图 10-37 所示。

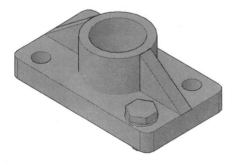

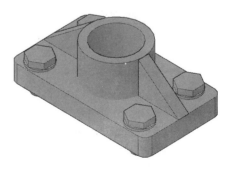

图 10-36　　　　　　　　　　　　　　　　　　图 10-37

10.3.6　三维阵列

使用"三维阵列"工具，可以在三维空间中按矩形阵列或环形阵列的方式，创建对象的多个副本。

执行"三维阵列"命令有如下方法。

- 菜单栏：执行"修改"|"三维操作"|"三维阵列"命令。

- 命令行：输入 3DARRAY 或 3A。

执行"三维阵列"命令后，按照提示执行阵列对齐操作。命令行提示如下。

输入阵列类型 [矩形 (R) / 环形 (P)] <矩形>：

"三维阵列"有"矩形阵列""环形阵列"两种方式，下面分别进行介绍。

1．矩形阵列

执行"矩形阵列"命令时，需要指定行数、列数、层数以及行间距、列间距和层间距，同时还可以设置生成多行、多列和多层的阵列。在指定间距时，可以通过输入具体的间距值，或者在绘图区域内选择两个点来确定间距。当选择两点确定间距时，AutoCAD 会自动测量这两点之间的距离，并将此距离作为间距值。如果指定的间距值为正值，阵列将沿着 X 轴、Y 轴、Z 轴的正方向生成；如果间距值为负值，则阵列将沿着 X 轴、Y 轴、Z 轴的负方向生成。

练习 10-15：矩形阵列创建电话按键

执行"矩形阵列"命令时，可以通过设置行数、列数以及间距值，在指定的位置创建多个对象的副本，这种方式能够有效地弥补"复制"工具的局限性，实现更高效的批量复制操作。操作过程如图 10-38 所示。

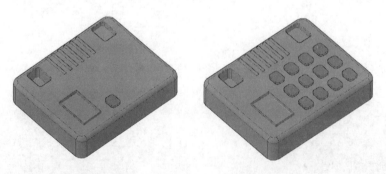

图 10-38

矩形阵列创建电话按键的具体操作步骤如下。

01 单击快速访问工具栏中的"打开"按钮，打开"练习 10-15：矩形阵列创建电话按键 .dwg"文件。

02 在命令行中输入 3DARRAY，选择电话机上的按钮为阵列对象，按 Enter 键或空格键，系统默认为矩形阵列模式；输入行数为 3，列数为 4，层数为 1，行间距值为 8，列间距值为 7，按 Enter 键，完成矩形阵列操作。

2．环形阵列

执行"环形阵列"命令时，需要指定阵列的数目、填充的角度，确定旋转轴的起点和终点，并选择对象在阵列后是否绕着阵列中心进行旋转。

练习 10-16：环形阵列创建手柄

执行"环形阵列"命令，可以快速地创建若干对象副本，避免重复设置参数，保证结果的准确性。操作过程如图 10-39 所示。

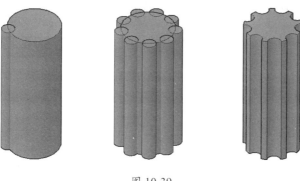

图 10-39

环形阵列创建手柄的具体操作步骤如下。

01 单击快速访问工具栏中的"打开"按钮📂，打开"练习 10-16：环形阵列创建手柄 .dwg"文件。

02 在命令行中输入 3DARRAY，选择小圆柱体为阵列对象，输入 P 选择"环形（P）"选项，输入阵列中的项目数为 9，按 Enter 键指定要填充的角度为 360°；按 Enter 键，系统默认为旋转阵列对象；选择大圆柱的中轴线为旋转轴，完成阵列复制操作。

03 单击"实体编辑"面板中的"差集"按钮🔲，选择中心圆柱体为被减实体，选择阵列创建的圆柱体为要减去的实体，右击结束操作。

10.4　编辑实体边

实体是由面和边构成的，而 AutoCAD 不仅提供了众多用于编辑实体的工具，还允许根据需要提取多个边的特征。这些特征提取后，可以对其进行诸如偏移、着色、压印或复制边等操作，从而方便用户查看或构建更为复杂的模型。

10.4.1　复制边

执行"复制边"操作，可以将实体上单个或多个边偏移到指定位置，从而利用这些边创建新的图形。

执行"复制边"命令有如下几种方法。

- 功能区：在"常用"选项卡中，单击"实体编辑"面板中的"复制边"工具按钮 。
- 菜单栏：执行"修改"|"实体编辑"|"复制边"命令。
- 命令行：输入 SOLIDEDIT。

执行"复制边"命令后，在绘图区域内选择需要复制的边线。选择完成后，右击弹出快捷菜单，并选择"确认"选项。接着，指定复制边的基点或位移。之后，将十字光标移至合适的位置并单击来放置复制的边，从而完成复制边的操作。

练习 10-17：复制边创建导轨

在三维建模过程中，可以随时使用二维工具，如圆和直线等，来绘制草图，之后再进行拉伸等操作。与其他建模软件在绘制草图时需要特别切换到草图环境不同，AutoCAD 提供了更为灵活的操作方式。此外，通过结合"复制边"和"压印边"等操作，可以直接从现有的模型中分离出对象的轮廓，这为后续的建模工作提供了极大的便利。整个操作过程如图 10-40 所示。

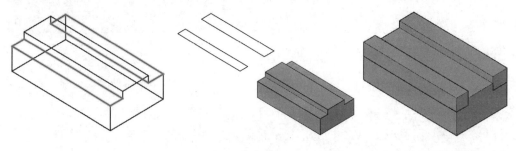

图 10-40

复制边创建导轨的具体操作步骤如下。

01 单击快速访问工具栏中的"打开"按钮 ，打开"练习 10-17：复制边创建导轨 .dwg"文件。

02 单击"实体编辑"面板中的"复制边"按钮 ，选择要复制的边，右击结束选择；指定基点，指定边要平移的距离，按 Esc 键退出。

03 单击"建模"面板中的"拉伸"按钮 ，选择复制的边，指定拉伸高度值为 40mm。

04 执行"修改"|"三维操作"|"三维对齐"命令，选择拉伸得到的长方体为要对齐的对象，将其对齐到底座上，结束操作。

10.4.2　着色边

在三维环境中，不仅可以对实体的表面进行着色，还可以使用"着色边"工具为实体的边线着色，从而实现实体内外表面边线的不同着色效果。

执行"着色边"命令有如下几种方法。

- 功能区：在"常用"选项卡中，单击"实体编辑"面板中的"着色边"按钮 ，如图 10-41 所示。

- 菜单栏：执行"修改"|"实体编辑"|"着色边"命令，如图 10-42 所示。

- 命令行：输入 SOLIDEDIT。

执行"着色边"命令后，在绘图区选择边线，按 Enter 键或右击，弹出"选择颜色"对话框，如图 10-43 所示。在该对话框中选择填充颜色，单击"确定"按钮，即可执行边着色操作。

图 10-41　　　　　图 10-42　　　　　图 10-43

10.4.3　压印边

创建三维模型后，经常需要在模型的表面添加公司标记或产品标识等。为了满足这一需求，AutoCAD 提供了"压印边"工具。

执行"压印边"命令有如下几种方法。

- 功能区：在"常用"选项卡中，单击"实体编辑"面板中的"压印边"按钮 。

- 菜单栏：执行"修改"|"实体编辑"|"压印边"命令。

- 命令行：输入 IMPRINT。

执行"压印边"命令后，在绘图区域内选择三维实体和需要压印的边。此时，命令行会提示"是否删除源对象 [是（Y）/ 否（N）]<N>："。根据实际需求，选择是否保留源对象。如果选择"是"，源对象将被删除；如果选择"否"或直接按 Enter 键，源对象将保留。

练习 10-18：压印商标 Logo

"压印边"命令是较常用的命令之一。通过执行该命令，可以在模型上创建各种自定义的标记，同时，它也可以被用来分割模型的面。

图 10-44

压印商标 Logo 的具体操作步骤如下。

01 单击快速访问工具栏中的"打开"按钮 ，打开"练习 10-18：压印商标 Logo.dwg"文件。

02 单击"实体编辑"工具栏中的"压印边"按钮 ，选择方向盘为三维实体，选择字母 B，输入 Y 选择保留源对象。

03 重复以上操作，选择 3 个圆形为"要压印的对象"，完成图标压印操作。

提示：
执行压印操作的对象确实仅限于圆弧、圆、直线、二维和三维多段线、椭圆、样条曲线、面域、体以及三维实体。在实例中，所使用的文字是通过直线和圆弧绘制的图形。

10.5 编辑实体面

在编辑三维实体时，既可以选择实体上的单个或多个边线来执行编辑操作，也可以对实体的任意表面进行编辑。通过修改实体的表面，可以达到改变整个实体的目的。

10.5.1 拉伸实体面

使用"拉伸面"工具，直接选择实体表面执行操作，从而获得新的实体。

执行"拉伸面"命令有如下几种方法。

- 功能区：在"常用"选项卡中，单击"实体编辑"面板中的"拉伸面"按钮 。
- 菜单栏：执行"修改"|"实体编辑"|"拉伸面"。
- 命令行：输入 SOLIDEDIT。

执行"拉伸面"命令后，首先选择需要拉伸的面。接下来，可以通过两种方式进行拉伸操作。

- 指定拉伸高度：输入拉伸的具体距离值，默认情况下，拉伸会按照所选平面的法线方向进行。如果输入正值，面会向平面的外法线方向拉伸；如果输入负值，则会向相反方向拉伸。此外，还可以选择使拉伸面沿法线方向倾斜一定角度进行拉伸，这样可以生成类似拔模的斜面效果，如图 10-45 所示。

- 按路径拉伸：这种方式需要指定一条路径线，该路径线可以是直线、圆弧、样条曲线或这些线型的组合。拉伸时，所选的截面会以扫掠的形式沿着这条路径进行拉伸，效果如图 10-46 所示。

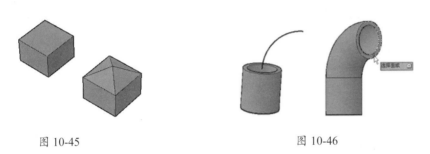

图 10-45　　　　　　　　　　　　　图 10-46

练习 10-19：拉伸实体面

除了可以对模型的轮廓边进行"复制边""压印边"等操作，还可以通过执行"拉伸面"命令直接对模型进行修改。这样的操作过程如图 10-47 所示。

图 10-47

拉伸实体面的具体操作步骤如下。

01 单击快速访问工具栏中的"打开"按钮 📂，打开"练习 10-19：拉伸实体面 .dwg"文件。

02 单击"实体编辑"面板中的"拉伸面"按钮 ，选择要拉伸的面，右击结束选择；输入拉伸高度值为 50，拉伸的倾斜角度值为 10°，按 Enter 键结束操作。通过以上操作完成拉伸面的操作。

10.5.2　倾斜实体面

利用"倾斜面"工具，可以选择孔、槽等结构，并沿着指定的矢量方向和特定的角度进行倾斜操作，从而生成新的实体。

执行"倾斜面"命令有如下几种方法。

- 功能区：在"常用"选项卡中，单击"实体编辑"面板中的"倾斜面"按钮 。
- 菜单栏：执行"修改"|"实体编辑"|"倾斜面"命令。
- 命令行：输入 SOLIDEDIT。

执行"倾斜面"命令后，在绘图区域内选择需要倾斜的曲面。接着，指定倾斜曲面的参照轴线基点和另一个端点。然后，输入倾斜的角度，并按 Enter 键或右击来完成倾斜实体面的操作。

练习 10-20：倾斜实体面

在建模过程中，如果想要调整实体面的角度，同时又不希望破坏模型的完整性，那么可以使用"倾斜面"工具。通过这个工具，可以自定义倾斜的角度，以达到满意的效果。整个操作过程如图 10-48 所示。

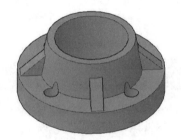

图 10-48

提示：

在执行倾斜面操作时，倾斜的方向由选择的基点和第二个点的顺序决定。当输入正值时，面会向内倾斜；当输入负值时，面会向外倾斜。需要注意的是，不能使用过大的角度值进行倾斜操作。如果角度值设置得过大，面在达到指定角度之前可能会倾斜至一个点，从而导致模型出现问题。

倾斜实体面的具体操作步骤如下。

01 单击快速访问工具栏中的"打开"按钮 ，打开"练习 10-20：倾斜实体面 .dwg"文件。

02 单击"实体编辑"面板中的"倾斜面"按钮 ，选择要倾斜的面，右击结束选择；依次选择上下两圆的圆心，指定倾斜角度值为-10°，按 Enter 键结束操作。

10.5.3　移动实体面

移动实体面操作是指沿指定的高度或距离来移动三维实体的一个或多个面。这种操作只会移动选定的实体面，而不会改变其方向。移动实体面通常用于对三维模型进行小范围的调整。

执行"移动面"命令有如下几种方法。

- 功能区：在"常用"选项卡中，单击"实体编辑"面板中的"移动面"按钮✛⬛。
- 菜单栏：执行"修改"|"实体编辑"|"移动面"命令。
- 命令行：输入 SOLIDEDIT。

执行"移动面"命令后，在绘图区域内选择需要移动的实体面，按 Enter 键确认选择。接着，右击以捕捉实体面的基点。然后，再指定移动的路径或输入具体的移动距离值。最后，右击即可执行移动实体面的操作。

练习 10-21：移动实体面

使用"移动面"命令来修改模型，可以调整某个模型面的位置，改变模型的显示样式。操作过程如图 10-49 所示。

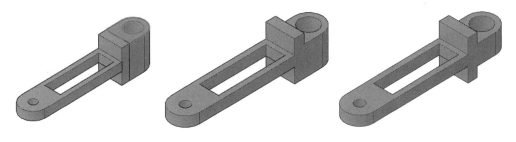

图 10-49

移动实体面的具体操作步骤如下。

01 单击快速访问工具栏中的"打开"按钮📂，打开"练习 10-21：移动实体面 .dwg"文件。

02 单击"实体编辑"面板中的"移动面"按钮✛⬛，选择要移动的面，右击完成选择；指定基点，输入移动的距离值为 20，按 Enter 键退出操作。

03 旋转图形，重复以上的操作，移动另一面。

10.5.4　复制实体面

利用"复制面"工具，可以将三维实体的表面复制到指定的位置，并随后利用这些复制的表面来创建新的实体。执行"复制面"命令有如下几种方法。

- 功能区：在"常用"选项卡中，单击"实体编辑"面板中的"复制面"按钮⬛。
- 菜单栏：执行"修改"|"实体编辑"|"复制面"命令。
- 命令行：输入 SOLIDEDIT。

执行"复制面"命令后，选择要复制的实体表面，可以一次性选择多个面进行复制。接着，指定复制的基点，然后将曲面拖至指定的位置，如图 10-50 所示。系统默认将平面类型的表面复制为面域，而将曲面类型的表面复制为曲面。

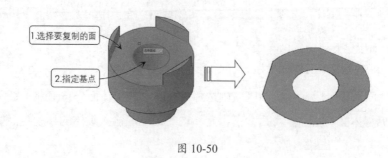

图 10-50

10.5.5 偏移实体面

执行偏移实体面操作时，可以在一个三维实体上按照指定的距离将实体面向内或向外偏移。通过这种方式，可以获得新的实体面，从而实现对面位置的精确调整。

执行"偏移面"命令有如下几种方法。

- 功能区：在"常用"选项卡中，单击"实体编辑"面板中的"偏移面"按钮□。
- 菜单栏：执行"修改"|"实体编辑"|"偏移面"命令。
- 命令行：输入 SOLIDEDIT。

执行"偏移面"命令后，在绘图区选择要偏移的面，输入偏移距离值，按 Enter 键退出操作。

练习 10-22：偏移实体面进行扩孔

在练习 10-21 最终模型的基础上进行编辑操作，通过"偏移面"命令扩大孔径。操作过程如图 10-51 所示。

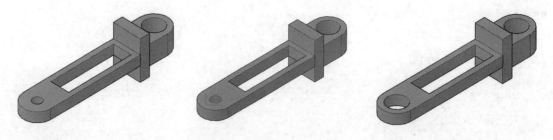

图 10-51

偏移实体面进行扩孔的具体操作步骤如下。

01 单击快速访问工具栏中的"打开"按钮□，打开"练习 10-21：移动实体面 -OK.dwg"文件。

02 单击"实体编辑"面板中的"偏移面"按钮□，选择要偏移的面，右击结束选择；输入偏移距离值为-10，负值表示方向向外，按 Enter 键结束操作。

10.5.6 删除实体面

执行删除实体面操作可以删除三维实体上的面、圆角等特征。

执行"删除面"命令有如下几种方法。

- 功能区：在"常用"选项卡中，单击"实体编辑"面板中的"删除面"按钮。
- 菜单栏：执行"修改"|"实体编辑"|"删除面"命令。
- 命令行：输入 SOLIDEDIT。

执行"删除面"命令后，在绘图区选择要删除的面，按 Enter 键或右击即可。

练习 10-23：删除实体面

在练习 10-21 最终模型的基础上进行操作，删除模型左侧的面。操作过程如图 10-52 所示。

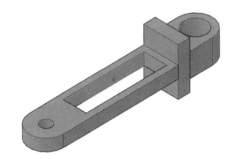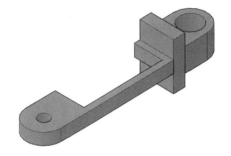

图 10-52

删除实体面的具体操作步骤如下。

01 单击快速访问工具栏中的"打开"按钮，打开"练习 10-21：移动实体面-OK.dwg"文件。

02 单击"实体编辑"面板中的"删除面"按钮，选择面，按 Enter 键删除。

10.5.7 旋转实体面

执行旋转实体面操作时，可以将单个或多个实体表面绕指定的轴线进行旋转，或者通过旋转实体的某些部分来形成新的实体。这样的操作能够灵活地调整模型的角度和形态。

执行"旋转面"命令有如下几种方法。

- 功能区：单在"常用"选项卡中，单击"实体编辑"面板中的"旋转面"按钮。
- 菜单栏：执行"修改"|"实体编辑"|"旋转面"命令。
- 命令行：输入 SOLIDEDIT。

执行"旋转面"命令后，在绘图区域内选择需要旋转的实体面。接着，捕捉两点以确定旋转轴，并指定旋转的角度。按 Enter 键后，即可完成旋转操作。当一个实体面被旋转后，与其相交的面会自动进行调整，以适应改变后的实体形态。整个操作的过程如图 10-53 所示。

图 10-53

10.5.8 着色实体面

执行实体面着色操作，可以修改单个或多个实体面的颜色，从而取代实体对象原有的颜色。这样做能够更清晰地展示这些表面，提高模型的可视化效果。

执行"着色面"命令有如下几种方法。

- 功能区：单在"常用"选项卡中，单击"实体编辑"面板中的"着色面"按钮。
- 菜单栏：执行"修改"|"实体编辑"|"着色面"命令。
- 命令行：输入 SOLIDEDIT。

执行"着色面"命令后，在绘图区域内选择要着色的实体表面，并按 Enter 键确认选择。此时会弹出"选择颜色"对话框。在该对话框中，选择合适的填充颜色，然后单击"确定"按钮，即可完成面着色的操作。

10.6 曲面编辑

与三维实体一样，曲面也可以进行倒圆、延伸等编辑操作。

10.6.1 圆角曲面

使用曲面"圆角"命令，可以在现有的曲面之间的空间中创建新的圆角曲面。这种圆角曲面具有固定的半径轮廓，并且与原始曲面保持相切关系。

执行"圆角"命令有如下几种方法。

- 功能区：在"曲面"选项卡中，单击"编辑"面板中的"圆角"按钮。

- 菜单栏：执行"绘图"|"建模"|"曲面"|"圆角"命令。

- 命令行：输入 SURFFILLET。

"圆角曲面"的命令与二维图形中的"圆角"命令类似，具体操作如图 10-54 所示。

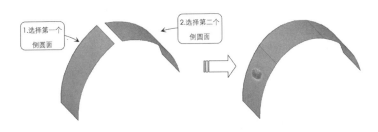

图 10-54

10.6.2　修剪曲面

曲面建模工作中的一个重要环节是修剪曲面。可以选择在曲面与对象相交的位置进行修剪，或者将几何图形作为修剪边投影到曲面上。利用"修剪"命令，可以修剪掉与其他曲面或不同类型的几何图形相交的部分，这一操作与二维绘图中的修剪功能类似。

执行"修剪"命令有如下几种方法。

- 功能区：在"曲面"选项卡中，单击"编辑"面板中的"修剪"按钮 ✂。

- 菜单栏：执行"修改"|"曲面编辑"|"修剪"命令。

- 命令行：输入 SURFTRIM。

执行"修剪"命令后，首先选择要修剪的曲面，接着选择剪切边界。当出现预览边界后，根据系统提示选择要剪去的部分，即可完成修剪曲面的创建。整个操作过程如图 10-55 所示。

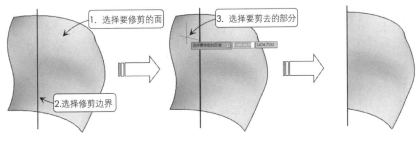

图 10-55

> **提示：**
> 可用作修剪边的曲线包括直线、圆弧、圆、椭圆、二维多段线、二维样条曲线拟合多段线、二维曲线拟合多段线、三维多段线、三维样条曲线拟合多段线、样条曲线以及螺旋。此外，还可以利用曲面和面域来作为修剪的边界。

10.6.3　延伸曲面

延伸曲面是通过将现有曲面延伸到与另一对象的边相交，或者指定一个具体的延伸长度来创建新的曲面。延伸完成后，可以选择将延伸曲面合并到原始曲面中，使其成为原始曲面的一部分，也可以选择将其附加为与原始曲面相邻的独立曲面。

执行"延伸"命令有如下几种方法。

- 功能区：在"曲面"选项卡中，单击"编辑"面板中的"延伸"按钮。
- 菜单栏：执行"修改"|"曲面编辑"|"延伸"命令。
- 命令行：输入 SURFEXTEND。

执行"延伸"命令后，先选择要延伸的曲面边线，再指定延伸距离，创建延伸曲面的效果如图 10-56 所示。

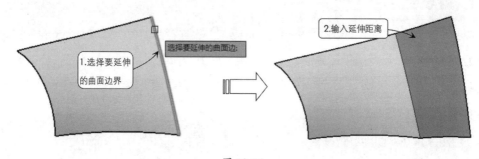

图 10-56

10.6.4　曲面造型

在其他三维建模软件，如 NX、SolidWorks、犀牛等中，都存在一个功能，即能将封闭的曲面转换为实体，这一功能极大地提升了产品的曲面造型技术。在 AutoCAD 2024 版本中，也有一个与此相似的命令，那就是"造型"命令。通过这个命令，可以将封闭的曲面转换为实体，从而方便进行后续的产品设计和分析。

执行"造型"命令有如下几种方法。

- 功能区：在"曲面"选项卡中，单击"编辑"面板中的"造型"按钮。
- 菜单栏：执行"修改"|"曲面编辑"|"造型"命令。
- 命令行：输入 SURFSCULPT。

执行"造型"命令后，选择完全封闭的一个或多个曲面，注意这些曲面之间不能有间隙。完成选择后，即可创建一个三维实体对象，如图 10-57 所示。这样的操作可以方便地将曲面转换为实体，便于后续的产品设计和分析工作。

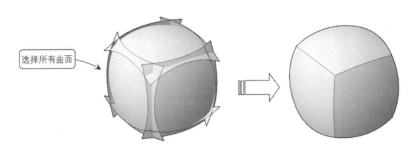

图 10-57

练习 10-24：利用曲面造型创建钻石模型

钻石因其色泽光鲜、璀璨夺目而备受推崇，然而它也是一种价格昂贵的装饰品。因此，在家具和灯饰等领域，人们常常使用由玻璃、塑料等材质制成的假钻石作为替代品。这些替代品，与真钻石相似，也被精心切割成多面体形状，以模拟真钻石的闪耀效果。整个操作过程如图 10-57 所示，展示了如何将这些材料切割和打磨成类似钻石的形状。

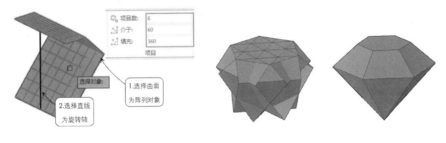

图 10-58

利用曲面造型创建钻石模型的具体操作步骤如下。

01 单击快速访问工具栏中的"打开"按钮 📂，打开"练习 10-24：曲面造型创建钻石模型 .dwg"文件。

02 单击"常用"选项卡"修改"面板中的"环形阵列"按钮 ⚙️，选择素材中已经创建的 3 个曲面，然后以直线为旋转轴，设置阵列数量值为 6，角度为 360°。

03 在"曲面"选项卡中，单击"编辑"面板中的"造型"按钮 🔵，全选阵列后的曲面，再按 Enter 确认，即可创建钻石模型。

10.7 网格编辑

使用三维网格编辑工具，可以对三维网格进行优化，调整其平滑度，编辑网格面，并能够在实体与网格之间进行转换。这样的工具提供了更多的灵活性和控制力，以便更好地满足设计需求。

10.7.1 设置网格特性

用户可以在创建网格对象之前或之后，设定用于控制各种网格特性的默认设置。在"网格"选项卡中，单击"网格"面板右下角的按钮（如图 10-59 所示），将会弹出"网格镶嵌选项"对话框（如图 10-60 所示）。在该对话框中，可以为创建的每种类型的网格对象设定每个网格图元的镶嵌密度（即细分数）。这样，可以更加精细地控制网格的生成和质量。

图 10-59

图 10-60

在"网格镶嵌选项"对话框中，单击"为图元生成网格"按钮，会弹出如图 10-61 所示的"网格图元选项"对话框。在该对话框中，可以为转换为网格的三维实体或曲面对象设定默认特性。

在创建网格对象及其子对象之后，如果想要修改其特性，可以通过在要修改的对象上双击来打开"特性"选项板，如图 10-62 所示。对于选定的网格对象，可以在此修改其平滑度；对于面和边，可以选择应用或删除锐化效果，同时也可以修改锐化的保留级别。这样的设计使得用户能够根据实际情况灵活调整网格对象的各种特性，以满足不同的需求。

图 10-61

图 10-62

默认情况下，创建的网格图元对象平滑度为 0，可以使用"网格"命令的"设置"选项调整参数。命令行操作如下。

```
命令：MESH ↙
当前平滑度设置为：0
输入选项 [长方体(B)/圆锥体(C)/圆柱体(CY)/棱锥体(P)/球体(S)/楔体(W)/圆环体(T)/
设置(SE)]：   SE ↙
指定平滑度或 [镶嵌(T)] <0>：                              //输入 0～4 的平滑度
```

10.7.2　提高 / 降低网格平滑度

网格对象由多个细分或镶嵌的网格面构成，这些网格面定义了可编辑的面。每个面都包含底层的镶嵌面，当平滑度增加时，镶嵌面的数量也会随之增加。这样，可以生成更加平滑、圆度更大的视觉效果。

执行"提高网格平滑度"或"降低网格平滑度"命令有以下几种方法。

- 功能区：在"网格"选项卡中，单击"网格"面板中的"提高平滑度"或"降低平滑度"按钮。
- 菜单栏：执行 "修改" |"网格编辑" |"提高平滑度"或"降低平滑度"命令。
- 命令行：输入 MESHSMOOTHMORE 或 MESHSMOOTHLESS。

如图 10-63 所示为调整网格平滑度的效果。

图 10-63

10.7.3　拉伸面

通过拉伸网格面，可以调整三维对象的造型。与其他类型的对象拉伸不同，拉伸网格面不会导致创建独立的三维实体对象。相反，它会展开或变形现有的对象，并分割被拉伸的面，从而提供了一种灵活的方式来修改和塑造三维对象的形状。

执行"拉伸面"命令有如下几种方法。

- 功能区：在"网格"选项卡中，单击"网格编辑"面板中的"拉伸面"按钮。

- 菜单栏：执行"修改"|"网格编辑"|"拉伸面"命令。

- 命令行：输入 MESHEXTRUDE。

图 10-64 所示为拉伸三维网格面的效果。

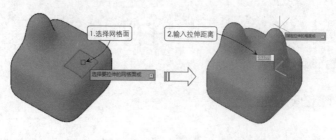

图 10-64

10.7.4 分割面

"分割面"命令能将一个大的网格面分割为多个小的网格面。

执行"分割面"命令有如下几种方法。

- 功能区：在"网格"选项卡中，单击"网格编辑"面板中的"分割面"按钮。

- 菜单栏：执行"修改"|"网格编辑"|"分割面"命令。

- 命令行：输入 MESHSPLIT。

分割面的效果如图 10-65 所示。

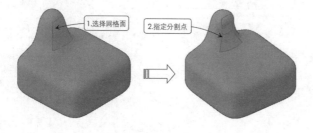

图 10-65

10.7.5 合并面

使用"合并面"命令，可以将多个网格面合并为单个面。这些被合并的面可以位于同一平面上，也可以分布在不同平面上，但必须是相互连接的。通过合并面，可以简化网格结构，提高模型的处理效率。

执行"合并面"命令有以下几种方法。

- 功能区：在"网格"选项卡中，单击"网格编辑"面板中的"合并面"按钮。

- 菜单栏：执行"修改"|"网格编辑"|"合并面"命令。

- 命令行：输入 MESHMERGE。

执行以上任意命令可以得到图 10-66 所示的合并三维网格面的效果。

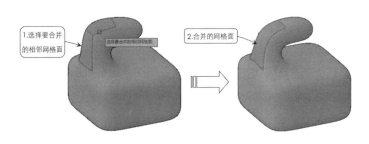

图 10-66

10.7.6　转换为实体和曲面

网格建模与实体建模所能实现的操作结果确实存在差异。若需要通过交集、差集或并集操作来编辑网格对象，一个有效的方法是将网格转换为三维实体或曲面对象。同样地，如果希望将锐化或平滑效果应用于三维实体或曲面对象，可以将这些对象转换为网格。这样的转换提供了更多的编辑灵活性和效果选项。

将网格对象转换为实体或曲面有以下几种方法。

- 功能区：在"网格"选项卡中，单击"转换网格"面板中的"平滑优化"按钮，在弹出的菜单中先选择一种转换类型，然后单击"转换为实体"或"转换为曲面"按钮。

- 菜单栏：执行"修改"|"网格编辑"子菜单中选择一种转换的类型命令。

如图 10-67 所示的三维网格，在转换为不同类型的实体后，效果分别如图 10-68 至图 10-71 所示。值得注意的是，将三维网格转换为曲面的外观效果与转换为实体的效果在视觉上是完全相同的。为了确认转换后的对象类型，可以将鼠标指针移至模型上并停留一段时间，此时系统将显示对象的类型，如图 10-72 所示。这样的设计使用户能够方便地验证转换操作的结果。

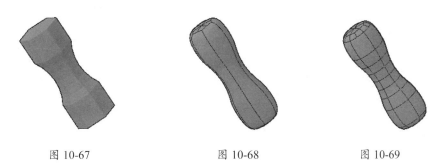

图 10-67　　　　　　　　图 10-68　　　　　　　　图 10-69

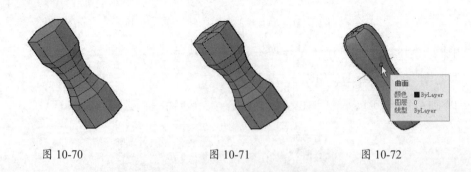

图 10-70 　　　　　　　　　图 10-71 　　　　　　　　　图 10-72

　　利用网格命令，可以创建出沙发模型。在建模过程中，需要综合运用多种工具，如"网格长方体""拉伸面"和"合并面"等。通过这些工具的组合使用，能够构建出具有所需形状和结构的沙发模型。整个操作过程如图 10-73 所示。

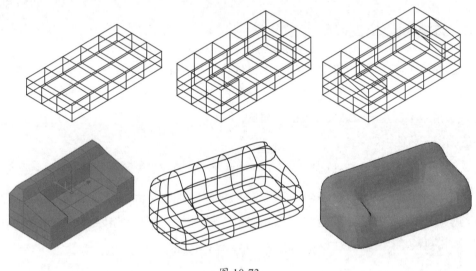

图 10-73

　　创建沙发网格模型的具体操作步骤如下。

01 单击快速访问工具栏中的"新建"按钮，新建空白文档。

02 在"网格"选项卡中，单击"图元"选项卡右下角的箭头按钮 ↘，在弹出的"网格图元选项"对话框中，选择"长方体"选项，设置长度细分值为 5mm、宽度细分值为 3mm、高度细分值为 2mm。

03 将视图调整为西南等轴测图，在"网格"选项卡中，单击"图元"面板中的"网格长方体"按钮，在绘图区绘制长、宽、高分别为 200 mm、100 mm、30 mm 的长方体网格。

04 在"网格"选项卡中，单击"网格编辑"面板中的"拉伸面"按钮，选择网格长方体上的网格面，向上拉伸 30 mm。

05 在"网格"选项卡中,单击"网格编辑"面板中的"合并面"按钮,在绘图区中选择沙发扶手外侧的两个网格面,并将其合并。重复"合并面"操作,合并扶手内侧的两个网格面,以及另外一个扶手的内外网格面。

06 在"网格"选项卡中,单击"网格编辑"面板中的"分割面"按钮,选择合并后的网格面,绘制连接矩形角点和竖直边中点的分割线,并使用同样的方法分割其他 3 组网格面。

07 再次执行"分割面"命令,在绘图区中选择扶手前端面,绘制平行于底边的分割线。

08 在"网格"选项卡中,单击"网格编辑"面板中的"合并面"按钮,选择沙发扶手上面的两个网格面、侧面的两个三角网格面和前端面,并将它们合并。按照同样的方法合并另一个扶手上对应的网格面。

09 在"网格"选项卡中,单击"网格编辑"面板中的"拉伸面"按钮,选择沙发顶面的 5 个网格面,设置倾斜角度值为 30°,向上拉伸距离值为 15 mm。

10 在"网格"选项卡中,单击"网格"面板中的"提高平滑度"按钮,选择沙发的所有网格,提高两次平滑度。

11 在"常用"选项卡中,单击展开"视图"面板中的"视觉样式"下拉列表,选择"概念"选项,调整模型的显示效果,结束绘制。

10.8 课后习题

10.8.1 理论题

1. "并集"工具按钮是( )。

A. B. C. D.

2. 执行( )命令,可以创建剖切平面。

A. "修改" | "三维操作" | "剖切"　　　　B. "对象" | "三维操作" | "剖切"

C. "编辑" | "三维操作" | "剖切"　　　　D. "管理" | "三维操作" | "剖切"

3. 利用"三维对齐"命令编辑模型,有( )种对齐方式可供选择。

A. 1　　　　　　B. 2　　　　　　C. 3　　　　　　D. 4

4. "编辑实体面"系列工具在( )面板上。

A. 建模　　　　　B. 网格　　　　　C. 修改　　　　　D. 实体编辑

5. 执行"圆角曲面"操作,需要设置( )参数。

A. 直径　　　　　B. 半径　　　　　C. 宽度　　　　　D. 高度

10.8.2 操作题

1. 执行"并集"命令，将如图 10-74 所示的模型合并为一个整体。

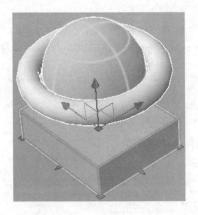

图 10-74

2. 在"实体"选项卡中，单击"实体编辑"面板中的"圆角边"按钮 ⌒，为书桌面创建圆角边，如图 10-75 所示。

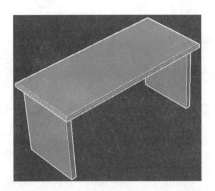

图 10-75

3. 综合运用"三维旋转"和"三维移动"工具，调整如图 10-76 所示的圆柱体的位置。

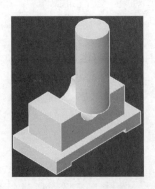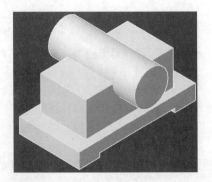

图 10-76

第3篇 综合实战

第 *11* 章 机械设计与绘图

机械制图是一门通过图样来精确展示机械结构形状、尺寸、工作原理和技术要求的学科。图样，这个由图形、符号、文字和数字组成的复合体，不仅是设计理念和制造需求的传达工具，还是业内人士交流经验的重要技术文件，因此常被业界誉为"工程界的语言"。本章将深入探讨 AutoCAD 在机械制图领域的各种应用方法和技巧。

11.1 创建机械绘图样板

提前配置好绘图环境，可以极大地提升绘制机械图的效率和便捷性。绘图环境的设置涵盖多个方面，包括确定绘图区域的界限、设定单位、配置图层、调整文字和标注的样式等。建议先创建一个新的空白文件，完成各项参数设置后，将其保存为模板文件。今后在需要绘制机械图纸时，可以直接调用这个模板，从而节省大量设置时间。本章中的所有实例都将以这个模板为基础进行演示。创建机械绘图样板的具体操作步骤如下。

01 启动 AutoCAD 2024 软件，新建空白文档。

02 设置图形单位。执行"格式"｜"单位"命令，弹出"图形单位"对话框，将长度单位"类型"设置为"小数"，"精度"值为 0.00，角度单位"类型"设置为"十进制度数"，"精度"值为 0，如图 11-1 所示。

03 规划图层。机械制图中的主要图线元素有轮廓线、标注线、中心线、剖面线、细实线、虚线等，因此在绘制机械图纸之前，最好先创建如图 11-2 所示的图层。

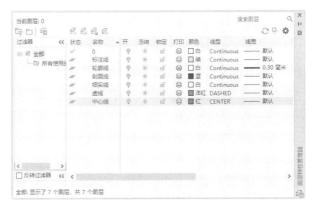

图 11-1   图 11-2

04 设置文字样式。机械制图中的文字有图名文字、尺寸文字、技术要求说明文字等，也可以直接创建一种通用的文字样式，然后应用时修改具体大小即可。根据机械制图标准，机械图文字样式如表 11-1 所示。

表 11-1 文字样式

文字样式名	打印到图纸上的文字高度	图形文字高度（文字样式高度）	宽度因子	字体｜大字体
图名	5	5		Gbeitc.shx: gbcbig.shx
尺寸文字	3.5	3.5	0.7	Gbeitc.shx
技术要求说明文字	5	5		仿宋

05 执行"格式"｜"文字样式"命令，弹出"文字样式"对话框，单击"新建"按钮弹出"新建文字样式"对话框，样式名定义为"机械设计文字样式"，按绘图需要设置样式参数即可。

06 设置标注样式。执行"格式"｜"标注样式"命令，弹出"标注样式管理器"对话框，单击"新建"按钮，弹出"创建新标注样式"对话框，新建样式名定义为"机械图标注样式"，分别设置符号和箭头、文字等样式参数。

11.2 绘制低速轴零件图

本节通过对"轴"这一机械经典零件的绘制来介绍零件图的绘制方法。

11.2.1 绘制低速轴轮廓线

首先绘制中心线，再在此基础上绘制轴轮廓。在细化轴轮廓时，可以配合快捷菜单，捕捉特征点，如切点，绘制连接线段，绘制步骤如图 11-3 所示。

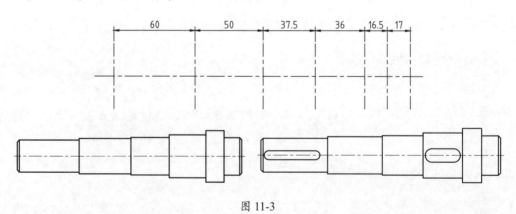

图 11-3

绘制低速轴轮廓线的具体操作步骤如下。

01 以"机械制图样板 .dwt"为样板文件，新建空白文档。

02 将"中心线"图层设置为当前层。输入 XL，执行"构造线"命令，在合适的地方绘制水平的中心线，以及一条垂直的定位中心线，输入 O，执行"偏移"命令，偏移中心线。

03 切换到"轮廓线"图层。输入 L，执行"直线"命令，绘制轴体的轮廓线。

04 输入 C，执行"圆"命令，以刚偏移的垂直辅助线的交点为圆心，绘制直径值为 12 和 8 的圆，表示键槽轮廓线。

05 输入 TR，执行"修剪"命令，对键槽轮廓进行修剪，并删除多余的辅助线，结束绘制。

11.2.2　绘制移出断面图

参考上一节绘制的轴图形来绘制移出断面图。首先绘制中心线，再绘制图形，最后执行填充命令即可，绘制步骤如图 11-4 所示。

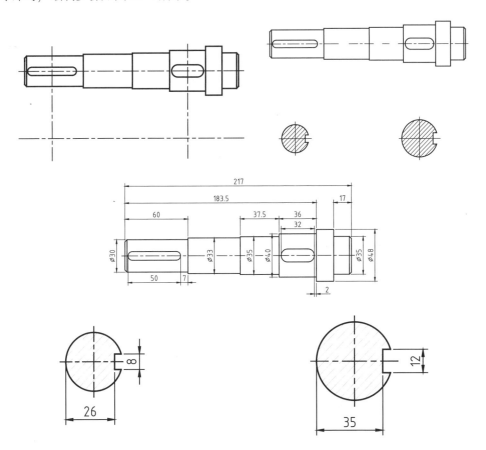

图 11-4

绘制移出断面图的具体操作步骤如下。

01 绘制断面图。将"中心线"设置为当前层。输入 XL，执行"构造线"命令，绘制水平和垂直构造线，作为移出断面图的定位辅助线。

02 将"轮廓线"设置为当前层。输入 C，执行"圆"命令，以构造线的交点为圆心，分别绘制直径值为 30 和 40 的圆。

03 利用"偏移"命令、"直线"命令、"删除"命令和"修剪"命令绘制键槽。

04 将"剖面线"设置为当前层。单击"绘图"面板中的"图案填充" ▨ 按钮，为剖面图填充 ANSI31 图案，填充比例值为 1，角度值为 0。

05 标注尺寸。切换到"标注线"图层。输入 DLI，执行"线性标注"命令，分别标注轴向尺寸、径向尺寸与键槽尺寸，结束绘制。

11.2.3 添加尺寸精度

经过前文的分析，可知低速轴的精度尺寸主要集中在各径向尺寸上，与其他零部件的配合有关。添加尺寸精度的过程如图 11-5 所示。

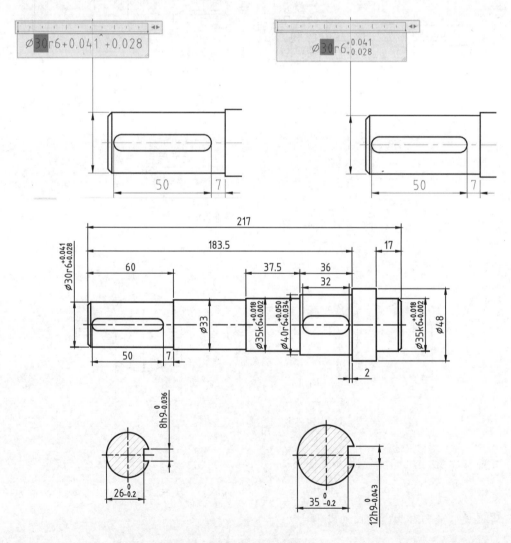

图 11-5

标注尺寸精度的具体操作步骤如下。

01 添加轴段 1 的精度。轴段 1 上需安装 HL3 型弹性柱销联轴器，因此尺寸精度可按对应的配合公差选取，此处由于轴径较小，因此可选用 r6 精度，然后查得 Ø30mm 对应的 r6 公差为 +0.028~+0.041，即双击 Ø30mm 标注，然后在文字后输入该公差文字。

02 创建尺寸公差。按住鼠标左键并向后拖曳，选中 +0.041^+0.028 文字，然后单击 "文字编辑器" 选项卡中 "格式" 面板的 "堆叠" 按钮，即可创建尺寸公差。

03 重复操作，继续标注其他轴段的精度。

11.2.4　标注形位公差

通过利用 AutoCAD 提供的形位公差符号，可以很方便地在图纸中标注形位公差。双击尺寸标注，进入在位编辑模式，可以自定义尺寸数字，最终完成标注。绘制过程如图 11-6 所示。

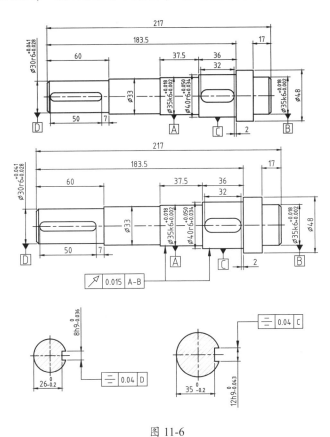

图 11-6

标注形位公差的具体操作步骤如下。

01 放置基准符号。调用样板文件中创建好的基准图块，分别以各重要的轴段为基准，即标明尺寸公差的轴段上放置基准符号。

02 添加轴上的形位公差，轴上的形位公差主要为轴承段、齿轮段的圆跳动。

03 添加键槽上的形位公差，键槽上主要为相对于轴线的对称度。

11.2.5 标注粗糙度与技术要求

创建粗糙度属性块，可以方便、快捷地在图中标注粗糙度。双击属性块，在弹出的对话框中修改属性值，最后完成标注。绘制过程如图 11-7 所示。

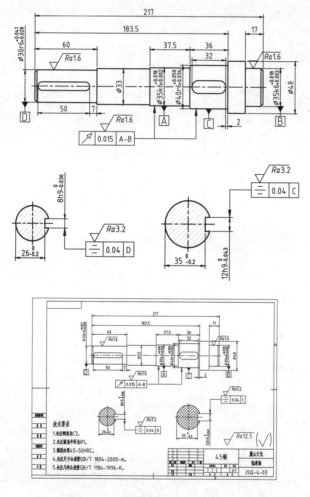

图 11-7

标注粗糙度与技术要求的具体操作步骤如下。

01 标注轴上的表面粗糙度。调用样板文件中创建好的表面粗糙度图块，在齿轮与轴相互配合的表面上标注相应的粗糙度。

02 标注断面图上的表面粗糙度，键槽部分表面粗糙度可按相应键的安装要求进行标注。

03 标注其余粗糙度，然后对图形的一些细节进行修改，再将图形移至 A4 图框中的合适位置。

04 输入MT，执行"多行文字"命令，在图形的左下方空白部分插入多行文字，输入技术要求，结束绘制。

11.3　绘制单级减速器装配图

减速器设计可谓"麻雀虽小，五脏俱全"，它涵盖了机械设计中的众多典型零件，例如齿轮、轴、端盖、箱体等。此外，还包含了诸如轴承、键、销、螺钉等标准件和常用件。正因如此，减速器设计能够非常贴切地展现机械设计理念的精髓。几十年来，它一直被作为大专院校机械相关专业学生的课程设计题目。在本例中，将通过单级减速器的装配图绘制过程，来详细介绍装配图的绘制方法。

11.3.1　绘制减速器主视图

单级减速器装配图包含主视图、侧视图以及俯视图。本节将以主视图作为示例，详细阐述机械图纸的绘制方法，具体过程如图 11-8 所示。对于其他视图，可参考本节所介绍的绘制方法，并结合配套资源中的结果文件进行自主练习和绘制。绘制减速器主视图的具体操作步骤如下。

01 以"机械制图样板.dwt"为样板文件，新建空白文档，插入 A3 图框。

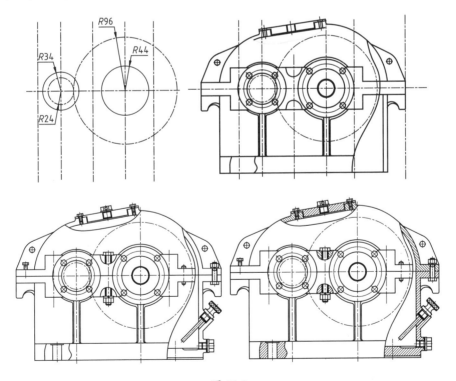

图 11-8

02 将"中心线"图层置为当前层。输入 L，执行"直线"命令，绘制水平线段与垂直线段。输入 O，执行"偏移"命令，设置距离值偏移垂直线段。

03 输入 C，执行"圆"命令，拾取中心线的交点为圆心，输入半径值，绘制圆形。

04 将"轮廓线"图层置为当前层。执行"圆"命令、"直线"命令、"修剪"命令，拾取中心线的交点为圆心，参考中心线绘制轮廓线。

05 输入 I，执行"插入"命令，在选项板中选择螺丝图块，在合适的位置指定插入点，布置螺丝图块。

06 将"剖面线"图层置为当前层。输入 H，执行"图案填充"命令，输入 T，弹出"图案填充和渐变色"对话框，选择图案类型，设置角度值、比例值，拾取填充区域填充图案，完成绘制。

11.3.2 标注尺寸

标注尺寸主要包括外形尺寸、安装尺寸以及配合尺寸。

1. 标注外形尺寸

由于减速器的上、下箱体都是铸造件，其整体的尺寸精度相对较低。同时，减速器在外观设计上没有特殊要求，因此，在标注减速器的外形尺寸时，只需大致注明其总体尺寸即可。

标注总体尺寸。切换到"标注线"图层。输入 DLI，执行"线性标注"命令，按之前介绍的方法标注减速器的外形尺寸，主要集中在主视图与左视图，如图 11-9 所示。

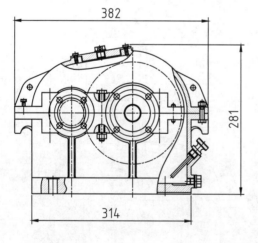

图 11-9

2. 标注安装尺寸

安装尺寸是指在安装减速器时所涉及的相关尺寸，这包括减速器上的地脚螺栓尺寸、轴的中心高度、吊环的尺寸等。这些尺寸都有一定的精度要求，因此在标注时需要参考装配的精度来进行，具体的操作步骤如下。

01 标注主视图上的安装尺寸。主视图上可以标注地脚螺栓的尺寸，输入 DLI，执行"线性标注"命令，选择地脚螺栓剖视图处的端点，标注该孔的尺寸，如图 11-10 所示。

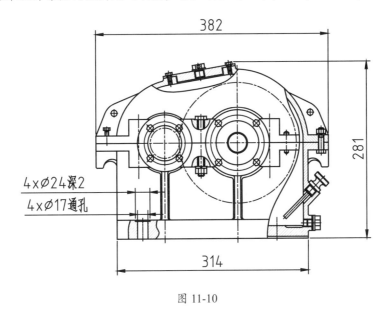

图 11-10

02 标注左视图的安装尺寸。左视图上可以标注轴的中心高度，即连接联轴器与带轮的工作高度，标注如图 11-11 所示。

03 标注俯视图的安装尺寸。俯视图中可以标注高、低速轴的末端尺寸，即与联轴器、带轮等的连接尺寸，标注如图 11-12 所示。

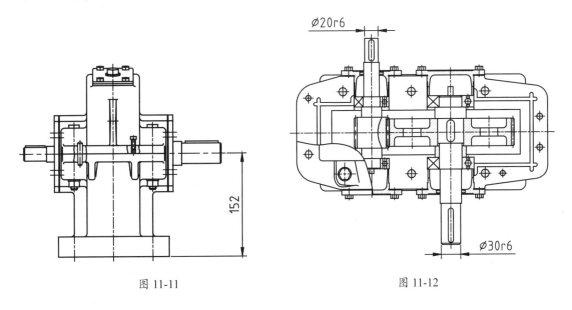

图 11-11

图 11-12

3．标注配合尺寸

配合尺寸是指在装配过程中需要保证的配合精度。对于减速器而言，这主要包括轴与齿轮、轴承之间的配合尺寸，以及轴承与箱体之间的配合尺寸。这些配合尺寸的精确性对于减速器的性能和运行至关重要。具体的操作步骤如下。

01 标注轴与齿轮的配合尺寸。输入 DLI，执行"线性标注"命令，在俯视图中选择低速轴与大齿轮的配合段，标注尺寸，并输入配合精度，如图 11-13 所示。

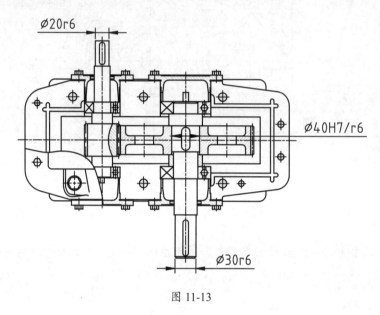

图 11-13

02 标注轴与轴承的配合尺寸。高、低速轴与轴承的配合尺寸均为 H7/k6，标注效果如图 11-14 所示。

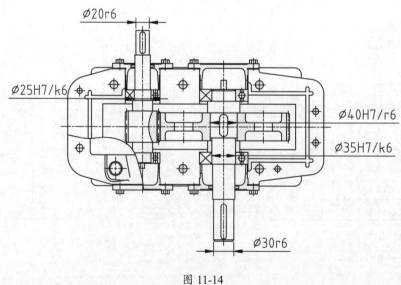

图 11-14

03 标注轴承与轴承安装孔的配合尺寸。为了安装方便，轴承一般与轴承安装孔取间隙配合，因此可取配合公差为 H7/f6，标注效果如图 11-15 所示，尺寸标注完毕。

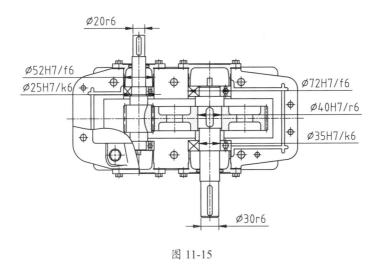

图 11-15

11.3.3　添加序列号

装配图中的所有零件和组件都必须编写序号。在装配图中，对于相同的零件或组件，只需编写一个序号，且在整个装配图中，该零件或组件的序号应保持一致。此外，零件序号应与后续的明细表中的序号相匹配。整个绘制过程如图 11-16 所示。

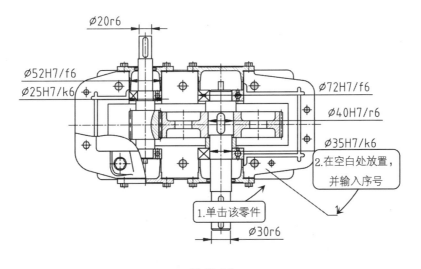

图 11-16

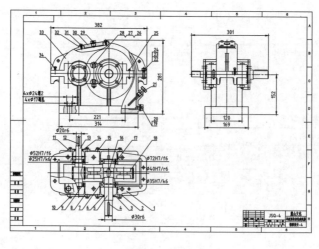

图 11-16（续）

添加序列号的具体操作步骤如下。

01 设置引线样式。单击“注释”面板中的“多重引线样式”按钮，弹出“多重引线样式管理器”对话框，在其中新建样式，并设置样式参数。

02 标注第一个序号。将“细实线”图层设置为当前层。单击“注释”面板中的“引线”按钮，然后在俯视图的箱座处单击，引出引线，然后输入 1，即表明该零件为序号为 1 的零件。

03 按此方法，对装配图中的所有零部件进行引线标注。

11.3.4 绘制并填写明细表

明细表中标注的零件名称、编号以及备注信息等，都是重要的参考数据。在完成图形绘制后，务必记得绘制并填写明细表。最终的绘制结果如图 11-17 所示。

序号	代号	名称	数量	材料	单件重量	总计重量	备注
34	GB/T 5782	起盖螺钉	1	10.9级			外购
33	JSQ-4-14	箱盖	1	HT200			
32		视孔垫片	1	软钢纸板			装配自制
31	GB/T 5783	外六角螺钉 M6x10	4	8.8级			外购
30	JSQ-4-13	视孔盖	1	45			
29	JSQ-4-12	通气器	1	45			
28	GB 93	弹性垫圈 10	6	65Mn			外购
27	GB/T 6170	六角螺母 M10	6	10级			外购
26	GB/T 5782	外六角螺栓 M10x90	6	8.8级			外购
25	GB/T 117	圆锥销 8x35	2	45			外购
24	GB 93	弹性垫圈 8	2	65Mn			外购
23	GB/T 6170	六角螺母 M8	2	10级			外购
22	GB/T 5782	外六角螺栓 M8x35	2	8.8级			外购
21	JSQ-4-11	油标	1	组合件			
20		封油圈	1	耐油橡胶			装配自制
19	JSQ-4-10	M12油口塞	1	45			
18	JSQ-4-09	大齿轮	1	45			m=2，z=96
17	GB/T 276	深沟球轴承 6207	2	成品			外购
16	GB/T 1096	键 C12x32	1	45			外购
15	JSQ-4-08	轴承端盖（6207闷）	1	HT150			
14		封油毡圈（小）	1	半粗羊毛毡			外购
13	JSQ-4-07	高速齿轮轴	1	45			m=2，z=24
12	GB/T 1096	键 C8x30	1	45			外购
11	JSQ-4-06	轴承端盖（6205透）	1	HT150			
10	GB/T 5783	外六角螺钉 M6x25	16	8.8级			外购
9	GB/T 276	深沟球轴承 6205	2	成品			外购
8	JSQ-4-05	轴承端盖（6205闷）	1	HT150			
7	JSQ-4-04	隔套	1	45			
6		封油毡圈φ45xφ33	1	半粗羊毛毡			外购
5	JSQ-4-03	低速轴	1	45			
4	GB/T 1096	平键 C8x50	1	45			外购
3	JSQ-4-02	轴承端盖（6207透）	1	HT150			
2		调整垫片	2组	08F			装配自制
1	JSQ-4-01	箱座	1	HT200			

JSQ-4

麓山文化

单级圆柱齿轮减速器

课程设计-4

比例 1:2

图 11-17

绘制并填写明细表的具体操作步骤如下。

01 输入 REC，执行 "矩形" 命令，绘制明细表的外轮廓；输入 X，执行 "分解" 命令，分解矩形；输入 O，执行 "偏移" 命令，选择矩形边并向内偏移。

02 输入 MT，执行 "多行文字" 命令，在明细表内输入文字。

03 按相同方法，继续填写明细表的其他信息，结束绘制。

11.3.5　添加技术要求

在减速器的装配图中，除了常规的技术要求，还需要包含技术特性。这些技术特性应明确标注减速器的主要参数，例如输入功率、传动比等。这与齿轮零件图中的技术参数表类似。最终的绘制结果如图 11-18 所示。

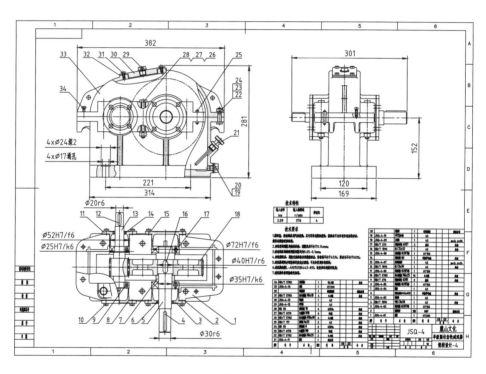

图 11-18

添加技术要求的具体操作步骤如下。

01 填写技术特性。绘制表格，输入合适大小的文字。

02 选择 "默认" 选项卡，单击 "注释" 面板中的 "多行文字" 按钮，在图标题栏上方的空白部分插入多行文字，输入技术要求，完成减速器装配图的绘制。

第 *12* 章 建筑设计与绘图

本章主要讲解建筑设计的概念和建筑制图的内容与流程，同时结合具体实例，对各种建筑图形进行实战演练。通过学习本章，读者将能够深入理解建筑设计的相关理论知识，并掌握建筑制图的详细流程和实际操作方法。建筑设计的流程通常可分为 4 个阶段，分别是准备阶段、方案阶段、施工图阶段以及实施阶段。

12.1 创建建筑制图样板

事先设置好绘图环境，可以在绘制各类建筑图时提供更大的便利性、灵活性和快捷性。绘图环境的设置涵盖了多个方面，包括确定绘图区域的界限、选择适当的单位、进行图层的配置、设定文字和标注的样式等。为了提高效率，可以先创建一个空白文档，在配置好所有相关参数之后，将其保存为模板文件。这样，在未来的建筑图纸绘制过程中，可以直接调用这个模板，从而节省大量设置的时间。本章中的所有实例都将以这个预设模板为基础进行演示。操作过程如图 12-1 所示。

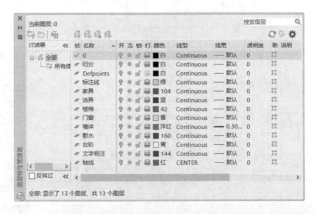

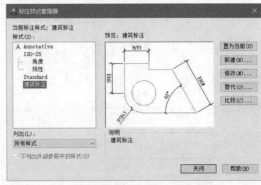

图 12-1

创建建筑制图样板的具体操作步骤如下。

01 单击快速访问工具栏中的"新建"按钮 📄，新建图形文件。

02 执行"格式"｜"单位"命令，弹出"图形单位"对话框，并设置单位。

03 单击"图层"面板中的"图层特性管理器"按钮 🗇，创建图层并设置图层属性。

04 单击"注释"面板中的"文字样式"按钮 **A**，弹出"文字样式"对话框，新建文字样式，并设置样式参数。

05 单击"注释"面板中的"标注样式"按钮 🖾，弹出"标注样式管理器"对话框，新建标注样式，并设置样式参数。

06 执行"文件"｜"另存为"命令，弹出"图形另存为"对话框，保存为"建筑制图样板.dwt"文件。

12.2　绘制常用建筑设施图

建筑设施图在 AutoCAD 的建筑绘图领域极为常见，其中包括门窗、马桶、浴缸、楼梯、地板砖以及栏杆等各种图形元素。本节将详细介绍这些常见建筑设施图的绘制方法与相关技巧。

12.2.1　绘制玻璃双开门立面图

双开门通常用代号 M 来表示。在平面图中，为了清晰地展示，门的开启方向线应以 45°、60°或 90°的角度绘制。当绘制门的立面图时，应依据实际情况准确地描绘出门的具体形式，并可以注明门的开启方向线。关于双开门的详细绘制步骤，如图 12-2 所示。

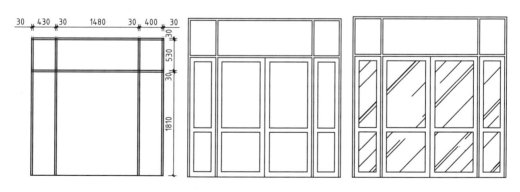

图 12-2

绘制玻璃双开门立面图的具体操作步骤如下。

01 单击快速访问工具栏中的"新建"按钮 📄，新建图形文档。

02 输入 REC，执行"矩形"命令，绘制 2400×2400 的矩形，输入 X，执行"分解"命令，分解矩形，输入 O，执行"偏移"命令，偏移线段。

03 输入 TR，执行"修剪"命令，修剪直线。

04 输入 REC，执行"矩形"命令，绘制 4 个不同尺寸的矩形。

05 输入 M，执行"移动"命令，将 4 个矩形放置到相应位置。

06 输入 MI，执行"镜像"命令，将 4 个小矩形镜像至另一侧，输入 L，执行"直线"命令，绘制中心线。

07 输入 H，执行"填充"命令，选择"预定义"类型，再选择 AR-RROOF 填充图案，将角度值设为 45°，比例值设为 500，拾取区域填充图案，结束绘制。

提示:

门作为建筑物中不可或缺的一部分，其主要功能是便于交通和疏散，同时也承载着采光和通风的重要作用。在确定门的尺寸、位置、开启方式以及立面形式时，需要综合考虑人流疏散、安全防火、家具设备的搬运安装需求，同时还要兼顾建筑艺术的要求。

12.2.2　绘制欧式窗立面图

窗立面在建筑立面图中占据着举足轻重的地位，通常以代号 C 来表示。其立面形式必须根据实际情况进行精确绘制。欧式窗立面图的具体绘制步骤如图 12-3 所示。

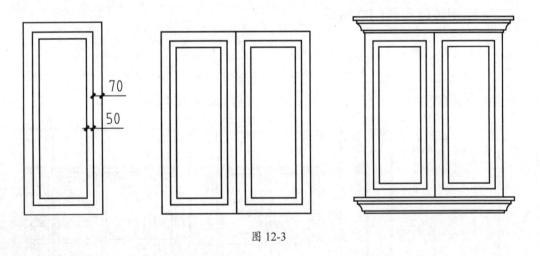

图 12-3

绘制欧式窗立面图的具体操作步骤如下。

01 单击快速访问工具栏中的"新建"按钮，新建图形文档。

02 输入 REC，执行"矩形"命令，绘制 600×1400 的矩形，输入 O，执行"偏移"命令，将矩形向内分别偏移 70 和 50。

03 输入 CO，执行"复制"命令，复制图形，并放置在相应位置。

04 输入 REC，执行"矩形"命令，绘制 1400×135 的矩形；输入 X，执行"分解"命令，分解矩形；输入 O，执行"偏移"命令，偏移直线。

05 输入 TR，执行"修剪"命令，修剪图形；输入 ARC，执行"圆弧"命令，绘制半径值为 70 的弧形，并删除多余线段。

06 输入 CO，执行"复制"命令，将刚绘制完成的图形复制到窗图形上下两侧，完成绘制。

提示:

现代窗户主要由窗框、玻璃和活动构件（如铰链、执手、滑轮等）三大部分构成。窗框作为支撑窗体的主要结构，可以采用木材、金属、陶瓷或塑料等多种材料制成。透明部分则依附于窗框之上，常用的材料包括纸、布、丝绸或玻璃等。至于活动构件，主要以金属材料为主，但在人手可触及之处，也可能会包裹以塑料等绝热材料以增加使用的舒适性。

12.3　绘制居民楼建筑设计图

　　建筑设计图的主要内容已在前文介绍，其中最为核心的是"平、立、剖"3 个视图。平面图主要是指首层平面图。虽然建筑的每一层设计大体相同，但首层因其包含建筑入口、门厅及楼梯等关键元素，使首层平面图显得尤为重要。立面图和剖面图同样不可或缺。建筑立面图主要用于展示建筑物的整体形态和外貌，包括外墙装修、门窗的位置与设计，以及遮阳板、窗台、窗套、屋顶水箱、檐口、雨篷、雨水管、水斗、勒脚、平台、台阶等各个构配件的详细标高和必要尺寸。而建筑剖面图则用于描绘建筑内部的结构布局，垂直方向上的分层设计，以及各层楼地面、屋顶的结构细节和相关尺寸、标高等信息。本节将以居民楼设计为例，详细阐述建筑图中平面图、立面图和剖面图的绘制技巧与方法。

12.3.1　绘制住宅楼一层平面图

　　首层平面图主要用于展示第一层房间的布局、建筑入口、门厅、楼梯，以及一层的门窗及其尺寸等信息。接下来将详细介绍其绘制方法。

1．绘制定位轴线

绘制定位轴线的具体操作步骤如下。

01 单击快速访问工具栏中的"新建"按钮，新建空白文档。

02 将"轴线"图层置为当前层。输入 L，执行"直线"命令，绘制长为 20770 的水平直线，长为 16100 的垂直直线，并输入 M，执行"移动"命令，将其分别向上、向下移动 1150。

03 输入 O，执行"偏移"命令，偏移绘制水平轴线网。

04 继续执行"偏移"命令，偏移绘制垂直轴线网，结果如图 12-4 所示。

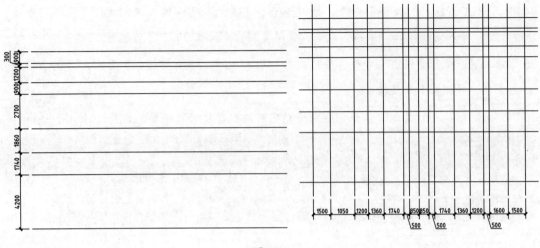

图 12-4

2．绘制墙体及门窗

绘制墙体及门窗的具体操作步骤如下。

01 执行"格式"｜"多线样式"命令，弹出"多线样式"对话框，单击"新建"按钮，新建"墙体"多线样式，弹出"新建多线样式：墙体"对话框，在其中设置多线样式的参数。

02 使用相同的方法，创建"墙体2"和"窗"多线样式。

03 将"墙体"图层置为当前层。输入ML，执行"多线"命令，根据命令行提示，设置对正为无，比例值为1，绘制宽度值为240mm的墙体。

04 将"墙体2"多线样式置为当前，输入ML，执行"多线"命令，根据命令行提示，设置对正为无，比例值为1，绘制宽度值为120mm的墙体。

05 双击多线连接处，弹出"多线编辑工具"对话框，选择合适的编辑工具，对墙体进行编辑。

06 输入L，执行"直线"命令，结合"偏移"命令，绘制门窗洞口辅助线；输入TR，执行"修剪"命令，修剪门窗洞口。

07 输入I，执行"插入块"命令，将门图块布置到平面图中。

08 将"窗"多线样式置为当前，输入ML，执行"多线"命令，绘制窗户。

09 绘制阳台。输入REC，执行"矩形"命令，绘制5120×1900的矩形，输入O，执行"偏移"命令，将矩形向内偏移120。

10 输入X，执行"分解"命令，分解矩形，利用夹点编辑延长线段，并将绘制完毕的阳台放置在合适的位置。

11 输入MI，执行"镜像"命令，镜像复制绘制好的阳台，最终结果如图12-5所示。

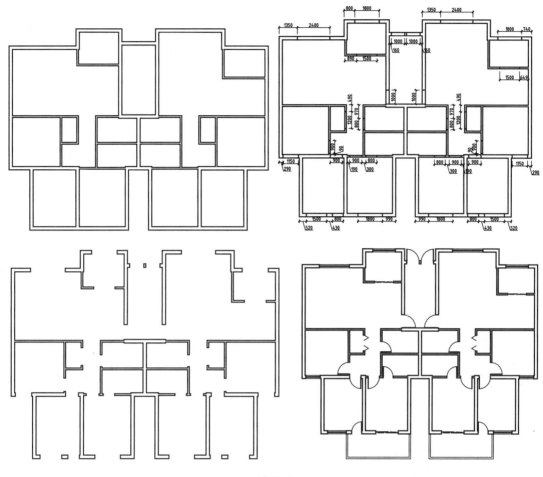

图 12-5

3．插入室内图块

插入图块的具体操作步骤如下。

01 将"洁具"图层置为当前层，输入 PL，执行"多段线"命令，绘制灶台。

02 输入 I，执行"插入块"命令，插入随书资源中的灶炉、洗菜盆、烟道、马桶、淋浴室、洗漱池和洗衣机图块，如图 12-6 所示。

4．绘制楼梯

绘制楼梯的具体操作步骤如下。

01 将"墙体"图层置为当前层，输入 REC，执行"矩形"命令，绘制 120×3540 的矩形，并放置在相应位置。

02 将"楼梯"图层置为当前层，输入 REC，执行"矩形"命令，绘制 1110×260 的矩形。

03 输入 CO，执行"复制"命令，将矩形移动复制到相应的位置。

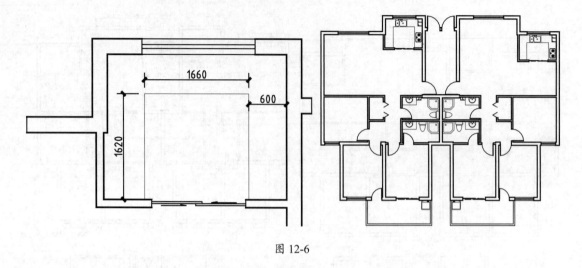

图 12-6

04 输入 REC，执行"矩形"命令，绘制楼梯扶手，绘制楼梯的结果如图 12-7 所示。

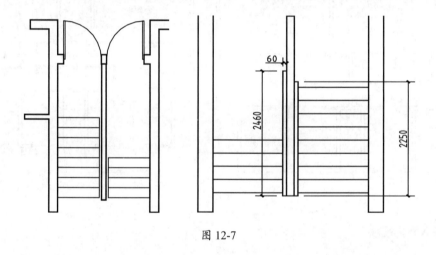

图 12-7

5. 图形标注

添加图形标注的具体操作步骤如下。

01 将"标注"图层置为当前层，将"文字说明"样式置为当前。输入 DT，执行"单行文字"命令，输入文字标注。

02 输入 MI，执行"镜像"命令，将添加文字标注的平面图镜像至另一侧。

03 将"标注"图层置为当前层，输入 DLI，执行"线性标注"命令，结合"连续标注"命令，为平面图绘制尺寸标注。

04 输入 C，执行"圆"命令，绘制半径值为 400 的圆，输入 L，执行"直线"命令，以圆的象限点为起点，绘制长度值为 200 的直线；输入 ATT，执行"属性定义"命令，对其定义属性，最后将其创建为"轴号"图块。

05 输入 I，执行"插入块"命令，插入"轴号"属性块，并配合使用"旋转"命令，标注首层平面图轴号。

06 将"文字说明"样式置为当前，输入 T，执行"多行文字"命令，添加图名及比例。

07 输入 PL，执行"多段线"命令，在图名下添加线，最终结果如图 12-8 所示，至此，住宅楼首层平面图绘制完成。

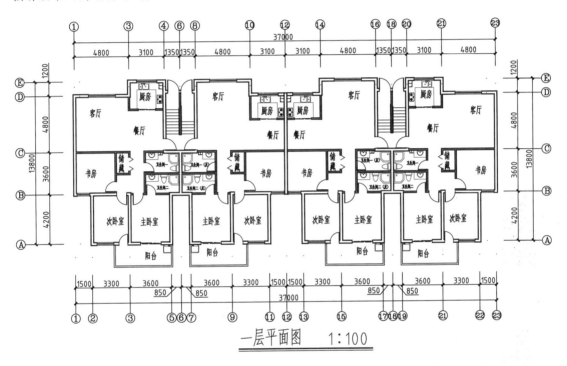

一层平面图 1:100

图 12-8

提示：
为了清晰地说明房间的净空大小，以及室内的门窗洞、孔洞、墙厚和固定设备（例如厕所、工作台、隔板、厨房等）的具体尺寸和位置，还有室内楼地面的高度，需要在平面图上明确标注出相关的内部尺寸和楼地面标高。对于相同的内部构造或设备尺寸，可以适当省略或简化其标注。至于其他各层的平面图尺寸，除了需要标注出轴线间的尺寸和总尺寸，那些与底层平面图相同的细部尺寸均可以省略。

12.3.2 绘制住宅楼立面图

建筑立面图主要用于展示建筑物的整体形态和外貌、外墙装修情况、门窗的位置与设计形式，同时还详细标明了遮阳板、窗台、窗套、屋顶水箱、檐口、雨篷、雨水管、水斗等平台、台阶等各个构配件的具体部位标高和必要尺寸。

1. 整理图形

整理图形的具体操作步骤如下。

01 单击快速访问工具栏中的"新建"按钮▢，新建图形文档。

02 打开绘制好的首层平面图，并将其复制到新建文件中。执行"修剪"和"删除"命令，整理图形。

03 将"墙体"图层置为当前层，输入XL，执行"构造线"命令，为过墙体及门窗边缘绘制构造线，进行墙体和窗体的定位。

04 重复执行"构造线"命令，绘制一条水平构造线，并将其向上偏移900、2800，修剪多余的线条，完成辅助线的绘制。

05 输入TR，执行"修剪"命令，修剪图形，如图12-9所示。

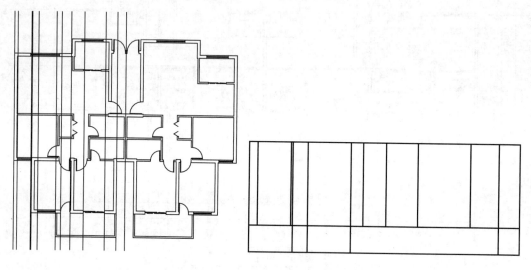

图 12-9

提示：

通常以墙中线作为定位轴线，所以最右侧的构造线应准确地位于该墙体的中线位置上。

2. 绘制外部设施

绘制外部设施的具体操作步骤如下。

01 输入REC，执行"矩形"命令，绘制外置空调箱。

02 执行"直线"命令，绘制箱体百叶。

03 执行"移动"和"修剪"命令，将空调箱放置在相应位置并进行修剪，绘制结果如图12-10所示。

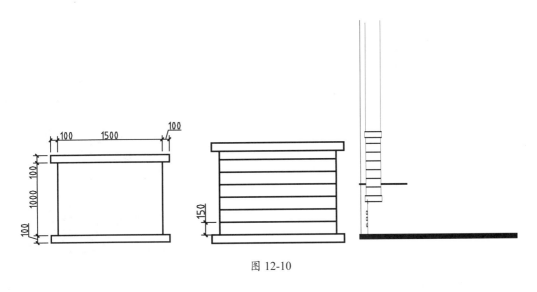

图 12-10

3．绘制门窗

绘制门窗的具体操作步骤如下。

01 将"门窗"图层设置为当前层，执行"矩形""直线"和"偏移"命令，绘制窗图形。

02 按照上述方式，绘制两个立面门图形。

03 输入 M，执行"移动"命令，将门窗图形放置在相应的位置上，结果如图 12-11 所示。

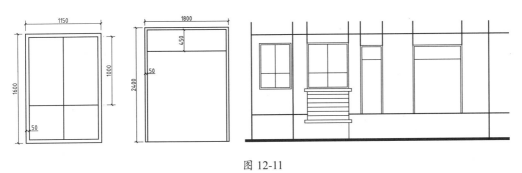

图 12-11

4．绘制阳台

绘制阳台的具体操作步骤如下。

01 将"阳台"图层设置为当前层，输入 REC，执行"矩形"命令，绘制 5020×1400 的矩形。

02 输入 X，执行"分解"命令，分解矩形。输入 O，执行"偏移"命令，偏移线段。

03 输入 TR，执行"修剪"命令，修剪图形。输入 M，执行"移动"命令，将阳台移至相应位置。
输入 TR，执行"修剪"命令，整理图形，最终结果如图 12-12 所示

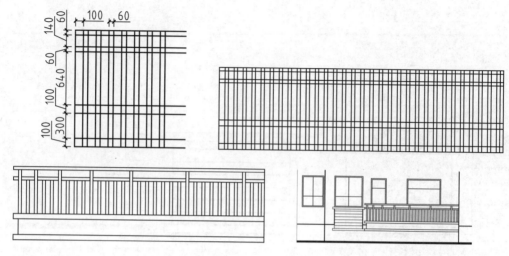

图 12-12

5．复制楼层

复制楼层的具体操作步骤如下。

01 输入 MI，执行"镜像"命令，镜像图形，删除多余的辅助线。

02 继续执行"镜像"命令，向右镜像复制图形。输入 TR，执行"修剪"命令，整理图形。

03 输入 CO，执行"复制"命令，将一楼立面图向上移动复制，结果如图 12-13 所示。

图 12-13

6．绘制屋顶

绘制屋顶的具体操作步骤如下。

01 新建"屋顶"图层，在"选择颜色"对话框中选择"8 号灰色"，并将其置为当前层。输入 L，执行"直线"命令，绘制屋檐。

02 输入 L，执行"直线"命令，绘制屋顶。

03 输入 H，执行"图案填充"命令，选择"预定义"类型和 AR-RSHKE 填充图案，将角度值设为 0°，比例值为 100，为屋顶填充图案。

04 输入 PL，执行"多段线"命令，设置线宽值为 50 绘制地平线，如图 12-14 所示。

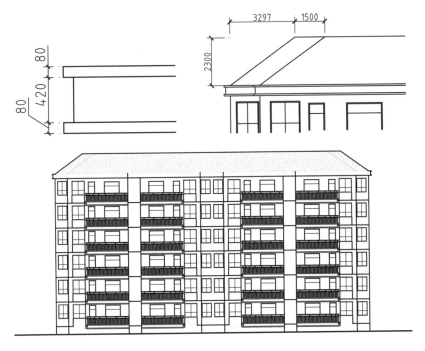

图 12-14

7．标注图形

标注图形的具体操作步骤如下。

01 将"标注"图层置为当前层，输入 DLI，执行"线性标注"命令，对图形进行标注。

02 输入 I，执行"插入块"命令，插入本章素材中的标高图块到指定位置，并修改其标高值。

03 执行"圆"和"直线"命令，绘制半径值为 400 的圆和长度值为 2100 的直线，结合使用"单行文字"和"复制"命令，添加轴号。

04 将"文字"图层置为当前层，输入 T，执行"多行文字"命令，添加图名及比例，设置字高值为 500。输入 PL，执行"多段线"命令，设置线宽值为 500，添加图名下画线。输入 O，执行"偏移"命令，将下画线向下偏移200，并将其分解，绘制结果如图12-15所示。

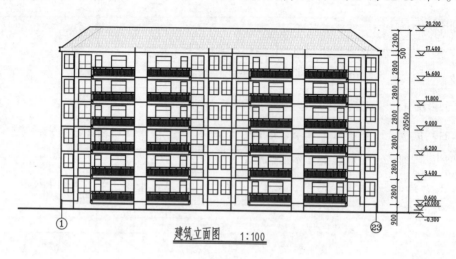

建筑立面图　1:100

图 12-15

12.3.3　绘制住宅楼剖面图

建筑剖面图主要用于展示建筑内部的结构布局、垂直方向上的分层设计、各层楼地面及屋顶的构造细节，以及相关的尺寸和标高等信息。在本例中，将绘制位于楼梯处的剖面图来具体说明剖切位置。

1. 绘制外部轮廓

绘制外部轮廓的具体操作步骤如下。

01 单击快速访问工具栏中的"新建"按钮，新建图形文件。

02 打开绘制好的一层平面图，将其复制到新建文件中，并顺时针旋转270°。

03 复制平面图和立面图于绘图区空白处，并对图形进行清理，保留主体轮廓。

04 将"墙体"图层置为当前层。输入RAY，执行"射线"命令，绘制过墙体、楼梯、楼层分界线，并进行墙体和梁板的定位。

05 输入TR，执行"修剪"命令，修剪轮廓线，如图12-16所示。

06 执行"偏移"和"直线"命令，绘制地下室的轮廓线，如图12-17所示。

提示：
业内绘制立面图的一般步骤是：首先根据平面图和剖面图绘制出一个户型的剖面轮廓，接着详细绘制细部构造，利用"复制"和"镜像"命令使图形完善，然后绘制屋顶剖面结构，并最终完成文字和尺寸等的标注工作。在本例中，将绘制位于楼梯剖切位置的剖面图。绘制时，可首先完成一层和二层的剖面结构，随后通过复制生成3~6层的剖面，并最终绘制出屋顶结构。

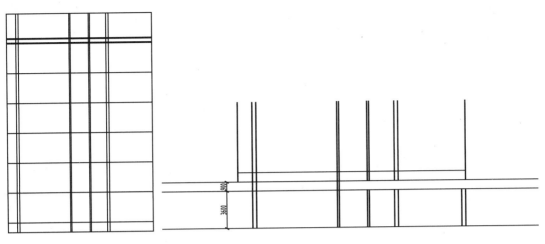

图 12-16   图 12-17

2．绘制楼板结构

绘制楼板结构的具体操作步骤如下。

01 新建"梁、板"图层，指定图层颜色为白色，并将图层置为当前层。

02 执行"偏移"和"修剪"命令，绘制各层楼板的厚度为100，并对图形进行修剪，如图 12-18 所示。

03 执行"偏移"和"修剪"命令，绘制房梁。

04 输入 H，执行"图案填充"命令，为梁、板填充 SOLID 图案。

05 重复上述操作完成其他梁板的绘制，如图 12-19 所示。

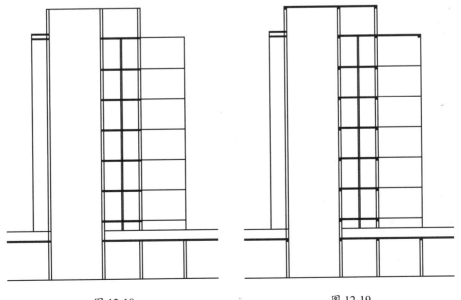

图 12-18   图 12-19

3．绘制楼梯

绘制楼梯的具体操作步骤如下。

01 新建"楼梯、台阶"图层，并将其置为当前层。

02 输入 L，执行"直线"命令，绘制尺寸值为 150×590 的台阶，通过延伸捕捉从墙体处画直线，对齐最上边的台阶，并进行修剪。

03 使用同样的方法，绘制出左侧的 9 级台阶。

04 使用相同的方法绘制出其他梯段和楼梯平台，并填充 SOLID 图案，如图 12-20 所示。

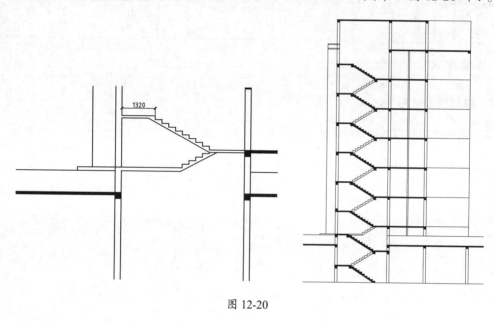

图 12-20

4．绘制门窗

绘制门窗的具体操作步骤如下。

01 输入 TR，执行"修剪"命令，修剪出剖面的门窗洞。

02 采用绘制平面图窗图形的方法。创建"窗"多线样式并置为当前。将"门窗"图层设置为当前层。输入 ML，执行"多线"命令，绘制剖面门窗。

03 输入 L，执行"直线"命令，绘制立面门，并移动复制到相应位置，如图 12-21 所示。

5．绘制阳台

绘制阳台的具体操作步骤如下。

01 指定"阳台"图层为当前层。

02 复制立面图阳台，输入 TR，执行"修剪"命令，对阳台进行修剪。

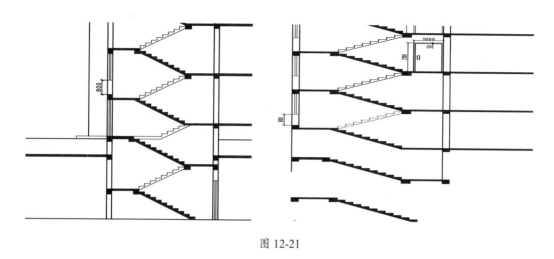

图 12-21

03 输入 CO，执行"复制"命令，将阳台复制并移至相应位置，如图 12-22 所示。

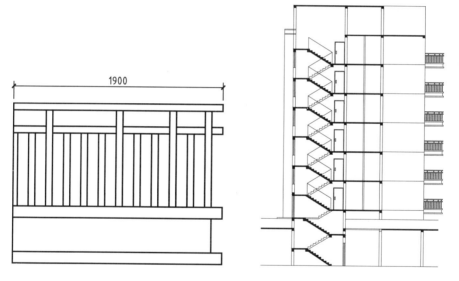

图 12-22

6．绘制屋顶、檐沟

绘制屋顶、檐沟的具体操作步骤如下。

01 将"屋顶"图层置为当前层。输入 L，执行"直线"命令，结合"修剪"命令，绘制屋顶。

02 输入 H，执行"图案填充"命令，为屋顶填充 SOLID 图案，如图 12-23 所示。

03 输入 L，执行"直线"命令，绘制檐沟。

04 将绘制好的檐沟移动并复制到屋顶边线位置，输入 L，执行"直线"命令，绘制连接屋顶的直线。输入 MI，执行"镜像"命令，镜像至另一侧，并删除掉多余的线段，完成效果如图 12-24 所示。

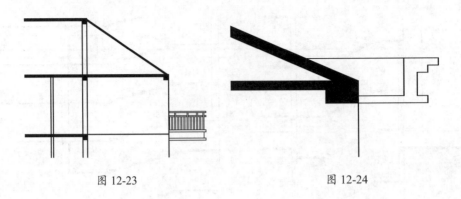

图 12-23   图 12-24

7.图形标注

添加图形标注的具体操作步骤如下。

01 执行"线性标注"和"连续标注"命令，为剖面图创建尺寸标注。

02 标高标注。参照立面图标高标注方法，将标高图形复制对齐并修改高度数据。

03 标注轴号。参照平面图轴号的标注方法，标注轴号。

04 将"文字"图层置为当前层。输入 DT，执行"单行文字"命令，标注图名及比例，在文字下端绘制一条宽度值 50 的多段线，将其向下偏移 200，并分解偏移后的多段线，如图 12-25 所示。

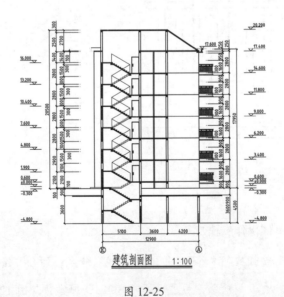

建筑剖面图   1:100

图 12-25

提示：

剖面图的剖切位置和数量应依据建筑物的复杂程度来确定。通常，剖切位置会选择在建筑物的主要部位或构造上具有代表性的部位，例如楼梯间等。按照惯例，剖面图通常不绘制基础部分。在断开面上，材料图例和图线的表示方法与平面图保持一致：被剖切到的墙、梁、板等部分采用粗实线描绘，而未被剖切到但可见的部分则使用中粗实线表示。此外，被剖切断开的钢筋混凝土梁、板会用涂黑的方式标示。

第 *13* 章 室内设计与绘图

本章将重点阐述室内设计的定义以及室内设计制图所包含的内容和流程，同时结合实际案例进行操作演示。通过学习本章内容，可以深入理解室内设计的相关理论知识，并熟练掌握室内设计及其制图技巧。

13.1 创建室内设计制图样板

为了避免在每张施工图的绘制过程中重复设置图层、线型、文字样式和标注样式等，可以提前将这些共同点一次性设置完成，并保存为样板文件。一旦创建了样板文件，在绘制施工图时，就可以基于这个样板文件来创建新的图形文件，从而提高绘图速度并提升工作效率。本章中的所有实例都是基于这个模板来完成的。操作过程如图 13-1 所示。

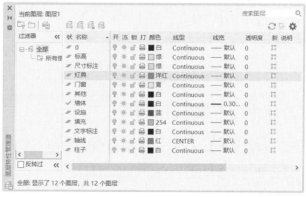

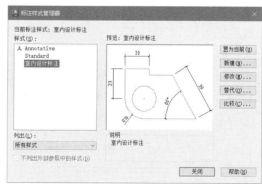

图 13-1

设置制图样板的具体操作步骤如下。

01 单击快速访问工具栏中的"新建"按钮🗋，新建图形文件。

02 执行"格式"|"单位"命令，弹出"图形单位"对话框，设置单位。

03 单击"图层"面板中的"图层特性管理器"按钮🗐，新建图层并设置属性。

04 单击"注释"面板中的"文字样式"按钮🅰，弹出"文字样式"对话框，单击"新建"按钮，新建文字样式，并设置样式参数。

05 单击"注释"面板中的"标注样式"按钮🖃，图层"标注样式管理器"对话框，单击"新建"按钮，新建尺寸样式，并设置样式参数。

06 执行"文件"|"另存为"命令，弹出"图形另存为"对话框，保存为"室内制图样板.dwt"文件。

13.2 绘制现代风格小户型室内设计图

日常生活起居所处的环境被称作"家居环境"，这种环境为人们在工作之余提供了一个休息和学习的空间，是人们生活中不可或缺的重要场所。本案绘制的是一个三室二厅的户型，包含有主人房、儿童房、书房、客厅、餐厅、厨房以及卫生间。本节将基于原始的平面图，详细介绍如何绘制平面布置图、地面布置图、顶棚平面图以及主要的立面图，旨在帮助读者在绘图实践中对室内设计制图有一个全面且深入的理解。

13.2.1 绘制小户型平面布置图

平面布置图是室内装饰施工图纸中的核心图纸。它以原建筑结构为基础，结合业主的具体需求和设计师的创意构思，对室内空间进行精细的功能区域划分以及室内设施的精确定位。绘制过程如图13-2所示。

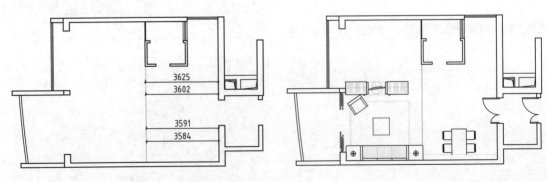

图 13-2

1. 绘制客厅平面布置图

绘制客厅平面布置图的具体操作步骤如下。

01 打开 "第 13 章 \ 小户型原始户型图 .dwg" 文件。

02 执行 "直线" 和 "偏移" 命令，绘制并偏移线段。

03 绘制子母门。输入 REC，执行 "矩形" 命令，分别绘制尺寸为 800×45、400×45 的矩形；输入 A，执行 "圆弧" 命令，绘制圆弧表示门的开启方向。

04 绘制阳台推拉门。输入 REC，执行 "矩形" 命令，分别绘制尺寸为 750×40、700×40 的矩形。

05 绘制组合柜。输入 REC，执行 "矩形" 命令，绘制尺寸为 1025×600 的矩形；输入 O，执行 "偏移" 命令，选择矩形向内偏移。输入 TR，执行 "修剪" 命令，修剪线段，完成柜子的绘制。

06 绘制衣架。输入 REC，执行 "矩形" 命令，绘制尺寸为 450×50 的矩形。输入 CO，执行 "复制" 命令，复制矩形；输入 L，执行 "直线" 命令，绘制水平线段；输入 MI，执行 "镜像" 命令，拾取水平线段的中点为镜像点，向右复制图形，完成绘制。

07 打开 "第 13 章 \ 家具图例 .dwg" 文件，选择合适的图块，复制粘贴至当前视图中。

2. 绘制卧室平面布置图

绘制卧室平面布置图的具体操作步骤如下。

01 绘制轮廓线。输入 L，执行 "直线" 命令，绘制线段。

02 输入 H，执行 "图案填充" 命令，在命令行中输入 T，弹出 "图案填充和渐变色" 对话框，选择 CROSS 填充图案，设置角度值为 0°，比例值为 8，拾取填充区域填充图案。

03 打开 "第 13 章 \ 家具图例 .dwg" 文件，选择合适的图块，复制粘贴至当前视图中，绘制结果如图 13-3 所示。

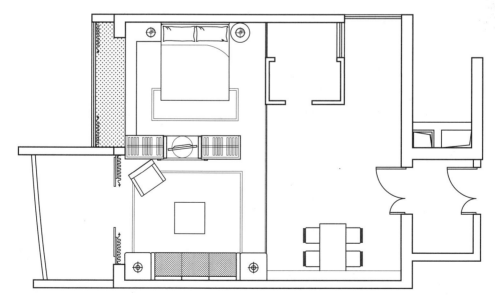

图 13-3

3．绘制厨房平面布置图

绘制厨房平面布置图的具体操作步骤如下。

01 绘制橱柜。输入 L，执行"直线"命令，绘制橱柜轮廓线。

02 绘制推拉门。输入 REC，执行"矩形"命令，分别绘制尺寸为 740×40、760×40 和 100×80 的矩形。

03 打开"第 13 章 \ 家具图例 .dwg"文件，选择合适的图块，复制粘贴至当前视图中，结果如图 13-4 所示。

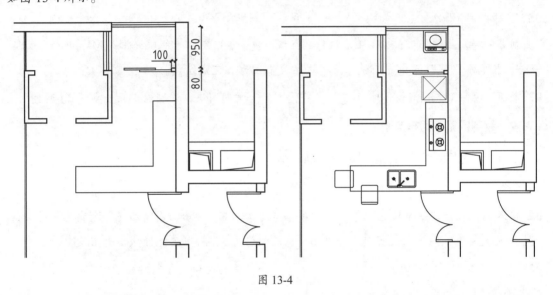

图 13-4

提示：
在实际的室内设计流程中，尽管同一单元的户型结构可能完全相同，但具体的布置往往因客户需求的不同而有所差异。这时，可以直接利用以前完成的设计作品（或从网上下载的资源）作为基础进行修改，从而快速生成全新的室内设计图。这种"改老图"的方法在实际操作中非常普遍。然而，在修改过程中，需要注意对旧图进行适当的清理。由于图形的外部尺寸标注通常是相同的，因此在清理原始平面图时，为了提高绘图效率，可以选择性地删除内部的尺寸标注，而保留外部的尺寸标注。同样地，在绘制后续图形时，也应采用类似的策略。

4．布置家具

布置家具的具体操作步骤如下。

01 布置入户花园图块。打开"第 13 章 \ 家具图例 .dwg"文件，选择鞋柜、植物图块，复制粘贴至入户花园中。

02 布置餐厅图块。打开"第 13 章 \ 家具图例 .dwg"文件，选择餐桌，复制粘贴至餐厅中。

03 布置客厅图块。打开"第 13 章 \ 家具图例 .dwg"文件，选择沙发、电视机、茶几等图块，复制粘贴至客厅中。

04 布置卧室图块。打开"第 13 章\家具图例 .dwg"文件，选择合适的图块，复制粘贴至卧室中。

05 布置卫生间图块。打开"第 13 章\家具图例 .dwg"文件，选择浴缸、洗手盆、马桶图块，复制粘贴至卫生间室中。

06 布置厨房图块。打开"第 13 章\家具图例 .dwg"文件，选择冰箱、洗衣机以及灶台等图块，复制粘贴至厨房中。

07 布置阳台图块。打开"第 13 章\家具图例 .dwg"文件，选择植物、休闲座椅、茶几图块，复制粘贴至阳台中，如图 13-5 所示。

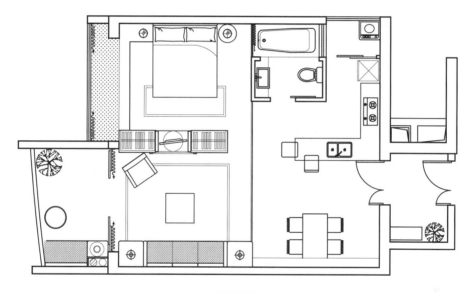

图 13-5

提示：
由于小户型的实际使用面积受限，难以单独划分出像书房这样的独立空间。因此，可以考虑将较大的阳台改造成一个供住户阅读、书写和研究的多功能区域。为确保这一空间的静谧性，其位置应尽量选择在住宅中较为僻静的地方，同时应选用具有良好隔音和吸音效果的装饰材料作为墙体隔断。随后，只需摆放沙发、书桌并点缀一些绿化植物，即可营造一个舒适的学习环境。而较小的阳台则可以作为生活阳台使用，用于放置洗衣机等可能产生噪音的家用电器。这样的设计布局能够帮助住户在学习和生活之间找到理想的平衡。

5．添加标注

添加标注的具体操作步骤如下。

01 输入 MT，执行"多行文字"命令，在各功能区绘制文字标注。

02 双击原有的图名标注"小户型原始户型图"，进入编辑模式，修改图名，比例标注保持不变，如图 13-6 所示。

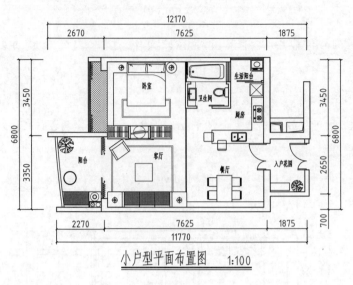

小户型平面布置图　　1:100

图 13-6

13.2.2　绘制小户型地面布置图

本例介绍小户型地材图的绘制方法，主要介绍客厅、卧室以及卫生间等地面图案的绘制方法。

1．填充铺装图案

填充铺装图案的具体操作步骤如下。

01 选择在上一节绘制完成的"小户型平面布置图 .dwg"文件，输入 CO，执行"复制"命令，创建图形副本。

02 输入 E，执行"删除"命令，删除家具图形。

03 输入 L，执行"直线"命令，绘制线段封闭各功能区。

04 填充卧室、客厅铺装图案。输入 H，执行"图案填充"命令，输入 T，弹出"图案填充和渐变色"对话框，选择 DOLMIT 图案，设置角度值为 90°，比例值为 20。拾取卧室、客厅区域填充图案。

05 填充餐厅、厨房铺装图案。输入 H，执行"图案填充"命令，输入 T，弹出"图案填充和渐变色"对话框，在"类型"中选择"用户定义"，设置角度值为 0°，选择"双向"选项，设置间距值为 600，拾取餐厅、厨房区域填充图案。

06 填充阳台、入户花园铺装图案。输入 H，执行"图案填充"命令，输入 T，弹出"图案填充和渐变色"对话框，在"类型"中选择"用户定义"，设置角度值为 45°，选择"双向"选项，设置间距值为 400，拾取区域并填充图案。

07 填充卫生间、小阳台铺装图案。输入 H，执行"图案填充"命令，输入 T，弹出"图案填充和渐变色"对话框，选择 ANGLE 图案，设置角度值为 0，比例值为 30，拾取区域不填充图案。

08 填充门槛石铺装图案。输入 H，执行"图案填充"命令，输入 T，弹出"图案填充和渐变色"对话框，选择 AR-CONC 图案，设置角度值为 0°，比例值为 1，拾取门槛石区域并填充图案。

09 填充卧室窗台铺装图案。输入 H，执行"图案填充"命令，输入 T，弹出"图案填充和渐变色"对话框，选择 AR-SAND 图案，设置角度值为 90°，比例值为 5，拾取窗台区域并填充图案。

10 填充铺装图案的最终结果如图 13-7 所示。

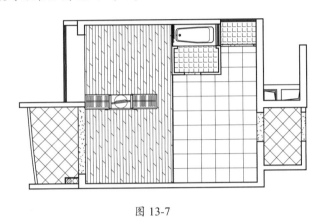

图 13-7

2. 添加标注

添加标注的具体操作步骤如下。

01 输入 MLD，执行"多重引线"命令，绘制材料标注。

02 双击"平面布置图"图名标注，进入编辑模式，修改标注，结果如图 13-8 所示。

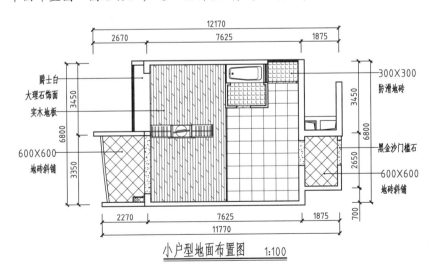

图 13-8

13.2.3　绘制小户型顶棚图

绘制小户型顶棚图的具体操作步骤如下。

01 输入 CO，执行"复制"命令，选择小户型平面布置图，移动复制创建图形副本。

02 输入 E，执行"删除"命令，删除多余的图形。输入 L，执行"直线"命令，绘制分界线。

03 打开"第 13 章 \ 家具图例 .dwg"文件，选择射灯图形，将其复制粘贴至当前图形。

04 重复相同的操作，继续在视图中布置吸顶灯、筒灯、吊灯以及壁灯。

05 输入 MT，执行"多行文字"命令，标注顶面装饰材料。

06 双击图名标注，进入编辑模式，修改标注后在空白处单击退出，结果如图 13-9 所示。

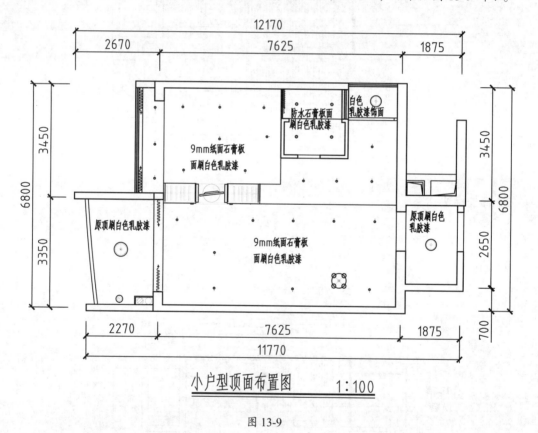

图 13-9

13.2.4　绘制厨房餐厅立面图

绘制厨房餐厅立面图的具体操作步骤如下。

01 打开在 13.2.1 节绘制的小户型平面布置图 .dwg，绘制矩形框选厨房餐厅平面图，并删除多余的图形，整理效果如图 13-10 所示。

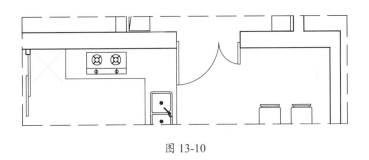

图 13-10

02 输入 L，执行"直线"命令，参考平面图，绘制立面轮廓，执行"偏移"和"修剪"命令，偏移并修剪线段，如图 13-11 所示。

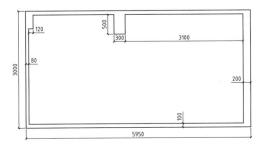

图 13-11

03 输入 L，执行"直线"命令，绘制吊顶轮廓。

04 绘制入户门。执行"偏移"和"修剪"命令，偏移并修剪线段；输入 PL，执行"多段线"命令，绘制折断线表示门的开启方向。

05 绘制橱柜外轮廓。输入 O，执行"偏移"命令，设置参数偏移线段。再输入 TR，执行"修剪"命令，修剪多余的线段，如图 13-12 所示。

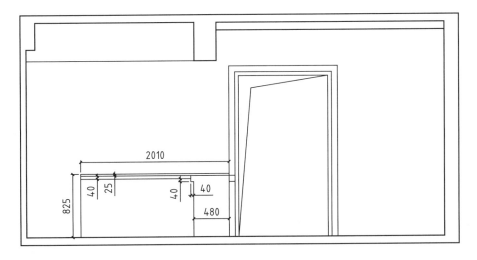

图 13-12

06 输入 O，执行"偏移"命令，选择外轮廓向内偏移。输入 TR，执行"修剪"命令，修剪线段。

07 输入 H，执行"图案填充"命令，进入"图案填充创建"选项卡，选择 ANSI31 图案，设置角度值为 45°，比例值为 10，拾取填充区域并填充图案。

08 绘制厨房置物板。输入 REC，执行"矩形"命令，绘制尺寸为 818×63 的矩形。

09 输入 H，执行"图案填充"命令，进入"图案填充创建"选项卡，选择 ANSI31 图案，设置角度值为 0°，比例值为 20，拾取填充区域填充图案。

10 打开"第 13 章 \ 家具图例 .dwg"文件，选择合适的图块，复制粘贴至立面图中。

11 输入 MLD，执行"多重引线"命令，绘制材料标注。

12 输入 DLI，执行"线性标注"命令，输入 DCO，执行"连续标注"命令，标注立面尺寸。

13 输入 MT，执行"多行文字"命令，绘制图名和比例标注；输入 PL，执行"多段线"命令，设置线宽值为 15，绘制粗实线。

14 输入 L，执行"直线"命令，在粗实线的下方绘制细实线，完成图名与比例标注的绘制，结果如图 13-12 所示。

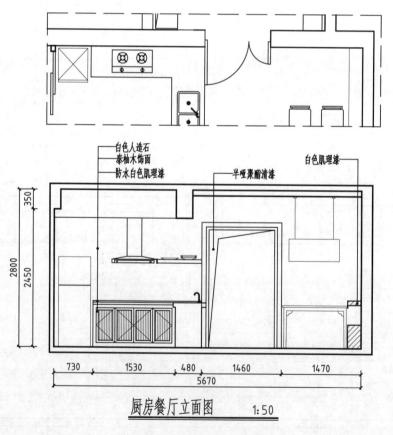

图 13-12

第 *14* 章 电气设计与绘图

电气工程图是用于解释电气工作原理、描述电气产品的结构和功能，以及提供产品安装和使用指南的一种简化图示。它主要通过图形符号、线框或简化的外观来表示电气设备或系统中各个相关组成部分的连接方式。本章将深入探讨电气工程图的基础知识，涵盖电气工程图的基本概念、相关标准，以及通过实例来加深理解。

14.1 绘制住宅楼首层照明平面图

电气工程图有多种类型，本节将通过照明平面图和电气系统图为例，来阐述电气图纸的绘制方法。在开始绘制电气工程图之前，建议读者参考前文的内容，自行创建电气工程图的制图样板。

绘制住宅楼首层照明平面图的具体操作步骤如下。

01 打开"住宅楼首层平面图 .dwg"文件，如图 14-1 所示。

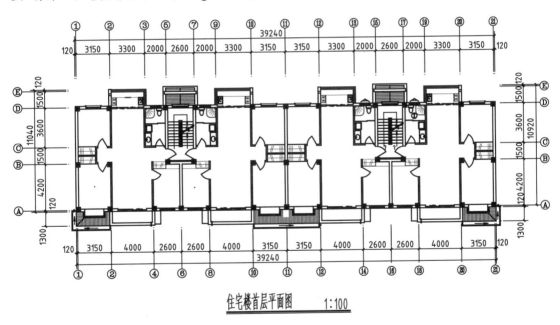

住宅楼首层平面图　　1:100

图 14-1

02 布置灯具。打开"图例 .dwg"文件，选择普通灯、花灯等图形，将其复制粘贴至当前视图中，如图 14-2 所示。

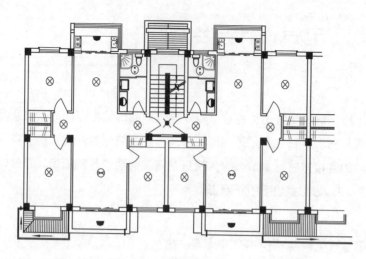

图 14-2

提示:

灯具的选择应根据房间的具体功能来确定，并优先考虑使用直接照明和开启式灯具。本书根据业内的布置经验，总结出以下几点建议。

- 在起居室（厅）、餐厅等公共活动场所的照明设计中，屋顶应至少预留一个电源出线口，以满足照明需求。
- 对于卧室、书房、卫生间和厨房等空间，照明设备的电源出线口也应在屋顶预留一个，且灯位最好设置在房间的中心位置。
- 在卫生间等潮湿环境中，应选择防潮且易于清洁的灯具；如果卫生间装有淋浴或浴盆，其照明回路应安装剩余电流动作保护器，以确保安全。
- 起居室、通道和卫生间的照明开关，建议选择夜间有发光显示的面板，便于夜间寻找。
- 对于门厅、公共走道、楼梯间等有自然光照射的区域，宜采用光控开关，以实现节能和自动化的照明控制。
- 住宅建筑公共照明宜采用定时开关、声光控制等节电开关和照明智能控制系统。

03 布置开关。在"图例.dwg"文件中选择开关图形，复制粘贴至当前视图，如图 14-3 所示。

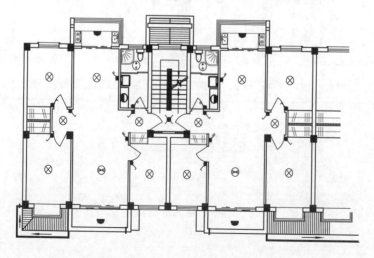

图 14-3

提示：

在照明系统中，每个单相分支回路的电流不应超过16A，并且灯具的数量不应超过25个。对于大型建筑中的组合灯具，每个单相回路的电流不应超过25A，并且光源的数量不应超过60个（但采用LED光源时不受此限制）。

04 布置配电箱、引线。在"图例.dwg"文件中选择配电箱、引线，复制粘贴至当前视图中，如图 14-4 所示。

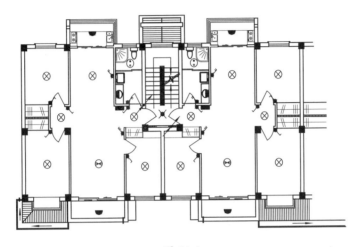

图 14-4

05 绘制连接线路。输入 PL，执行"多段线"命令，设置宽度值为30，绘制线路连接灯具、开关及配电箱，如图 14-5 所示。

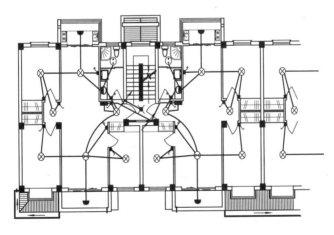

图 14-5

提示：

在连线时，只需使用多段线将各个顶灯依次连接起来。但需要注意，电线应避免横穿卫生间，因为卫生间内水汽较重。水汽可能会沿着瓷砖缝隙渗透，这不仅会影响电线的使用寿命，而且还存在安全隐患。

06 选择灯具、开关、线路等图形，输入 MI，执行"镜像"命令，将图形镜像复制至右侧，如图 14-6 所示。

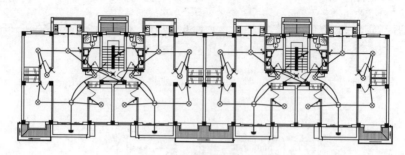

图 14-6

07 绘制电气符号表。输入 REC，执行"矩形"命令，输入 O，执行"偏移"命令，绘制表格。输入 MT，执行"多行文字"命令，在单元格中绘制标注文字。

08 输入 CO，执行"复制"命令，从平面图中选择电气符号，移动复制至单元格中，如图 14-7 所示。

电气符号表

序号	图例	名称	规格	单位	数量	备注	序号	图例	名称	规格	单位	数量	备注
1		用户照明配电箱	XSA2-18	台	4	安装高度为下距地1.5m	7		壁灯	用户自理	盏	4	
2		灯口带声光控开关照明灯	1×40W	盏	2		8		暗装单极开关	86系列— 250v10A	个	20	安装高度为中距地1.4m
3		天棚灯	1×40W	盏	8		9		暗装三极开关	86系列— 250v10A	个	4	安装高度为中距地1.4m
4		普通灯	用户自理	盏	4		10		暗装双极开关	86系列— 250v10A	个	8	安装高度为中距地1.4m
5		花灯	用户自理	盏	4		11		浴霸	用户自理	盏	4	
6		照明配电箱	用户自理	个	4		12		引线	用户自理	个	4	

图 14-7

09 双击图名标注，进入编辑模式，修改图名，如图 14-8 所示。

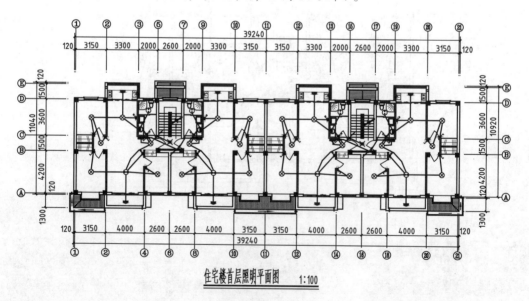

住宅楼首层照明平面图   1:100

图 14-8

14.2　绘制住宅楼照明系统图

绘制住宅楼照明系统图的具体操作步骤如下。

01 绘制线路。输入 PL，执行"多段线"命令，设置宽度值为 20，绘制多段线表示线路，如图 14-9 所示。

02 布置元器件。打开"图例 .dwg"文件，选择电表、开关，布置在线路上。输入 TR，执行"修剪"命令，修剪线路，如图 14-10 所示。

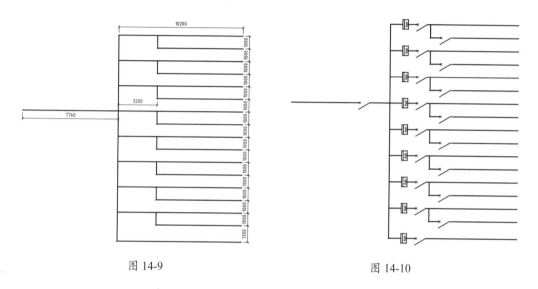

图 14-9　　　　　　　　　　　　　　　　图 14-10

03 输入 PL，执行"多段线"命令，绘制线路，如图 14-11 所示。

04 在"图例 .dwg"文件中选择接地符号等，复制粘贴至系统图中，如图 14-12 所示。

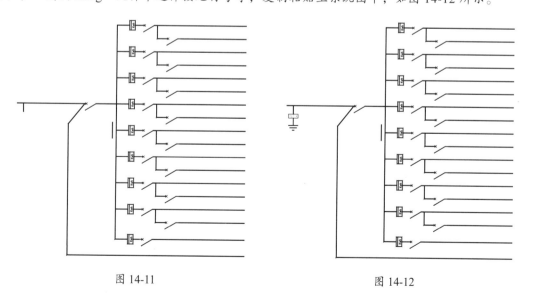

图 14-11　　　　　　　　　　　　　　　　图 14-12

05 输入 REC，执行"矩形"命令，设置宽度值为 40，指定对角点绘制矩形，并将矩形的线型设置为虚线，如图 14-13 所示。

06 输入 L，执行"直线"命令，在线路的右侧绘制线段，如图 14-14 所示。

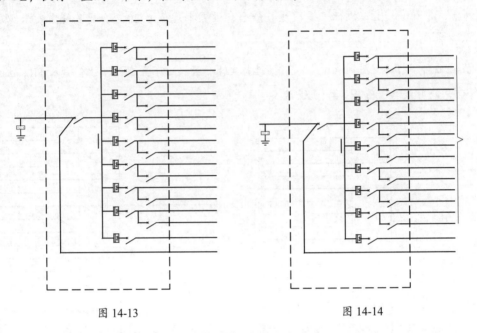

图 14-13 图 14-14

07 输入 MT，执行"多行文字"命令，绘制标注文字，如图 14-15 所示。

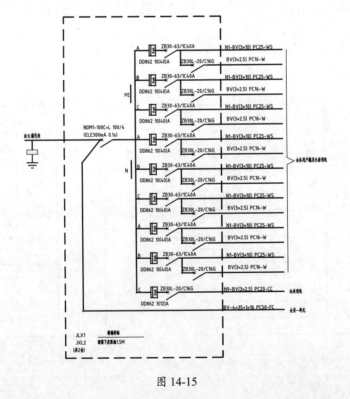

图 14-15

08 输入 MT，执行"多行文字"命令，绘制图名和比例标注。输入 PL，执行"多段线"命令，设置宽度值为 100，绘制粗实线。输入 L，执行"直线"命令，在粗实线的下方绘制细实线，如图 14-16 所示。

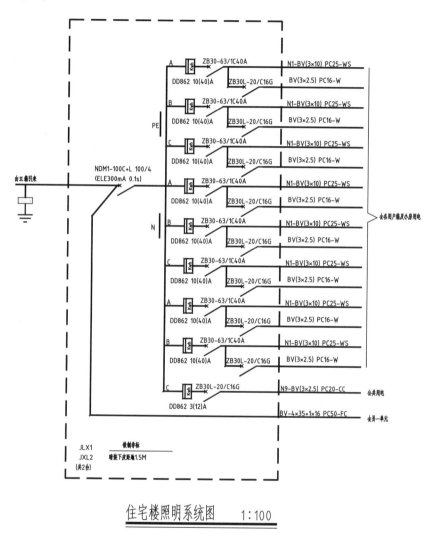

住宅楼照明系统图　　1:100

图 14-16

第 *15* 章 园林设计与绘图

本章将重点介绍园林设计的概念以及园林设计制图所涉及的内容和流程。此外，将通过具体的实战案例，对各种园林图形的绘制进行深入的实战演练。通过学习本章，将能够全面理解园林设计的相关理论知识，同时熟练掌握园林制图的流程和实际操作技巧。

15.1 绘制桂花图例

桂花图例的绘制过程如图 15-1 所示，具体绘制步骤如下。

图 15-1

01 启动 AutoCAD，新建空白图档。

02 绘制外部轮廓。单击"绘图"面板中的"圆心，半径"按钮⬚，绘制一个半径值为 730 的圆。

03 单击"绘图"面板中的"修订云线"按钮⬚，将绘制的圆转换为修订云线，最小弧长值为 221。

04 绘制内部树叶。执行"圆弧"命令绘制弧线。

05 执行"修订云线"命令，用同样的方法，将绘制的弧线转换为云线。

06 绘制树枝。输入 L，执行"直线"命令，在图形中心位置绘制两条相互垂直的直线，结束绘制。

15.2 绘制湿地松图例

湿地松图例的绘制过程如图 15-2 所示，具体绘制步骤如下。

01 启动 AutoCAD，新建空白图形。

02 绘制辅助轮廓。输入 C，执行"圆"命令，绘制一个半径值为 650 的圆。

03 输入 L，执行"直线"命令，过圆心和 90° 的象限点，绘制一条直线，并以圆心为中心点，将直线环形阵列 3 条。

 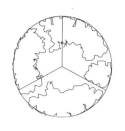 

图 15-2

04 绘制树叶。在命令行中输入 SKETCH，使用徒手画线绘制树叶，在"增量"的提示下，输入最小线段长度值为 15，按照绘制图形。

05 绘制树枝。输入 PL，执行"多段线"命令，绘制树枝。删除辅助线及圆，结束绘制。

15.3　绘制苏铁图例

苏铁图例的绘制过程如图 15-3 所示，具体绘制步骤如下。

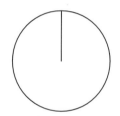 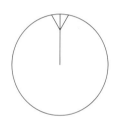 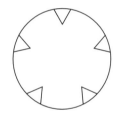 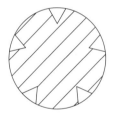

图 15-3

01 启动 AutoCAD，新建空白图形。

02 绘制外部轮廓。输入 C，执行"圆"命令，绘制一个半径值为 600 的圆。

03 绘制辅助线。输入 L，执行"直线"命令，过圆心和 90° 的象限点，绘制一条直线。

04 绘制短线。输入 L，执行"直线"命令，绘制一条过辅助直线与圆相交的直线，并将其以直线为对称轴镜像复制；输入 E，执行"删除"命令，删除辅助线。

05 复制短线。单击"修改"面板中的"环形阵列"按钮 ，选择绘制的两条短线，将其以圆心为中心点环形阵列，项目总数为 5。

06 填充图案。输入 H，执行"图案填充"命令，选择 ANSI31 填充图案，设置填充比例值为 50，拾取区域填充图案，结束绘制。

15.4　绘制绿篱图例

绿篱图例的绘制过程如图 15-4 所示，具体绘制步骤如下。

图 15-4

01 启动 AutoCAD，新建空白图形。

02 绘制辅助轮廓。输入 REC，执行"矩形"命令，绘制尺寸为 2340×594 的矩形。

03 绘制绿篱轮廓。输入 PL，执行"多段线"命令，绘制绿篱轮廓。

04 输入 PL，执行"多段线"命令，绘制绿篱的内部轮廓。

05 输入 E，执行"删除"命令，删除辅助矩形，结束绘制。

15.5 绘制景石图例

景石图例的绘制过程如图 15-5 所示，具体绘制步骤如下。

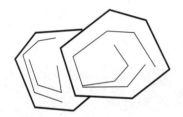 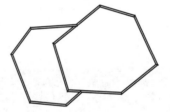 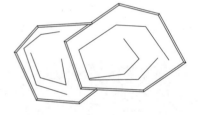

图 15-5

01 启动 AutoCAD，新建空白图形。

02 绘制外部轮廓。输入 PL，执行"多段线"命令，设置线宽值为 10，绘制景石外部轮廓。

03 输入 PL，执行"多段线"命令，设置线宽值为 0，绘制景石的内部纹理，结束绘制。

15.6 绘制总体平面图

总体平面图，也称为"总平图"，清晰地展示了各类园林要素（包括建筑、道路、植物和水体）在图纸上的尺寸和空间布局关系。这张图纸是设计者构思的直接体现。在绘制时，只需简洁地描绘出各个要素，明确它们的形式、尺度和空间位置，而无须对每个要素进行过于精细的描绘。通常的绘制步骤如下：首先，在原始平面图的基础上绘制出园路铺装系统；其次，添加园林建筑和小品；然后，绘制植物分布；最后，对总平图进行必要的标注。

15.6.1　绘制园路铺装

绘制园路铺装的过程如图 15-6 所示，具体操作步骤如下。

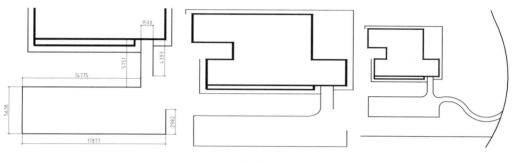

图 15-6

01 打开本书附赠资源中的"第 15 章 \ 原始平面图 .dwg"文件。

02 新建"园路"图层，设置图层颜色为"42 号黄色"，并将其置为当前层。

03 绘制别墅园路。输入 PL，执行"多段线"命令，绘制多段线，并保证园路最窄处距建筑外墙的距离值为 800。

04 输入 F，执行"圆角"命令，对绘制的园路进行半径值为 1500 的圆角处理。

05 输入 SPL，执行"样条曲线"命令，绘制两条样条曲线作为园路的轮廓线，结束绘制。

15.6.2　绘制园林建筑

绘制园林建筑的具体操作步骤如下。

01 将"建筑"图层置为当前层。

02 布置景观亭。输入 I，执行"插入"命令，插入随书资源中的"景观亭"图块，并旋转至合适的角度，结果如图 15-7 所示。

03 布置花架。输入 I，执行"插入"命令，插入随书资源中的"花架"图块，结果如图 15-8 所示。

04 绘制休息平台一。输入 REC，执行"矩形"命令，过别墅周边小园路右上角点，绘制如图 15-9 所示的休息平台，与建筑墙体相接。

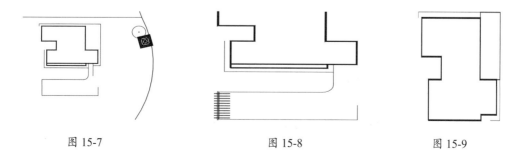

图 15-7　　　　　　　　　　图 15-8　　　　　　　　　　图 15-9

05 将"填充"图层置为当前层。输入 H，执行"图案填充"命令，选择 DOLMIT 图案类型，设置比例值为 1500，填充休息平台，结果如图 15-10 所示。

06 绘制休息平台二。将"建筑"图层置为当前层，执行"多边形"命令，绘制一个内接圆半径值为 4000 的正六边形，并将其移至如图 15-11 所示的园路与湖面相交的位置。

07 填充休息平台。将"填充"图层置为当前层，输入 H，执行"图案填充"命令，选择 DOLMIT 图案类型，设置角度值为 70°，并修剪多余的线条，结果如图 15-12 所示。

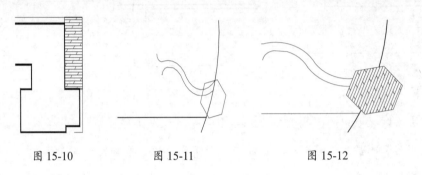

图 15-10   图 15-11   图 15-12

08 绘制游泳池。将"水体"图层置为当前层，输入 PL，执行"多段线"命令，绘制如图 15-13 所示的多段线。

09 圆角操作。输入 F，执行"圆角"命令，将游泳池上面两个端点进行半径值为 900 的圆角操作，并将圆角后的线条向内偏移 300，修剪多余的线条，结果如图 15-14 所示。

10 绘制按摩池。输入 C，执行"圆"命令，在如图 15-15 所示的位置，绘制一个半径值为 1500 的圆，并将其向内偏移 300，修剪多余的线条。

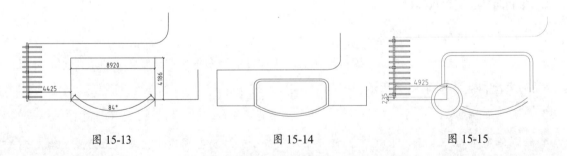

图 15-13   图 15-14   图 15-15

11 绘制烧烤平台。将"园路"图层置为当前层。执行"多边形"命令，绘制一个内接圆半径值为 1500 的正六边形。

12 绘制烧烤台。将"建筑"图层置为当前层，输入 REC，执行"矩形"命令，绘制一个尺寸为 1500×500 的矩形并放置在合适的位置，结果如图 15-16 所示。

13 填充烧烤台。将"填充"图层置为当前层，输入 H，执行"图案填充"命令，选择 NET 图案类型，设置比例值为 2500，填充烧烤平台，结果如图 15-17 所示。

14 移动烧烤台。输入 M，执行"移动"命令，将图形移至庭院相应的位置，并旋转至合适的角度，结果如图 15-18 所示。

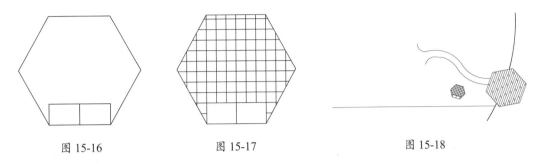

图 15-16　　　　　　　图 15-17　　　　　　　图 15-18

15.6.3　绘制汀步

绘制汀步的过程如图 15-19 所示，具体操作步骤如下。

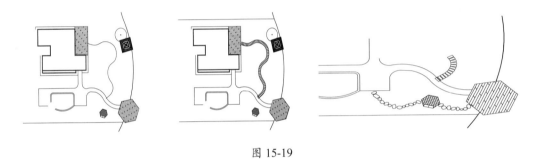

图 15-19

01 新建"汀步"图层，设置图层颜色为"33 号黄色"，并将其置为当前层。

02 绘制规则汀步。输入 SPL，执行"样条曲线"命令，绘制样条曲线作为辅助线。

03 绘制一块汀步。输入 REC，执行"矩形"命令，绘制一个尺寸为 400×900 的矩形，并将其定义为"汀步"图块，指定矩形的中心为拾取基点。

04 插入汀步。输入 ME，执行"定距等分"命令，插入汀步，设置等分距离值为 500。

05 绘制不规则汀步。输入 PL，执行"多段线"命令，绘制一系列封闭多段线图形，形成流畅的汀步小路，连接烧烤区、园路和休息平台，结束绘制。

15.6.4　添加园林小品

添加园林小品的过程如图 15-20 所示，具体操作步骤如下。

01 新建"小品"图层，设置颜色为黄色，并将其置为当前层。

02 布置景石。输入 I，执行"插入"命令，插入随书资源中的"景石"图块，放置于合适的位置，并旋转至合适的角度。输入CO，执行"复制"命令，将插入的景石复制至其他位置，并调整其大小和方向。

03 绘制树池。输入C，执行"圆"命令，绘制一个半径值为1000的圆，并将其向内偏移300。

04 布置其他小品。输入I，执行"插入"命令，插入随书资源中的躺椅、休闲椅图块，结束绘制。

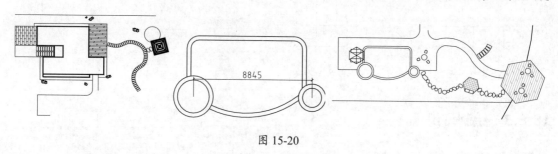

图 15-20

15.6.5 绘制植物

绘制植物的过程如图15-21所示，具体操作步骤如下。

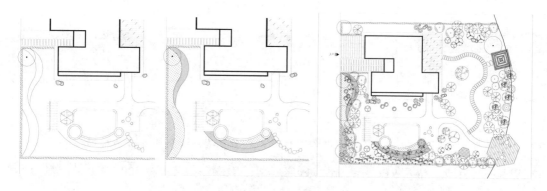

图 15-21

01 新建"灌木"图层，设置图层颜色为绿色，并将其置为当前层。

02 绘制绿篱轮廓。输入PL，执行"多段线"命令，在庭院周边绘制宽度值为400的绿篱轮廓。

03 填充绿篱。将"灌木"图层置为当前层。输入H，执行"图案填充"命令，选择ANSI38图案类型，设置比例值为2000，为绿篱填充图案。

04 采用上述方法，首先绘制轮廓，再选择合适的图案进行填充，完成其他类型植物的绘制。

05 输入I，执行"插入"命令，插入附赠资源中的乔木图块，调整图块的尺寸、位置，使其错落有致地分布在平面图中，结束绘制。

15.6.6　文字标注

添加文字标注的过程如图 15-22 所示，具体操作步骤如下。

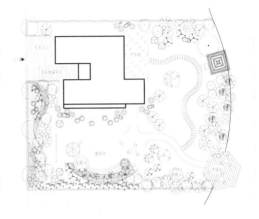

图 15-22

01 新建"标注"图层，设置图层颜色为蓝色，并将其置为当前层。

02 设置文字标注样式。输入 ST，执行"文字样式"命令，新建"样式 1"，设置样式参数，并将其置为当前样式。

03 标注文字。输入 MT，执行"多行文字"命令，设置文字高度值为 1000，在图中相应的位置进行文字标注，并修改文字效果，使文字不被填充图案遮挡，结束绘制。

15.7　绘制植物配置图

本例中，将植物配置图细分为乔木种植图和灌木种植图。在绘制过程中，可以在总平图的基础上进行植物位置的调整和数量的增减，具体方法与总平图中植物的绘制方法类似。随后，需要增加植物名录表。为避免重复，此处省略了植物调整的过程，直接在总平图已有植物的基础上进行必要修改，并绘制植物名录表。

15.7.1　绘制乔木种植图

乔木种植图的绘制过程如图 15-23 所示，具体操作步骤如下。

01 延续 15.6 节的文件进行操作，也可以打开"15.6 绘制总体平面图 .dwg"文件。

02 复绘图形。输入 CO，执行"复制"命令，将绘制完成的总平图复制一份到绘图区空白处。

03 删除文字标注。输入 E，执行"删除"命令，删除图形中除了"入口"的其他文字标注，并将图形中的填充图案补充完整。

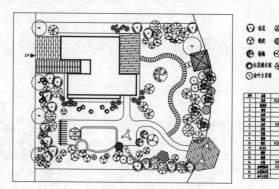

图 15-23

04 删除灌木。输入 E，执行"删除"命令，删除图形中的模纹、绿篱、竹子等灌木。

05 标注桂花图例。将"标注"图层置为当前层，输入 CO，执行"复制"命令，复制一个桂花图例至绘图区空白处。输入 MT，执行"多行文字"命令，在命令行中指定文字高度值为750，输入图例名称。

06 用同样的方法标注其他乔木图例，并调整图例的大小，使其排列整齐，并为其加上标题。

07 输入 REC，执行"矩形"命令，绘制一个尺寸为 22000×16000 的矩形；输入 X，执行"分解"命令，分解矩形；输入 O，执行"偏移"命令，向内偏移矩形边，绘制一个表格。

08 输入 MT，执行"多行文字"命令，在表格内输入文字，结束绘制。

15.7.2　绘制灌木种植图

绘制灌木种植图的过程如图 15-24 所示，具体操作步骤如下。

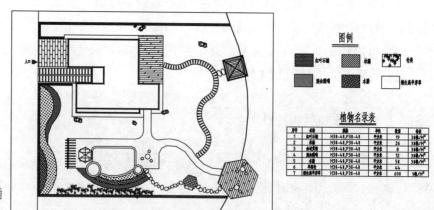

红叶石楠

图 15-24

01 标注红叶石楠图例。输入 REC，执行"矩形"命令，绘制一个尺寸为 2700×1800 的矩形。

02 输入 H，执行"图案填充"命令，选择 STARS 填充图案，设置比例值为 900。然后输入 MT，执行"多行文字"命令，设置文字高度值为 1000，输入图例名称。

03 用同样的方法标注其他灌木图例，并调整图例大小，使图例排列整齐，并加上标题。

04 用绘制乔木植物表的方法绘制灌木植物表，并为其加上标题，结束绘制。

15.8　绘制竖向设计图

竖向设计主要涉及地形在垂直方向上的起伏变化，它是由等高线、路面坡度方向和标高等多个要素共同构成的。在本例中，竖向设计图的路面没有坡度变化，仅在道路交会处存在等高线上的变化。绿地地形相对丰富，但起伏并不剧烈，均表现为平缓的坡地。同时，路面与绿地、平台之间存在一定的高度差。在本例中，选择入口处路面标高作为相对零点。通常的绘图步骤如下：首先绘制路面标高，然后绘制等高线。最后，根据路面高度和等高线的布局来确定绿地标高以及等高线的高度变化。

15.8.1　修改备份图形

修改备份图形的结果如图 15-25 所示，具体操作步骤如下。

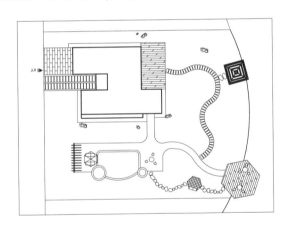

图 15-25

01 延续 15.7.2 小节的文件进行操作，也可以打开"15.7.2 绘制灌木种植图 .dwg"文件。

02 输入 CO，执行"复制"命令，复制备份的平面图。

03 输入 E，执行"删除"命令，删除所有植物，保留建筑和小品，结束操作。

15.8.2　添加路面和水池标高

添加路面和水池标高的过程如图 15-26 所示，具体操作步骤如下。

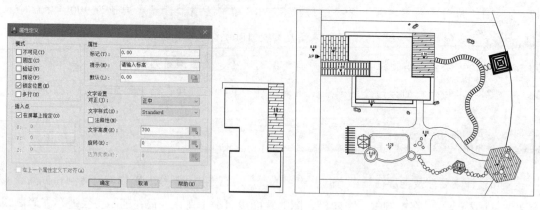

图 15-26

01 绘制标高符号。执行"多边形"命令，绘制一个外接圆半径值为 300 的正三角形，为其填充 SOLID 图案。

02 执行"绘图"|"块"|"定义属性"命令，在"属性定义"对话框中设置属性参数，单击"确定"按钮，将属性文字置于三角形之上。

03 添加车库入口处的标高。输入 B，执行"创建块"命令，选择属性文字与三角形，创建成块。输入 I，执行"插入"命令，选择标高图块，并根据命令行的提示输入高度值。

04 添加休闲平台标高。输入 I，执行"插入"命令，选择标高图块，并根据命令行提示，输入高度值为 0.10。

05 用同样的方法，添加水池和路面其他位置的标高，结束绘制。

15.8.3 绘制等高线

绘制等高线的过程如图 15-27 所示，具体操作步骤如下。

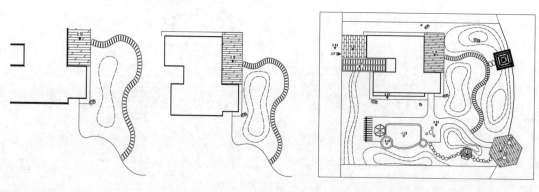

图 15-27

01 新建"等高线"图层，设置图层颜色为白色，图层线型设为 ACAD_IS002W100，并将其置为当前层。

02 绘制等高线。输入 SPL，执行"样条曲线"命令，绘制等高线。

03 输入 SPL，执行"样条曲线"命令，在等高线的外围再绘制闭合的样条曲线。

04 用同样的方法，绘制其他位置的等高线，结束绘制。

15.8.4　标注标高

标注标高的过程如图 15-28 所示，具体操作步骤如下。

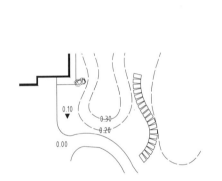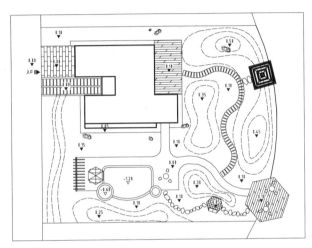

图 15-28

01 标注绿地标高。将"标注"图层置为当前层，用标注路面标高的方法标注绿地标高。

02 标注等高线标高。输入 MT，执行"多行文字"命令，设置文字高度值为 700，在等高线位置处输入标注文字。

03 用同样的方法，标注其他等高线位置的高度，至此，竖向设计图绘制完成。

15.9　绘制网格定位图

网格定位图是通过在图纸上绘制一系列等间距的垂直和水平线条来构成的。本例中的网格定位图是基于竖向修改图绘制的，用于确定别墅建筑、园林建筑、路面等硬质景观之间的相对位置。本例的坐标原点设定在别墅建筑的右下角端点，网格的间距设定为 5 米。通常的绘制步骤是：首先通过坐标原点绘制两条相互垂直的线条，然后通过偏移这些线条来完成方格网的绘制，最后对方格网进行标注。

绘制网格定位图的具体操作步骤如下。

01 延续 15.8 一节的文件进行操作，也可以打开"15.8 绘制竖向设计图 .dwg"文件。

02 新建"方格网"图层，图层颜色设置为红色，并将其置为当前层。

03 输入 CO，执行"复制"命令，复制一份竖向修改图至绘图区空白处，在此基础上绘制图形。

04 输入 L，执行"直线"命令，过别墅右下角端点绘制如图 15-29 所示的水平和垂直直线。

05 输入 O，执行"偏移"命令，将绘制的水平线条分别向上、向下偏移 4 次，偏移量为 5000；垂直线条分别向左偏移 5 次、向右偏移 4 次，偏移量均为 5000，结果如图 15-30 所示。

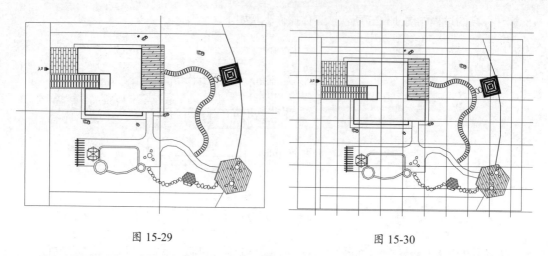

图 15-29   图 15-30

06 坐标标注。输入 MT，执行"多行文字"命令，设置文字高度值为 1000，在图形的左侧和下方进行原点标注，结果如图 15-31 所示。

07 用同样的方法，以 5m 为间距，进行其他位置的标注，结果如图 15-32 所示。网格定位图绘制完成。

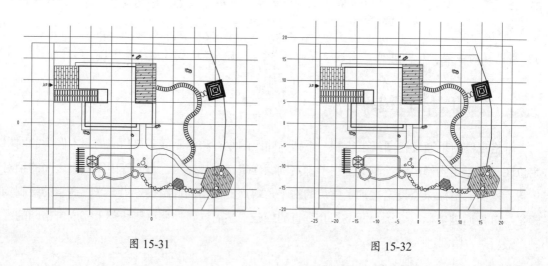

图 15-31   图 15-32

第16章 给排水设计与绘图

建筑给排水工程是现代城市基础建设不可或缺的一部分，对于城市生活、生产以及城市发展具有深远的影响。给排水工程涵盖了从水源取水到最后处理的整个工艺流程，通常包括给水工程（即水源取水工程）、净水工程（水质净化、净水输送、配水使用）、排水工程（包括污水净化、污泥处理、污水最终处置等）。整个给排水系统由关键枢纽工程和给排水管网工程共同构成。

本章以别墅给排水图纸为例，详细介绍给排水平面图、系统图以及雨水提升系统图的绘制过程。

16.1 设置绘图环境

通过提前配置好绘图环境，可以更加便捷、灵活和高效地绘制机械图。配置绘图环境涉及多个方面，如设定绘图区域的界限和单位、图层的配置、文字与标注样式的选择等。可以先新建一个空白文件，随后按照需求设定好各项参数，并将其保存为模板文件。今后在绘制机械图纸时，可以直接调用这个模板，从而节省设置时间。本章中的所有实例都是基于这一模板来完成的。

设置绘图环境的具体操作步骤如下。

01 执行"文件"|"打开"命令，打开"第16章 \ 别墅地下一层平面图 .dwg"文件。

02 执行"文件"|"另存为"命令，将该文件另存为"别墅地下一层给排水平面图 .dwg"，防止原平面图文件被修改。

03 该别墅负一层给排水平面图主要由给水管、污水管、雨水管、给排水设备、图框、文本标注组成，因此绘制排水平面图形之前，先创建如表16-1所示的图层。

表 16-1　图层设置

序号	图层名	描述内容	线宽	线型	颜色	打印属性
1	给水管	生活给水管线	默认	实线 (CONTINUOUS)	洋红色	打印
2	污水管	污水管线	默认	虚线 (DASHED)	青色	打印
3	雨水管	雨水管线	默认	点画线 (DASHDOT)	黄色	打印
4	给排水设备	潜污泵、雨水提升器等	默认	实线 (CONTINUOUS)	白色	打印
5	图框	图框、图签	默认	实线 (CONTINUOUS)	白色	打印
6	文本标注	图内文字、图名、比例	默认	实线 (CONTINUOUS)	绿色	打印

04 执行"格式"|"图层"命令，弹出"图层特性管理器"对话框，根据表16-1来设置图层的名称、线宽、线型和颜色等属性。

05 执行"格式"|"文字样式"命令，弹出"文字样式"对话框，单击"新建"按钮，弹出"新建文字样式"对话框，新建"图内文字"样式，参数设置如图16-1所示。

06 执行"格式"|"标注样式"命令，弹出"标注样式"对话框，单击"新建"按钮，弹出"标注样式管理器"对话框，新建"尺寸标注"样式，并设置样式参数，最后将其置为当前正在使用的样式，如图16-2所示。

图 16-1

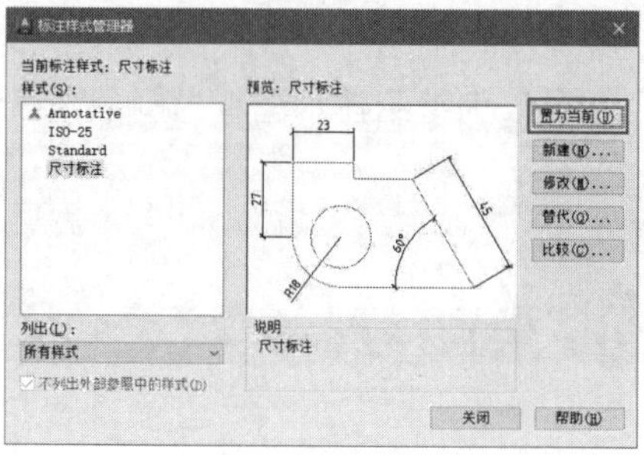

图 16-2

16.2 绘制别墅地下一层给排水平面图

本节介绍绘制别墅地下一层平面图的管线及构件，以及相关的标注文字，包括立管名称标注、管道尺寸标注、图名标注等。

16.2.1 绘制给水管

绘制给水管的具体操作步骤如下。

01 延续16.1节的文件进行操作，将"给水管"图层置为当前层。

02 输入C，执行"圆"命令，绘制直径值为80的圆作为给水立管，将给水立管分别布置在洗衣房、卫生间以及两个工具间内，如图16-3所示。

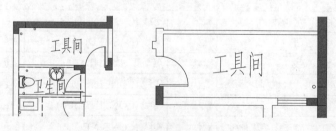

图 16-3

03 输入 PL，执行"多段线"命令，设置全局宽度值为 50，从室外水井处引出连接至洗衣房、卫生间以及工具间内给水立管的管线，如图 16-4 所示。

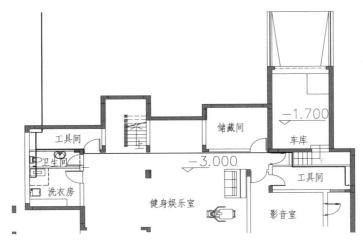

图 16-4

16.2.2　绘制污水管

绘制污水管的具体操作步骤如下。

01 将"污水管"图层置为当前层。

02 输入 C，执行"圆"命令，绘制直径值为 900 的圆，作为室外污水井。

03 将"文字标注"图层置为当前层。

04 输入 MT，执行"多行文字"命令，在污水井内标注名称编号，如图 16-5 所示。

05 回到"污水管"图层，输入 C，执行"圆"命令，绘制直径值为 150 的圆，再输入 O，执行"偏移"命令，将圆向内偏移 75，以作为污水立管，如图 16-6 所示。

图 16-5　　　　　　　　　　　　　　　　　图 16-6

06 输入 PL，执行"多段线"命令，设置线宽值为 50，分别从室外 3 个污水井处引出连接至各排水点的管线，管线布置如图 16-7 所示。

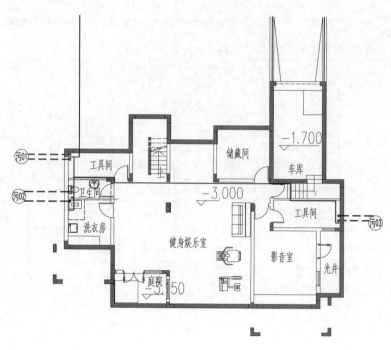

图 16-7

16.2.3 绘制雨水管

绘制雨水管的具体操作步骤如下。

01 将"雨水管"图层置为当前层。输入 REC，执行"矩形"命令，绘制 900×900 的矩形，作为室外雨水井。

02 将"文字标注"图层置为当前层。输入 MT，执行"多行文字"命令，在雨水井内标注名称编号，如图 16-8 所示。

03 回到"雨水管"图层。输入 C，执行"圆"命令，绘制直径值为 150 的圆；再输入 L，执行"直线"命令，捕捉象限点绘制水平和垂直的线段；再输入 RO，执行"旋转"命令，选择两条线段，指定圆心为旋转基点，输入 45，以将两线段同时旋转 45°，如图 16-9 所示。

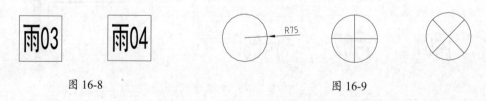

图 16-8   图 16-9

04 布置雨水立管，然后输入 PL，执行"多段线"命令，设置线宽值为 50，分别从室外两个雨水井处引出连接至雨水立管的管线，管线布置如图 16-10 所示。

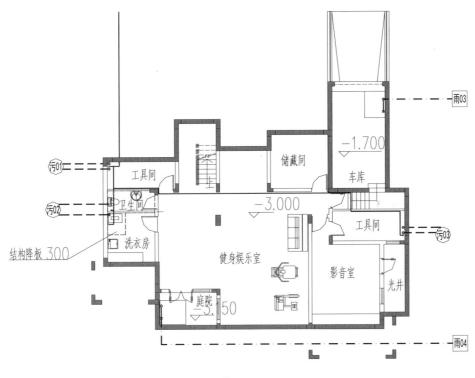

图 16-10

16.2.4　布置地下一层给排水设施

布置地下一层给排水设施的具体操作步骤如下。

01 将"给排水设备"图层置为当前层。

02 打开"第 16 章 \ 给排水设施图例 .dwg"文件，将如表 16-2 所示的图例粘贴复制到图形中。

表 16-2　给排水设施图例

图例	名称
⊕	潜污泵
◁▷	球阀
┼┼	刚性防水套管
⬚	水表井

03 执行"移动""复制""镜像""旋转"和"缩放"等命令，将给排水设施布置到平面图相应的位置，如图 16-11 所示。

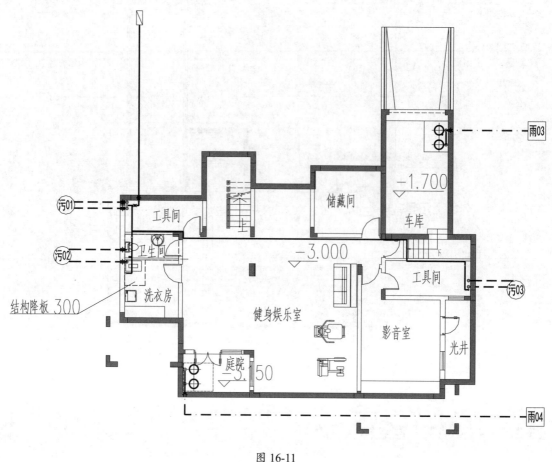

图 16-11

16.2.5　为地下一层给排水平面添加文字标注

为地下一层给排水平面添加文字标注的具体操作步骤如下。

01 将"文本标注"图层置为当前层。

02 输入 MT，执行"多行文字"命令，对平面图中的给水立管进行名称标注，再输入 L，执行"直线"命令，在文字处分别绘制指引线至给水立管。

03 输入 MT，执行"多行文字"命令，为图形添加文字注释。

04 输入 MT，执行"多行文字"命令，绘制图名与比例；输入 PL，执行"多段线"命令，设置合适的线宽，绘制一条与图名同长的多段线；输入 L，执行"直线"命令，在多段线的下方绘制与之等长的细实线，结果如图 16-12 所示。

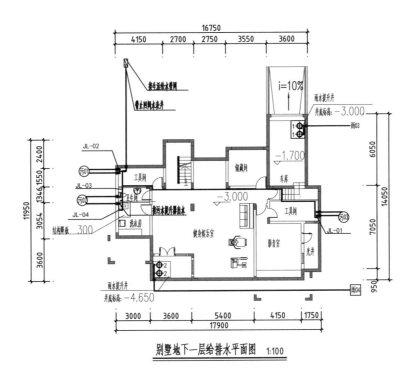

图 16-12

16.3 绘制别墅二层给排水平面图

本节主要介绍别墅二层的给排水平面图的绘制流程，其绘制方法与负一层给排水平面图的绘制方法大致相同。

16.3.1 绘制管线

绘制管线的过程如图 16-13 所示，具体操作步骤如下。

01 执行 "文件" | "打开" 命令，打开 "第 16 章 \ 别墅二层平面图 .dwg" 文件。

02 执行 "文件" | "另存为" 命令，将该文件另存为 "16.4 别墅二层给排水平面图 .dwg"，防止原始平面图被修改。

03 输入 C，执行 "圆" 命令，绘制直径值为 80 的圆作为给水立管；接着绘制直径值为 150 的圆，再输入 O，执行 "偏移" 命令，将圆向内偏移 75，作为污水立管。

04 绘制直径值为 150 的圆，输入 L，执行 "直线" 命令，捕捉象限点绘制水平和垂直线段。输入 RO，执行 "旋转" 命令，选择两条线段，指定圆心为旋转基点，输入 45，将两线段同时旋转 45°，作为雨水立管。

05 输入 C，执行"圆"命令，绘制一个半径值为 218 的圆，输入 H，执行"图案填充"命令，选择 ANSI-31 图案，为圆形填充图案，表示圆形地漏。

06 输入 PL，执行"多段线"命令，设置合适的线宽，绘制多段线连接各立管间的管线。

07 重复操作，继续绘制其他区域的管线。

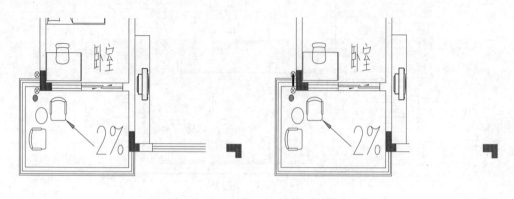

图 16-13

16.3.2 添加文字说明

添加文字说明的结果如图 16-14 所示，具体操作步骤如下。

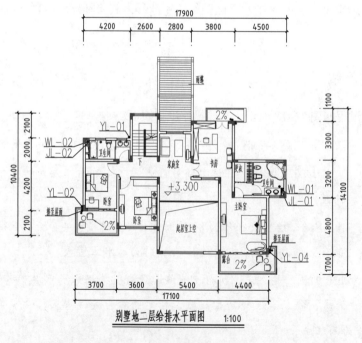

图 16-14

01 将"文本标注"图层置为当前层。

02 输入 MT,执行"多行文字"命令,为平面图中的给水立管添加说明文字,再输入 L,执行"直线"命令,绘制线段连接说明文字与给水立管。

03 输入 MT,执行"多行文字"命令,输入图名为"别墅二层给排水平面图",结束绘制。

16.4 绘制卫生间给排水平面图

本节主要介绍该别墅一层主卧卫生间排水平面图的绘制流程。卫生间给水管的绘制应包括出水点、给水立管以及给水管的水平干管。

16.4.1 绘制出水点

绘制出水点的具体操作步骤如下。

01 执行"文件"|"打开"命令,将"第 16 章\别墅卫生间平面图.dwg"文件。

02 执行"文件"|"另存为"命令,将该文件另存为"16.5 别墅卫生间给排水平面图.dwg",防止原始平面图被修改。

03 将"给水管"图层置为当前层。

04 输入 PL,执行"多段线"命令,设置合适的线宽,绘制一条长度值为 130 的水平多段线。

05 输入 L,执行"直线"命令,拾取多段线的中点为起点,绘制一条与之垂直的线段,以此作为出水点。

06 输入 M,执行"移动"命令,将绘制好的出水点图形移至用水设备上,如图 16-15 所示。

16.4.2 绘制给水管线

绘制给水管线的具体操作步骤如下。

01 输入 C,执行"圆"命令,绘制直径值为 80 的圆作为给水立管。

02 输入 PL,执行"多段线"命令,设置合适的线宽,绘制多段线连接给水立管与各出水点,如图 16-16 所示。

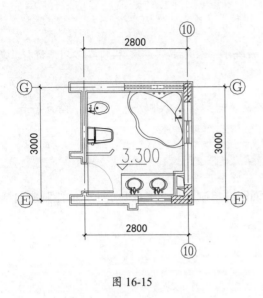

图 16-15

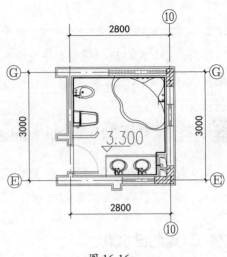

图 16-16

16.4.3 绘制排水管

绘制排水管的过程如图 16-17 所示，具体操作步骤如下。

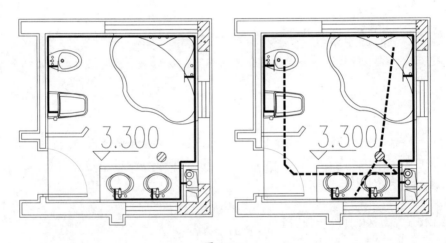

图 16-17

01 将"污水管"图层置为当前层。

02 输入 C，执行"圆"命令，绘制直径值为 150 的圆；再输入 O，执行"偏移"命令，将圆向内偏移 75，以此表示污水立管；输入 C，执行"圆"命令，绘制一个半径值为 218 的圆；输入 H，执行"图案填充"命令，选择 ANSI-31 图案，并拾取圆形填充图案，以此表示地漏。

03 输入 PL，执行"多段线"命令，设置合适的线宽，绘制线型为虚线的多段线，表示排水管线，结束绘制。

16.4.4　添加说明文字

添加说明文字的具体操作步骤如下。

01 将"文本标注"图层置为当前层。

02 输入MT，执行"多行文字"命令，绘制管线标注文字；输入PL，执行"多段线"命令，绘制引线连接标注文字与管线。

03 输入MT，执行"多行文字"命令，绘制图名与比例标注；依次执行"多段线"命令与"直线"命令，在图名标注的下方绘制粗实线与细实线，结果如图16-18所示。

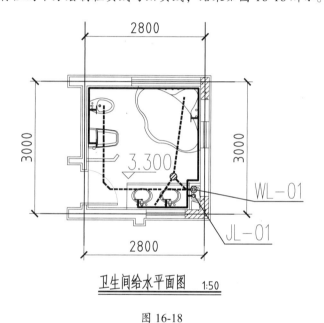

图 16-18

16.5　绘制给水系统图

根据别墅一层给水平面图给水管线及给水设备走向图，可以先绘制出室外水井及主要管线。

16.5.1　绘制室外水表井

绘制室外水表井的过程如图16-19所示，具体操作步骤如下。

01 将"给排水设备"图层置为当前层。

02 在状态栏中单击"极轴追踪"按钮 ⟳，启用极轴追踪功能；右击该按钮，在弹出的快捷菜单中选择45选项，设置45°的增量角。

03 输入PL，执行"多段线"命令，绘制尺寸为625×1375的平行四边形；输入L，执行"直线"命令,绘制对角线连接平行四边形,结束绘制。

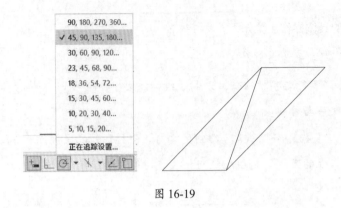

图 16-19

16.5.2 绘制给水主管线

绘制给水主管线的过程如图 16-20 所示,具体操作步骤如下。

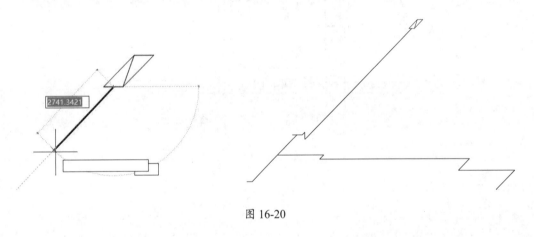

图 16-20

01 将"给水管"图层置为当前层。

02 输入 PL,执行"多段线"命令,设置合适的线宽,以水表井为起点,然后拖曳鼠标指针自动捕捉到 45° 的极轴追踪线,最后单击极轴上的一点以确定下一个的起点。

03 拖曳鼠标指针继续竖直向上引出一段距离并单击,以确定下一个的起点,待一根管线绘制完成后按空格键。

04 重复上述操作绘制其他管线。

16.5.3 绘制各楼层支管线

绘制各楼层支管线的过程如图 16-21 所示,具体操作步骤如下。

01 输入 PL,执行"多段线"命令,设置合适的线宽,绘制 5 根竖直的给水立管。

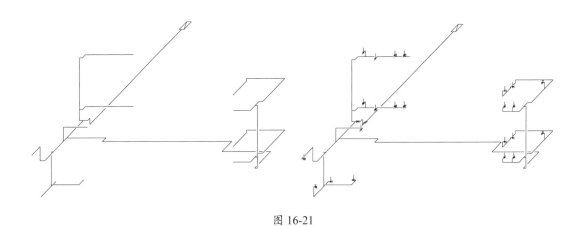

图 16-21

02 执行"多段线""复制"和"移动"等命令，绘制支管管线。

03 将"给排水设备"图层置为当前层。

04 打开"第 16 章\阀门图例.dwg"文件，将表 16-3 所示的给水设备复制粘贴至图形中。

表 16-3　阀门图例

图例	名称
⊤─	旋转水龙头
✎	斜球阀
●─┤●	截止阀
⫽	钢性防水套管轴测图

05 通过执行"复制""移动""镜像"和"旋转"等命令，将旋转水龙头布置在系统图的相应位置，结束绘制。

16.6　标注给水系统图

绘制完成给水系统图后，接下来应对给水系统图进行文字标注说明。

16.6.1　立管标注

立管标注的结果如图 16-22 所示，具体操作步骤如下。

01 将"文字标注"图层置为当前层。

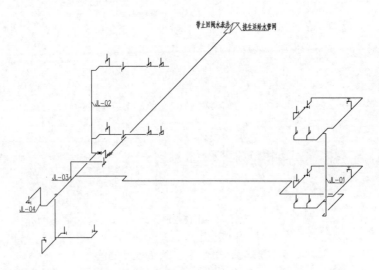

图 16-22

02 输入 MT，执行"多行文字"命令，绘制立管名称。

03 输入 L，执行"直线"命令，绘制引线连接文字与立管，结束绘制。

16.6.2 标注楼层、管线标高

标注楼层、管线标高的结果如图 16-23 所示，具体操作步骤如下。

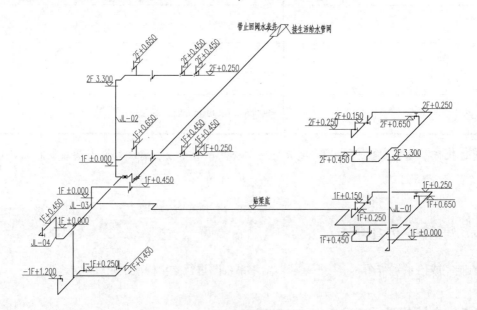

图 16-23

01 绘制标高指引线。执行"直线"和"多段线"等命令，绘制标高指引线。

02 输入 B，执行"创建块"命令，将绘制好的指引线全部选中，创建为标高图块。

03 输入 I，执行"插入""移动"和"旋转"命令，在需要标高的位置插入标高图块。

04 输入 MT，执行"多行文字"命令，在标高图块的上方标注标高。

05 在相应位置输入文字说明，完成绘制。

16.6.3　管径标注

管径标注的结果如图 16-24 所示，具体操作步骤如下。

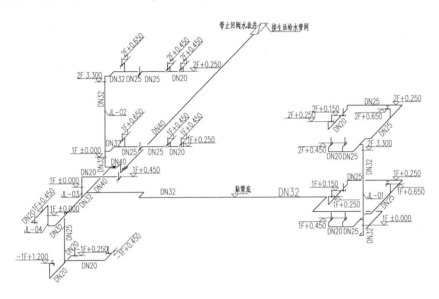

图 16-24

01 输入 MT，执行"多行文字"命令，标注管线的管径。

02 重复上述操作，继续标注管径；输入 RO，执行"旋转"命令，调整管径标注的角度，结束绘制。

设计点拨：
标注文字中 DN20、DN25 表示立管的公称直径为 DN20 与 DN25，即管道的管径为 20mm 与 25mm。

16.6.4　图名标注

添加图名标注的结果如图 16-25 所示，具体操作步骤如下。

01 输入 MT，执行"多行文字"命令，绘制图名与比例标注。

02 输入 PL，执行"多段线"命令，设置合适的线宽，在图名标注的下方绘制粗实线；输入 L，执行"直线"命令，在粗实线的下方绘制与之平行的细实线，结束绘制。

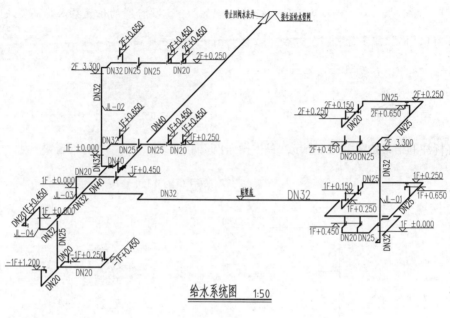

给水系统图　　1:50

图 16-25

16.7　绘制排水系统图

从别墅给排水平面图可以看出，存在 3 口排污水井：其中污水井 1 与污水立管 2 相连，污水井 3 则连接到污水立管 1。值得注意的是，污水井 1、污水井 2 和污水井 3 彼此之间并不直接相连，因此在绘制时需要分别为这 3 口污水井设计独立的管路。

16.7.1　绘制排水主管线

排水主管线的绘制结果如图 16-26 所示，具体操作步骤如下。

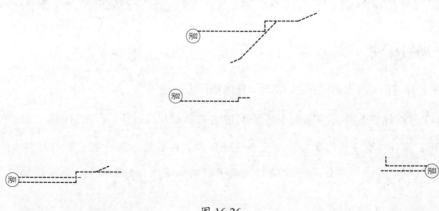

图 16-26

01 将"污水管"图层置为当前层。

02 输入 C，执行"圆"命令，绘制直径值为 900 的圆作为室外污水井。

03 将"文字标注"图层置为当前层

04 输入 MT，执行"多行文字"命令，在污水井内标注编号。

05 回到"污水管"图层。

06 在状态栏中单击"极轴追踪"按钮 ，启用极轴追踪功能，然后右击该按钮，在弹出的快捷菜单中选择 45 选项，设置 45° 的增量角。

07 输入 PL，执行"多段线"命令，设置合适的线宽，将线型设置为虚线，绘制从室外污水井引入连接至各污水立管的主要管线，结束绘制。

16.7.2　绘制各楼层支管线

各楼层支管线的绘制结果如图 16-27 所示，具体操作步骤如下。

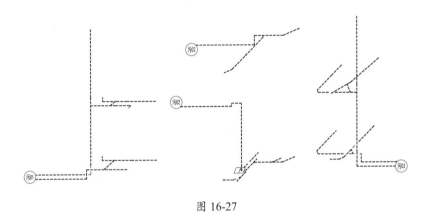

图 16-27

01 输入 PL，执行"多段线"命令，设置合适的线宽，绘制排水立管。

02 执行"多段线""复制"和"移动"等命令，绘制其余支管管线，结束绘制。

16.7.3　布置排水设备及附件

布置排水设备及附件的结果如图 16-28 所示，具体操作步骤如下。

01 将"给排水设备"图层置为当前层。

02 打开"第 16 章阀门图例 .dwg"文件，将表 16-4 所示的图例复制粘贴至图形中。

03 将绘制好的排水阀门及构件通过"复制""移动""镜像"和"旋转"命令，移至对应的位置，结束绘制。

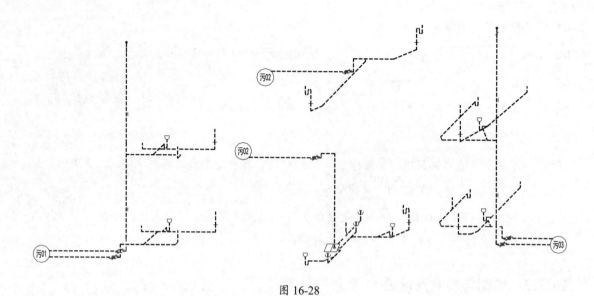

图 16-28

表 16-4 阀门图例

图例	名称
	S形、P形存水弯
	通气帽
	立管检查口
	圆形地漏
	清扫口
	污水提升器

16.8 标注排水系统图

排水系统图的绘制结果如图16-29所示，具体操作步骤如下。

01 执行"多行文字"命令和"直线"命令，标注管线名称、管径、楼层标高。

02 输入MT，执行"多行文字"命令，绘制图名与比例标注。

03 执行"多段线"命令和"直线"命令，在图名标注的下方绘制粗实线与细实线，结束绘制。

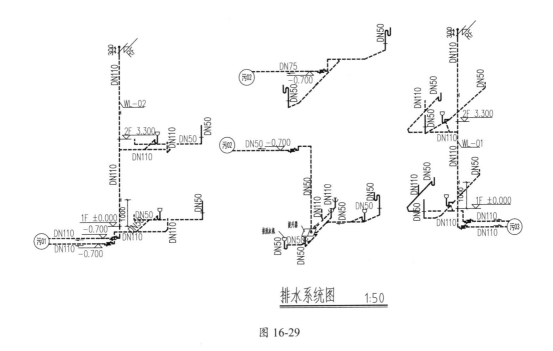

排水系统图　　1:50

图 16-29

16.9　绘制雨水提升系统图

本节介绍绘制雨水提升系统图的方法，包括绘制管线、布置设备以及添加标注文字。

16.9.1　绘制雨水管线

绘制雨水管线的结果如图 16-30 所示，具体操作步骤如下。

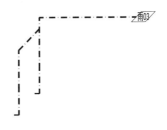

图 16-30

01 将"雨水管"图层置为当前层。

02 绘制室外雨水井。输入 PL，执行"多段线"命令，捕捉 45° 极轴线，绘制平行四边形。

03 将"文字标注"图层置为当前层。输入 MT，执行"多行文字"命令，在雨水井内标注编号。

04 回到"雨水管"图层，输入 PL，执行"多段线"命令，设置合适的宽度，绘制管线连接室外雨水井，结束绘制。

16.9.2 布置图例

布置图例的结果如图 16-31 所示，具体操作步骤如下。

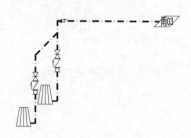

图 16-31

01 将 "给排水设备" 图层置为当前层。

02 打开 "阀门图例 .dwg" 文件，复制如表 16-5 所示的图例至当前视图。

表 16-5　阀门构图例

图例	名称
	潜污泵
	软接头
	止回阀
	截止阀

03 执行 "复制" "移动" "镜像" 和 "旋转" 命令，在管线的合适位置布置图例，结束绘制。

16.9.3 添加标注

添加标注的结果如图 16-32 所示，具体操作步骤如下。

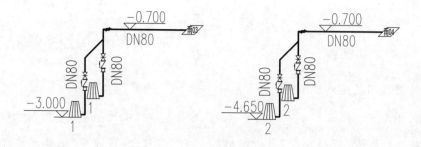

雨水提升系统图　1:50

图 16-32

01 将"文字标注"图层置为当前层。

02 输入 MT，执行"多行文字"命令，标注管名、管径、楼层标高。

03 输入 MT，执行"多行文字"命令，绘制图名与比例标注。

04 执行"多段线"和"直线"命令，在图名标注的下方绘制粗实线与细实线，结束绘制。

课后习题答案

第1章

1.A　2.D　3.D　4.C　5.A　6.D　7.D　8.D　9.D　10.B

第2章

1.A　2.D　3.B　4.C　5.D　6.D　7.C　8.A　9.D　　10.A

第3章

1.A　2.C　3.D　4.D　5.D　6.C　7.A　8.A　9.B　10.C

第4章

1.A　2.C　3.C　4.A　5.B　6.A　7.B　8.D　9.B　　10.A

第5章

1.B　2.A　3.C　4.A　5.D

第6章

1. A　2.C　3.D　4.A　5.B

第7章

1.B　2.A　3.D　4.B　5.A

第8章

1.B　2.C　3. B　4. C　5.C

第9章

1.C　2.A　3.C　4.D　5.B

第10章

1.B　2.A　3.C　4.D　5.B